现代表面工程技术丛书

现代化学镀技术

吴玉程　著

机械工业出版社

本书系统地介绍了化学镀技术的原理与应用技术。其主要内容包括化学镀技术概要、化学镀系列合金、化学复合镀、不同基底对化学镀层的影响、镀液成分与工艺参数对化学镀的影响、化学镀工程应用、发展前景与展望。本书基于作者的研究工作，阐述了镍系、钴系合金镀层及复合镀层的工艺、结构和性能之间的关系，镀层生长的影响条件，以及镀层的工程应用。本书内容新颖，实用性强，可为后续化学镀技术研发与应用提供技术支持，具有较高的参考价值。

本书可供从事化学镀生产的工程技术人员、工人阅读使用，也可供相关专业在校师生及研究人员参考。

图书在版编目（CIP）数据

现代化学镀技术/吴玉程著. —北京：机械工业出版社，2022.3（2024.12 重印）
（现代表面工程技术丛书）
ISBN 978-7-111-58760-6

Ⅰ.①现… Ⅱ.①吴… Ⅲ.①化学镀 Ⅳ.①TG174.4

中国版本图书馆 CIP 数据核字（2022）第 024880 号

机械工业出版社（北京市百万庄大街 22 号 邮政编码 100037）
策划编辑：陈保华 责任编辑：陈保华 贺 怡
责任校对：潘 蕊 李 婷 封面设计：马精明
责任印制：张 博
北京雁林吉兆印刷有限公司印刷
2024 年 12 月第 1 版第 3 次印刷
184mm×260mm · 10.75 印张 · 243 千字
标准书号：ISBN 978-7-111-58760-6
定价：79.00 元

电话服务 网络服务
客服电话：010-88361066 机 工 官 网：www.cmpbook.com
010-88379833 机 工 官 博：weibo.com/cmp1952
010-68326294 金 书 网：www.golden-book.com
封底无防伪标均为盗版 机工教育服务网：www.cmpedu.com

前　言

化学镀是一种独特的表面强化与功能化技术。相对于其他表面镀层技术，化学镀具有优异的均镀能力和产品保型性，尤其适用于复杂形状与大面积工件施镀，因此在机械、电子、能源、化工、汽车、印刷、纺织、工模具、医疗器械、航空航天与军事领域获得了广泛的应用。

国外对化学镀的研究较早，从 20 世纪 50 年代就已经开始在工业中进行化学镀技术应用。国内的化学镀研究起步较晚，但也取得了显著的进步，到了 20 世纪 80 年代已逐步在工业应用中得到了推广。目前化学镀层已经从当初满足提高工件表面硬度、耐磨性和耐蚀性的要求发展到可满足磁性、导电性、吸波和电磁屏蔽等多种功能化要求。

20 世纪 80 年代初，黄新民教授和作者作为硕士研究生师从邓宗钢教授从事化学镀研究，邓先生 1954 年毕业于上海交通大学（第 1 届）金属材料热处理专业，后在东北跟苏联专家继续学习深造，先后在北京航空航天大学、航空部属企业和合肥工业大学工作，一直从事表面技术研究。在他的引领与指导下，合肥工业大学表面技术研究团队在化学镀研究与应用等方面的成果在国内外产生了重要的影响。他的学生们一直想总结一下团队近 40 年来的研究成果，由于各自事务缠身，一直未能兑现。2020 年春节虽然出现了新冠肺炎疫情，但是按惯例，大年初一上午作者依旧去邓先生家拜年，可惜未能谋面，只好在他家中与住在医院的他通个电话，听到年近九十的老师乐呵呵的笑声暂时得到些许宽慰，然而邓先生在数月后不幸仙逝。如今《现代化学镀技术》完稿，我们只能用本书的出版告慰邓先生的在天之灵，吾辈将继续努力，感谢先生对我们的培养！

作者指导的研究生也一直开展相关的研究工作，张勇教授参与了书稿的整理工作，舒霞高级工程师和朱绍峰教授提供了相关的研究素材，刘家琴研究员和薛茹君教授的研究丰富了本书相关内容，郑红梅副研究员整理了图片和资料。正是大家的努力与合作才有今天团队的发展，为继续从事纳米材料的电化学制备与组织结构、性能调控研究打下基础。感谢郑玉春和刘玉两位高级工程师，他们和黄新民教授、舒霞高级工程师一起为了化学镀技术的应用推广做出了很大的努力。

本书由作者总结并结合团队多年来的研究成果以及解决实际工程应用问题所积累的经验著述而成。在书中以镍系和钴系两类合金及复合镀层为研究对象，系统地剖析和阐述了化学镀理论、镀层结构、镀层性能和工程应用，旨在帮助读者全面和较为深入地了解化学镀这门方兴未艾的表面处理技术，解决在镀层制备过程中所出现的问题，进而促进化学镀新的配方、工艺和理论的发展。由于作者水平有限，书中的缺点和错误在所难免，敬请广大读者批评和指正。

吴玉程

目　　录

第1章 化学镀技术概要

化学镀（electroless plating or auto – catalytic chemical deposition）是指在不外加电源的前提下，镀液中的金属离子在具有催化特性的基底表面被还原获得金属或合金薄层，由于这些金属或合金薄层的自催化作用，使得金属离子可以在液固两相界面持续析出，从而实现表面功能化处理的过程。化学镀层可以对金属或非金属材料基底起到强化或者功能化的作用，比如提高基底的表面硬度、耐磨性、耐蚀性、抗高温氧化性、导电性和磁性等力学性能或物理性能。

1.1 化学镀的起源与特点

1844 年，A. Wurtz 提出采用次磷酸盐作还原剂用于化学镀。1916 年，F. A. Roux 以次磷酸盐作为还原剂在美国获得了第一项关于化学镀的专利，但当时获得的镀液极易产生自发反应而导致分解。直至 1944 年，美国国家标准局的 A. Brenner 和 G. Riddell 获得了比较稳定的化学镀镍溶液配方，并于 1946 年提出了沉积非粉末状镍镀层的方法，从而为实现化学镀镍技术的工业化应用奠定了工艺基础。到了 20 世纪 60 年代，具有实际应用意义的化学镀技术正式进入了美国市场，并随着科学技术的进步和工业的发展在 20 世纪 70 年代获得了迅速发展。

与传统的电镀技术不同，化学镀不需要外加电源作为驱动，它是基于化学还原作用，将金属阳离子在具有催化特性的基底表面还原成金属并沉积成镀层。比如在铁、钴、镍等具有催化作用的金属及其合金表面可以直接沉积化学镀层，并且沉积一旦驱动，由于沉积金属的自催化作用可以使得反应持续进行，从而能够在工件表面各处都获得厚度均匀的化学镀合金层。为了控制化学镀层的成分与结构，可以选择不同的还原剂，并通过调节镀液的成分、工艺参数和生长条件来得到一系列类金属含量变化的合金镀层，同时可以经过热处理来改变镀层的组织结构，从而获得满足应用需要的性能。这些优点也是化学镀技术具有吸引力的一个重要原因。化学镀层厚度均匀，表面光滑平整不受工件外形限制。化学镀可以在复杂形状的工件以及非导体基底上施镀，并且可以获得一些特殊性能。因此，化学镀技术在国内外受到了普遍重视并得到了广泛研究，化学镀层的主要特点可以由以下几点来概括：

1）具有高硬度和高耐磨性：比如镍磷合金在沉积状态下的硬度为 500 ~ 600HV（49 ~ 55HRC），在 400℃热处理 1h 后的硬度为 1000 ~ 1100HV（69 ~ 72HRC），硬度可以达到电镀纯镍的 1.5 ~ 3 倍。

2）具有优良的耐蚀性：比如化学镀镍磷合金在碱性和盐腐蚀环境中具有优良的耐蚀性，很适用于制造在这些腐蚀环境中工作的零部件或者进行相关工件的表面强化。

3）具有出色的物理性能：比如化学镀铜可以应用于集成电路板，化学镀钴基合金可以应用于磁性材料与记忆存储材料。

4）化学镀设备简单，占地小，不需要直流或者交流电源，操作方便安全，无污染无公害。因此，化学镀属于绿色环保技术，特别适用于中小型公司和实验室。

5）零件不需要附加导线触点，能够直接在金属表面（铁基、铝基和镍基合金）上沉积。经过特殊处理后，也可在半导体和非导体（塑料、玻璃和陶瓷）上沉积，以改变其工艺性能和使用性能。

6）化学镀合金层不需要电源，不需要辅助阳极，只要溶液流到的部位均可沉积，特别适合于有细小深盲孔的零件；另外，化学镀可以避免边缘效应和尖角效应，所以在工件形状突出的部位不会出现增厚现象，表现出优良的均镀特性，即"仿型性"好。因此，化学镀合金层具有成分可控、厚度均匀、组织结构致密、表面粗糙度低的优点。

7）一些大型工模具或者形状结构复杂、精度要求高的工件，由于淬透性或者其他因素的限制而无法用热处理提高硬度和耐磨性，如果采用化学镀层强化的方法，则可以规避热处理变形和淬透性限制的问题，从而显著延长工件的工作寿命。

8）焊接性能优良。许多金属（铝、镁和不锈钢）和非金属（玻璃和陶瓷）的焊接性能很差，当沉积一层镍磷合金后，它们就能进行焊接。此外，沉积层的沉积速度可控制在15～25μm/h，它特别适用于精密量具的修复工作。

环境污染问题一直是困扰着经济发展和科技的关键问题。由于化学镀技术废液无毒并且排放少，因此是一种绿色环保型的表面处理技术。目前，化学镀技术已经在机械、石油化工、汽车、电子、航空航天等工业领域获得了广泛的应用，并随着化学镀技术的不断进步而日益受到企业和研究机构的重视。

1.2 化学镀的机理

化学镀属于金属或合金的自催化反应过程，镀液的基本组成包括主盐、还原剂、络合剂、缓冲剂和稳定剂，根据需要还可以添加促进剂和光亮剂等。化学镀反应的基本原理是在还原剂的作用下，镀液中的金属离子在具有催化表面的基底上被还原获得游离态金属原子，同时还原剂发生分解，还原剂的类金属原子也进入镀层，从而形成致密的合金镀层。反应得以持续进行的必要条件是还原剂的氧化电位必须低于金属离子被还原的电位，满足这一条件的常用还原剂包括次磷酸钠、氨基硼烷、硼氢化钠和肼等。另外，沉积金属需要具备自催化活性，这些金属元素主要集中在元素周期表中第Ⅷ族，比如铁、钴、镍、钯、铑等，以及一些贵金属元素如金、银等。

1.2.1 化学镀金属的机理

化学镀的反应模型与机理主要包括 A. Brenner 和 G. Gutzeit 提出的原子氢催化模型、Lukes 的水合阴离子模型，以及 Brenner 和 Ishibashi 提出的电化学机理。其中 Gutzeit 所提出的原子氢催化模型的影响最广，这个模型以化学镀镍作为典型代表，该理论基本过程如下：

1）在Ⅷ族过渡金属的催化作用下，镀液中的次磷酸根脱氢形成亚磷酸根，同时析出初生态原子氢。

$$H_2PO_2^- \xrightarrow{\text{催化剂}} PO_2^- + 2[H]$$
$$PO_2^- + H_2O \rightarrow HPO_3^{2-} + H^+$$

或　　　　　　　$$H_2PO_2^- + H_2O \xrightarrow{\text{催化剂}} HPO_3^{2-} + H^+ + 2[H]$$

2）原子态氢吸附在基底金属表面并起到活化作用，从而驱动溶液中的金属镍离子在基底金属表面发生还原，从而获得金属镍沉积层。

$$Ni^{2+} + 2[H] \rightarrow NiO + 2H^+$$

3）次磷酸根受原子氢的还原作用，在具有催化特性的基底金属表面生成磷原子，同时次磷酸根分解形成了亚磷酸和分子态氢。

$$H_2PO_2 + [H] \rightarrow H_2O + OH^- + P$$

$$H_2PO_2 + H_2O \xrightarrow{\text{催化剂}} H[HPO_3]^- + H_2 \uparrow$$

因此，这是一个镍离子被还原、次磷酸根被氧化的氧化还原反应。

其总反应为

$$Ni^{2+} + H_2PO_2^- + H_2O \rightarrow HPO_3^{2-} + 3H^+ + Ni$$

4）金属镍原子和类金属磷原子发生共沉积作用形成镍磷镀层。

$$Ni + P \rightarrow Ni - P（固溶体或非晶态）$$

对于本身有催化特性的金属基底，如铁、钴、镍、金、银、钯、铂、铑及其合金，在自催化的作用下，可以直接在这些金属上获得成分可控、厚度可调、结构致密的镀层。但是，如果基底对某些氧化还原反应没有催化作用，比如在铜基底上沉积镍，则需要在槽液中使基底与能进行活化沉积的试样相接触，或者瞬时地通以直流电使其成阴极。而对于非导体材料，则需要先对其表面进行敏化和活化处理后再施镀。

1.2.2　化学镀合金的机理

对于合金化学镀，主盐含有两种或两种以上的金属离子。以镍铜磷合金为例，其主要反应式为

$$[Ni/Cu]^{2+} + H_2PO_2^- + 3OH^- \xrightarrow{\text{催化剂}} Ni/Cu + HPO_3^{2-} + 2H_2O$$

$[Ni/CuXn]^2$ 表示络合离子，伴随着主反应的还有 3 个副反应，包括：

次磷酸根的水解　　　$$H_2PO_2^- + OH^- \xrightarrow{\text{催化剂}} 2[H] + HPO_3^{2-}$$

氢的析出　　　　　　$$2[H] \xrightarrow{\text{催化剂}} H_2 \uparrow$$

磷的析出　　　$$H_2PO_2^- + [H] \xrightarrow{\text{催化剂}} H_2O + OH^- + P$$

析出的磷与镍、铜组成了三元合金镀层。由于镍离子和铜离子在沉积液中的析出电位相差较大，为了使得镍原子和铜原子实现比例可调的共沉积，需要在镀液的配方中控制镍离子和铜离子的浓度比。

1.2.3　化学复合镀的机理

化学复合镀是指在镀液中加入一定尺寸与比例的固体颗粒，通过一定方式使得颗粒与基底表面持续接触，并参与到合金的化学镀过程，从而与基质金属实现共沉积并获得具有特殊性能的复合镀层。最早是在 1966 年，由德国的 W. Metzger 研制了 $Ni - P - Al_2O_3$ 复合镀层。其后科研人员根据应用需要，开始在镀液中添加各种不同的微米尺寸大小的颗粒（包括碳化硅、氟化钙、石墨、聚四氟乙烯等），从而获得了具有不同优良性能的复合镀层，由此关

于化学复合镀的研究和应用逐渐兴起。

从组成上来说，化学复合镀层由基质金属和固体颗粒构成。在还原反应作用下，金属离子获得电子在基底上形成连续相镀层；而固体粒子被弥散地包覆在金属镀层里，形成不连续相，固体粒子应该具有良好的表面化学惰性，施镀过程中不参与任何化学反应，只是与金属共同沉积在基体表面。从这个角度来说，化学复合镀层属于金属基复合材料。根据 N. Guglielmi 模型，实现惰性粒子与基质金属共沉积的前提是粒子首先要能够吸附在镀面上。决定粒子吸附在基底表面的因素主要包括机械搅拌力、静电引力和重力等，其中机械搅拌力吸附和静电引力吸附的作用是相辅相成的。机械搅拌力吸附的作用会增大粒子静电引力吸附的概率；而静电引力则可以增强粒子在基底表面的机械搅拌力吸附效果。镀件表面各处的微观几何形态和物理状态对粒子的吸附也具有重要的影响。在综合作用下，当搅拌速度一定时，粒子的吸附与脱附最终会达到动态平衡，从而获得颗粒分布均匀的复合镀层。以镍磷固体颗粒的施镀过程为例来描述化学复合镀的机理：通过加入表面活性剂使得粒子均匀地悬浮在镀液中，通过搅拌作用，粒子随镀液流动运输到基底表面，由于静电引力和机械搅拌力的共同作用，粒子吸附在基底表面。由于还原作用，基底表面沉积出连续的镍磷合金层将粒子不断包覆起来。虽然重力和流动溶液的冲刷会使得部分颗粒脱离表面，但是基底的吸附与镍磷合金层的包覆作用会使得粒子沉积与粒子脱附达到动态的平衡。随着镀层的连续生长与共沉积，最终会获得粒子均匀分布的镍磷固体粒子化学复合镀层。

在实施化学复合镀时，固体粒子的平均直径通常在 $1 \sim 5\,\mu m$，甚至有时参与沉积的粗大粒子平均直径可以达到 $8 \sim 10\,\mu m$。用于工业应用的化学复合镀层的厚度一般为 $25\,\mu m$ 左右。可以计算出，当粒子的尺寸较大时，通常只能复合几层颗粒，大大限制了粒子的复合量。为了提高镀层的耐磨性，通常加入碳化硅、氧化铝等耐磨颗粒。但是当颗粒尺寸较大时，镀层服役过程中由于受到长期摩擦作用，随着镀层的磨损减薄会造成颗粒的脱落，此时脱落的微粒反而会造成材料表面磨损的加剧甚至损坏，从而限制了化学复合镀的应用与发展。如果将颗粒尺寸减小到纳米量级，在理论上可以显著提高镀层中的固体粒子的复合量，并且也会增强复合镀层的耐磨性，从而延长其使用寿命。目前以纳米颗粒为参与相的化学复合镀获得了迅速的发展，并且成为复合镀的一种发展趋势，反过来也促进了对化学复合镀的进一步研究。另外，纳米颗粒由于其介观尺度带来的特异效应与特性使得镀层的性能发生了各种意想不到的跃变，从而使得化学复合镀层展现出更加丰富的功能。

1.3 化学镀层的结构与类型

化学镀层的性能与结构密切相关。按照实际应用，镀层结构大致可以分为普通合金镀层结构、纳米晶镀层结构和复合镀层结构等。

1.3.1 普通合金镀层的结构

工业上常用的普通合金镀层由于类金属原子含量的不同一般表现为非晶态或者晶态结构。

1. 非晶态合金镀层

当构成镀层结构的原子、分子在沉积堆砌的过程中呈现空间排列的长程无序而短程有序的特征时，此时镀层中的原子排列不具有晶体结构的周期性和平移对称性的特点，只是在近邻和次近邻原子间的键合（包括原子间距、键角、键长和配位数等）具有一定的规律性，这样的一类物质状态称为非晶态材料。非晶态合金镀层中原子的杂乱排列赋予了它一系列全新的特性。美国国家标准局的 Brenner 等人在 1946 年左右，率先制备出镍磷和钴磷的化学镀非晶薄层，用来强化工件的表面性能，并将此工艺推广至工业生产。

长期的研究结果显示，合金镀层的非晶化程度与镀层中的类金属原子的含量密切相关，比如磷和硼元素等。类金属原子含量越高，镀层晶粒越细，非晶化程度越高。显然，类金属原子的共沉积可以抑制晶粒的生长。目前用于制备化学镀层的还原剂中的类金属元素主要是磷和硼，随着磷和硼原子含量的提高，可以获得镍磷、钴磷和钴硼等非晶态合金镀层。当磷的质量分数大于 9% 时，会获得非晶态镍磷合金镀层；当磷的质量分数在 5% ~ 15% 时，钴磷合金镀层表现为非晶态，并且可以通过对类金属原子含量的控制实现镀层结构由晶态向非晶态的连续过渡。由于在非晶态镀层表面产生磷的富集可以形成钝态，因此可以获得优异的耐蚀性，而通过热处理可以析出磷化物，从而使得镀层获得高硬度和良好的耐磨性。对于钴硼合金，镀层中硼含量的变化一方面会使得其结构从晶态向非晶态转变，另一方面镀层的磁性也随之改变，从而获得可以调制的磁性功能。目前非晶态化学镀层在机械、电子、汽车、石油化工、纺织、航空航天等领域已经获得了广泛的应用。

2. 晶态合金镀层

晶态合金镀层中的原子在 3 个空间维度呈周期性有序排列，具有长程有序性和对称性的特点，具有通常的晶体材料的物理与化学性质。当将其中的类金属原子的含量控制在一定范围时，可以使得金、银、铜、铂、钯、镍磷、镍硼等各种镀层保持以晶态结构。邓宗钢等对比研究了晶态和非晶态镍磷合金镀层的成分、工艺以及耐磨性之间的关系。研究结果表明，化学镀镍磷合金镀层的晶体结构与类金属磷原子的含量及热处理工艺有关。当磷的质量分数在 5% ~ 6% 时，此时磷含量较低，磷原子可以取代镍原子在晶格中的位置形成镍的过饱和置换固溶体；当磷的质量分数升高到 8% ~ 9% 时，镍磷合金镀层表现为微晶结构，当磷的质量分数进一步增加到 12% ~ 13% 时，通过 X 射线衍射和透射电子显微镜表征可以发现镍磷合金镀层表现为非晶态结构。因此，随着磷的质量分数的升高，镀层的结构会产生连续的变化，变化规律为：晶态（小于 4.5%）→晶态 + 微晶（5% ~ 6%）→微晶（7% ~ 8%）→微晶 + 非晶态（9%）→非晶态（大于 9%）。随着磷含量的变化，组织形貌也有所不同。由图 1-1 ~

图 1-1 磷的质量分数为 4.5% 时沉积态的平面金相组织（×300）

图 1-3 可知，当磷含量较低时，沉积层的平面金相组织是具有一系列平行"山峰状"的层状结构；随着磷含量升高，镀层的组织表现为不规则的"同心环状"形貌组织，对镀层的横截面组织进行观察可以看到黑白相间的"波浪状"形貌组织。扫描电镜波谱分析表明，它是磷含量呈周期性变化，具有不同腐蚀程度的结果。由此可以认为，镍磷合金层为厚度方向磷含量不断变化的多层结构。

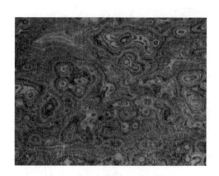 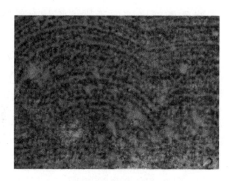

图 1-2 磷的质量分数为 8.9% 时　　　　　　图 1-3 磷的质量分数为 8.9% 时
沉积态的平面金相组织（×300）　　　　　　沉积态的横截面金相组织（×300）

除了受磷含量的影响，化学镀镍磷合金镀层的晶体结构还和热处理工艺相关。作者通过对磷的质量分数为 4.9% 的镍磷合金镀层热处理后 X 射线衍射花样的分析显示：350℃以上 1h 退火后，衍射花样中除了有金属镍的（111）和（200）衍射峰外，还出现了 Ni_3P 相的衍射峰，这表明沉积层在 350℃ 热处理时已有 Ni_3P 相析出。研究结果表明，磷含量越高，Ni_3P 相的起始析出温度越低。经过差热分析可以看到，当磷的质量分数上升到 9% 时，Ni_3P 相析出的温度会降到 340℃。当磷的质量分数一定时，加热温度越高，开始析出 Ni_3P 相所需要的时间越短，这与过饱和固溶体的脱溶分解规律是完全一致的。

镍原子和磷原子之间的原子半径差大约为 12%，在磷含量低的情况下，磷原子取代镍原子的位置形成过饱和置换固液体，但同时也形成了晶格畸变。随着磷含量的上升，晶格畸变越来越大，同时造成镀层的显微硬度不断升高。但是当磷含量进一步上升时，显微硬度反而开始下降。因此，含有少量磷原子的镍磷过饱和固溶体可以表现出比微晶或非晶态镍磷合金镀层更高的硬度。此外，镀层的耐磨性也受到磷含量很大的影响。通常磷含量越高，被磨损的体积越大，耐磨性也越差。所以磷含量低的化学镀镍磷合金层比磷含量高的化学镀镍磷合金层的耐磨性更好。关于其中的机理，作者认为，非晶态镀层中的原子处于亚稳态，结合力比晶态组织小，在受到摩擦作用时原子容易发生转移，从而引起磨损量上升。因此，结晶性好的磷含量低的镍磷合金层比磷含量高的微晶或非晶态合金层组织更加耐磨。

1.3.2　纳米晶镀层的结构

纳米晶镀层的晶粒尺寸在纳米量级（1～100nm），随之而产生的尺寸效应、表面效应和宏观量子隧道效应使得其物理和化学性能与块体材料迥然不同，从而在光学、电学、磁学、催化、医药等领域显示出独特的应用，同时也推动着基础研究的发展。纳米晶材料的制备方法总的来说可分为物理方法和化学方法。物理方法的过程比较复杂，对设备和工艺条件的要求高，成本也较高。由于化学镀的制备条件简单，保型性好，尤其可以在大面积、形状复杂的工件上得到尺寸均匀、结构致密的薄膜，因此化学镀可以被看作是一种可推荐的纳米晶制备方法。作者采用化学镀技术主要对钴基纳米晶系列的材料进行了研究，制备了钴硼、钴镍硼、钴镍磷纳米晶镀层，发现钴基纳米晶合金的磁学特性表现突出。研究结果显示，纳米晶的尺寸、热处理工艺及内应力等因素对镀层的矫顽力和比饱和磁化强度有显著的影响。可以预见，化学镀纳米晶材料的研究将得到越来越多的关注。

1.3.3 复合镀层的结构

在合金化学沉积液中，可以通过加入各种固体微粒获得复合镀层，如镍磷、镍硼基体与粒子的性质互补，因此，复合镀层具备一系列合金基质所不足的特性。按应用划分，复合镀层可以分为化学修饰与保护性镀层、减磨耐磨镀层、自润滑镀层、热处理分散强化镀层等。应用最广泛的为耐磨、减磨与自润滑复合镀层。作者从 1989 年开始系统地研究了复合镀层。其中耐磨性镀层以镍基合金为基质，通过加入一些硬质相粒子和能够起到减摩或润滑作用的材料，来获得具有良好耐磨性、减摩或者自润滑特性的镀层。硬质相粒子包括 $\alpha - Al_2O_3$、TiO_2、ZrO_2、SiC、TiN、Si_3N_4、BN 和金刚石等，目的是增强基底的耐磨性。例如，将 SiC 颗粒与镍磷合金共沉积在模具表面用于表面强化，可以将模具的寿命提高数十倍之多；另外复合镀层对增强纺织设备上的耐磨性有显著效果，并且成本也不高，所以复合镀层已经获得了广泛的应用。在一些需要在摩擦作用下工作的场合，为了减摩提高寿命，可以将一些具有自润滑特性的固态粒子参与到合金化学镀中，比如石墨、二硫化钼和碳纳米管等，来减小摩擦系数以获得满意的减摩性能。另外，还有一些有机固态颗粒参与获得的复合镀层也具有良好的减摩效果。比如 $Ni - P - PTFE$ 复合镀层的摩擦系数很小，同时具有抗擦伤、抗黏附的性能特点。总的来说，为了获得优质、均匀、性能稳定的复合镀层，参与镀覆的固态粒子需要满足以下的要求：①能够保证自催化反应持续、正常地进行；②粒子本身不能具有自催化特性，否则会诱发镀液内的还原反应，从而导致镀液老化加速甚至发生自发分解；③微粒材料中的其他杂质要经清洗净化工序除去。

1.4 化学镀层的性能

化学镀层由于类金属原子的共沉积，使得其具有成分、结构可调的特点，从而显示了独特的力学性能、耐蚀性和物理特性，能够对工件表面起到强化或者功能化修饰的作用，从而能够获得广泛的工程应用。在 20 世纪 50 年代初期，化学镀层主要用于化工和表面防护技术方面；在 20 世纪 60 年代和 70 年代，它作为提高零部件耐磨性的功能镀层，开始受到重视，但是这段时期主要关注点在镀液的稳定性和镀速（镀层沉积速率）等工艺的研究和改进方面；化学镀技术从 20 世纪 80 年代开始在工程应用上获得了迅速的发展，因此相关的研究工作获得了广泛的关注。以美国为例，从 1980—1999 年的关于化学镀的论文和专利的数量分别是 1960—1979 年以前所有化学镀论文和专利数量的 8.6 倍和 5.1 倍，研究重点逐渐转移到化学镀层的性能开发以及反应机理方面。发展到今天，化学镀已经成为一种多功能表面强化、功能化处理和修饰技术。

1.4.1 化学镀层的力学性能

发展化学镀层的最初目的就是为了强化工件表面的力学性能并延长其使用寿命，其中硬度和耐磨性是评价其表面力学性能的两个重要指标。虽然材料的硬度和强度之间没有直接的关联，但可以比较准确地反映材料的耐磨性如何。化学镀层之所以可以提高工件的耐磨性是因为镀层能降低摩擦系数、减少磨损（擦伤、黏着及磨粒磨损），拥有良好的力学性能和热学相容性，同时能与基底形成牢固的结合。邓宗钢等系统地研究了镍磷化学镀层的力学性能。研究结果显示，镍磷镀层的组织、结构和性能与磷含量之间存在着很强的构效关联。从镍的原子半径（$r_{Ni} = 124.6\text{pm}$）和磷的原子半径（$r_P = 110\text{pm}$）可知，两者相差约为12%，当磷和镍共沉积成低磷镍合金时，磷可以替代镍原子的位置形成置换固溶体。研究发现，随着镀层中磷含量的变化，镀层的硬度也发生了明显变化。在磷含量比较低时，随磷含量的增加镀层的显微硬度也增加。这是由于磷含量的增加会使得晶格畸变更加剧烈，从而使得显微硬度增高。但是，当磷含量很高时，合金镀层的结构逐渐向非晶结构转变，使得显微硬度反而降低，如图1-4所示。

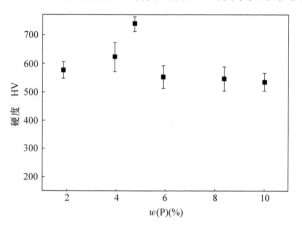

图1-4　磷含量对镀态镍磷合金显微硬度的影响

　　除了磷含量外，热处理工艺对镀层的硬度和耐磨性也具有重要的影响。镍磷合金镀层在300℃热处理约100min后，其硬度值从550HV升至约1000HV，在此温度下如果延长热处理时间会使得硬度值降低；如果升高热处理温度，那么即使保温时间缩短也会造成硬度下降。作者在铸铁表面镀覆了磷的质量分数为6%的镍磷合金镀层。研究结果显示，温度的升高首先会促使合金中的磷原子发生扩散偏聚，造成镍过饱和固溶体的晶格畸变，使得位错运动的阻力加大，从而使得镀层硬度值上升。当温度进一步升高，硬度会继续上升。产生这种现象的原因是镀层的组织结构随热处理温度的上升而发生了变化，镀态下含磷过饱和置换固溶体在加热过程中析出金属间化合物 Ni_3P，它与镍固溶体具有共格关系，析出的第二相会与基体保持共格或部分共格关系，即（111）Ni∥（110）Ni_3P 引起共格沉淀硬化作用，所以其硬度不断增加。由于 Ni_3P 是金属间化合物，并在镀层中弥散均匀分布，可以显著增强镀层的抗塑性变形能力并增加硬度值。当热处理温度上升到400℃时，硬度达到峰值。但是当温度大于400℃后，硬度反而开始下降。这是因为，温度的进一步上升使得 Ni_3P 产生聚集长大，第二相与基体之间的共格关系遭到破坏，畸变程度减弱或者消失，从而引起镀层硬度的下降。但是有一个规律，就是镀层的磷含量越高，硬度降低越缓慢。对于磷含量高的镀层，其晶粒很细或者为非晶态结构，所以 Ni_3P 相沉淀过程往往伴随着镀层的晶化转变过程。当硬度达到最大值后，随着加热温度升高，Ni_3P 相发生了聚集长大，镍晶粒也长大，从而导致硬度下降。磷的质量分数为6.0%的镍磷合金的硬化机制为典型的沉淀硬化机制。

　　另一方面，镀层中磷含量的大小对化学镀镍磷合金层的耐磨性有显著影响，如图1-5所示。随着镀层中的磷含量上升，镀层的磨损体积加大，耐磨性变差。之所以磷含量高的镍磷合金镀层具有较差的耐磨性，是因为随着类金属原子磷含量的增高，镀层的晶体结构逐渐由晶态结构向非晶态结构转变成为亚稳相，而非晶组织原子间的结合力比固溶体内原子的结合力要小，使得工件表面在磨损过程中原子容易发生转移导致磨损加剧。考虑到磷含量高的化学镀镍磷合金层内应力大、易形成裂纹、耐磨性差，因此对于一些不能进行热处理而需要在镀态下使用的工件，应尽量选择磷含量较低的镍磷合金镀层进行表面强化，从而获得较高的硬度和耐磨性。

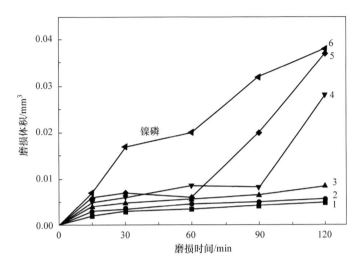

图 1-5　磷含量对化学镀镍磷合金层耐磨性的影响

1—镀态硬铬　2—45 钢　3—$w(P)=4\%$　4—$w(P)=6\%$　5—$w(P)=8.5\%$　6—$w(P)=10\%$

对于允许进行热处理的镀层，当磷含量较低 [$w(P)<6\%$]，其结构为固溶体镍磷合金层，热处理温度变化对镀层硬度的影响和对耐磨性的影响关系曲线是一致的，即达到硬度峰值之前，热处理温度的升高会增加镀层的硬度，耐磨性也随之上升。也就是说，当化学镀镍磷合金固溶体的硬度越高，其耐磨性也越好。当磷含量较高时 [$w(P)>8.5\%$]，在硬度达到峰值之前，热处理温度的上升同样会提升硬度和耐磨性。此外，较高的热处理温度有利于减轻或者消除镀层的内应力，可使镀层和基体的结合力获得增强、塑性获得改善，从而降低了裂纹形核和扩展的概率。这对增强化学镀镍磷合金在高温加热后的耐磨性具有重要意义。

除了磷含量和热处理，镀层表面的状态对耐磨性也有较大影响。当镍磷合金镀层表面呈现"包块结构"时，由于其具有较高的表面粗糙度导致耐磨性较差。而磨光处理则可以明显增强其耐磨性。如果未经磨光处理的试样，其粗糙表面的包块会在摩擦过程中脱落而形成磨粒，从而会加速镀层的磨损。

另外一个典型的增强镀层耐磨性的方法是镀液中掺杂硬粒子，如 SiC、金刚石等，可以形成与另一表面的主接触面，从而减少了黏着磨损。黄新民等将 SiC 微粒和 Ni - P 合金共沉积制备了 Ni - P - SiC 复合镀层，参与沉积的 SiC 颗粒能够提升镀层硬度和细化基体组织，同时 SiC 粒子本身就具有良好的抗显微切削能力，因此能够获得显著增强的耐磨性。作者将 TiO_2 颗粒引入 Ni - P 合金的共沉积，通过加入表面活性剂，并与超声分散技术相结合制备了 Ni - P - TiO_2 复合镀层，一方面可以获得更高的硬度，另一方面显著提高了合金镀层的高温抗氧化性能。朱绍峰等制备了 Co - P - Al_2O_3 化学复合镀层，数据显示该复合镀层在与金属进行对磨时表现出了很强的抗黏着能力，同时即使在高温下镀层中的 Al_2O_3 颗粒仍然可以保持弥散分布，从而保证了镀层在高温下具有很高的硬度。但是，如果这些硬粒子从复合材料中脱出，将会由于表面的相互运动产生磨料磨损。

1.4.2　化学镀层的耐蚀性

在大多数环境下镍基镀层相对铝或钢铁可以看作阴极，假若镀层存在孔隙，基底（阳极）就会有部分裸露而产生较大的腐蚀电流。如果镀层没有完全覆盖基体，铝或钢铁基体的腐蚀电位差将会维持在300mV，这时镍镀层则充当了牺牲阳极。在阳极的表面积比较大的情况下，腐蚀电流密度可以保持在较低的水平，从而减缓腐蚀速度。化学镀镍层比如典型的镍磷和镍硼合金镀层，特点是组织致密连续，孔隙率低，与基底结合力好，并且在复杂形状的工件表面各处皆可以获得厚度均匀的镀层，因此可以对各种类型的工件起到有效的防护。镀层的耐蚀性受到很多因素的影响，包括镀层与基体之间的电位差以及腐蚀介质的性质等。

作者在酸性溶液中制备了磷的质量分数为10%的非晶态镍磷镀层，发现在酸性腐蚀介质中，非晶态合金的耐蚀性明显优于晶态组织。这是由于非晶态镍磷合金表面的镍离子浓度高能产生自发钝化。同时非晶态组织为短程有序、长程无序结构，成分均一，不存在位错、晶界等晶体缺陷问题。在腐蚀环境下，非晶态组织可以快速形成均匀的钝化膜，同时镀层表面磷化物会发生迁移，能够显著提高镀层的耐蚀性。采用低温退火可以使得镀层内残存的氢气得以释放，同时使得镀层组织更加致密，与基底的结合力也获得增强，从而提升镀层的耐蚀性。当热处理温度超过450℃时，退火后的镀层耐蚀性甚至优于镀态。这是因为高温热处理后，镀层表面会形成一层厚而致密的氧化膜，对镀层和基底起到了很好的防护作用。另一方面，在热处理过程中镀层的应力得以释放，磷化物产生聚集并粗化，使得腐蚀敏感性降低。经600℃热处理后，磷含量高的镍磷镀层表现出优良的耐硝酸腐蚀特性。黄新民等沉积了 $Ni-Cu-P$ 三元合金，将镀层在300℃下退火，发现组织中出现了 Ni_3P 金属间化合物和 $Ni-Cu$ 固溶体，可以显著改善镀层的耐蚀性。

在一些应用环境比较恶劣的场合，比如石油生产及天然气生产设备和化工设备通常在含有高浓度的 CO_2、H_2S 等腐蚀介质中工作。设备零件在服役过程中很容易遭受严重的腐蚀与磨损，导致设备的精度下降，可靠性降低，寿命变短。将镍磷合金镀层应用在石油化工设备上，可充当设备零件屏障保护层，延长设备零件的使用寿命。优越性表现在：①镍磷合金耐蚀性优良，在温度高、介质浓度大的情况下，比塑料涂层、普通钢材的寿命长；②耐蚀性可以和高合金钢相比，替代不锈钢等贵重材料，降低成本，有很大的经济价值，并且可以提高设备及零件的可靠性。

1.4.3　化学镀层的磁性能

由于技术优势和出色的保型性，化学镀合金薄膜逐渐在电子工业领域崭露头角，比如铜镀层可以应用于印制电路板，钴镀层可用于磁性记录介质材料，镍基镀层可用于电子元件和打印机的磁头等。磁性化学镀层的典型材料为钴基合金薄膜，虽然其力学性能和耐蚀性不如化学镀镍层，但是钴基合金化学镀层可以显示良好的磁学性能。根据类金属原子的种类不同，钴镀层可显示软磁、硬磁和超顺磁特性。例如钴硼合金为典型的软磁材料，而钴磷合金则具有出色的磁记录特性。张勇等以DMAB为还原剂在酸性条件下制备了钴硼纳米晶合金薄膜，薄膜厚度为 $0.59\mu m$ 时，平行于基底方向上的矫顽力 $Hc_{//}$ 达到 2.80e（$10e=79.5775A/m$）随后在140℃退火1h，可以进一步提高其软磁特性，使得 $Hc_{//}$ 降到了

2.3Oe。主要原因是钴原子和硼原子快速共沉积时会产生拉应力，这种拉应力如果控制不当甚至会使得薄膜产生翘曲。拉应力的产生会显著增加磁弹性能、畴壁能和退磁能。通过低温退火，可以对镀层的拉应力起到松弛作用，降低了应变－磁致伸缩各向异性和晶格的畸变程度，从而减小了畴壁移动和磁畴转动的阻力，因此获得了很小薄膜的矫顽力，使其能够满足软磁材料的应用要求。当类金属原子为磷原子时，磷的质量分数为 2% ~6% 的钴磷合金膜在结构上是磷在钴中的固溶体，其矫顽力随晶粒大小、生长取向及膜厚的不同会在很宽范围内发生变化，可以通过调节镀液的成分和生长参数来实现对薄膜的磁性进行调制，钴磷合金基本上呈现硬磁特性。Co－Ni－P 三元合金镀层综合了镍磷合金和钴磷合金的优点：矫顽力高，剩磁低，硬度高，耐磨性好，电磁转换性能优良；做成的磁盘线密度大，具有高密度磁记录特点，在大容量磁介质的制备上具有优势。当钴磷合金中掺杂了铁元素，可以通过铁含量来调整镀层的矫顽力，当铁含量增加时矫顽力会产生明显下降。当钴磷合金中掺杂了钨获得了 Co－W－P 合金，可以使薄膜材料的耐蚀性和耐磨性获得增强，同时可以在不改变剩磁的情况下使薄膜的矫顽力获得提升。而掺入铜元素获得 Co－Cu－P 合金时，则可以提升钴磷合金电导特性并且降低薄膜的剩磁性，在吸波、电磁屏蔽和材料表面防护磁盘磁记忆底层等应用上具有独特的优势。因此，钴基合金化学镀层在磁性材料领域具有令人期待的应用前景。

1.4.4　化学镀层的电磁屏蔽/吸波性能

在信息化时代的今天，电磁波作为信息的载体无处不在，电子设备的电磁波使用频率根据需要可以在几 Hz 至几百 GHz 之间的宽频范围内灵活变换，但是随之而来的电磁干扰则会给运行中的设备和人类健康带来危害。对电磁波的有效吸收和屏蔽对于保证电子信息信号的稳定和保真、避免电磁污染、保护电子设备以及军事领域的电子对抗和军事隐身等应用具有重要意义。通常避免电磁干扰的方法是基于金属隔离的原理，通过在电子仪器和设备的外壳上采用金属罩、屏蔽镀层、真空淀积层等方式来屏蔽电磁辐射，其中采用屏蔽镀层的优势是成本较低，工艺简单，屏蔽效果好。如果要实现有效的电磁屏蔽，就要求镀层具有良好的电导和磁导，面电阻要小于 $1\Omega/cm^2$。目前在化学镀电磁屏蔽防护层中，镀镍层的屏蔽性能最好。对于防护等级高的场合，可以先化学镀铜再镀镍来获得更优的电磁屏蔽效果。另一方面微波吸收材料在广播电视、雷达通信和隐身技术等方面有着重要用途，理想的吸波材料要求厚度薄、质量轻、频带宽、吸收性能强。然而传统的吸波材料常用的电磁波吸收剂主要是金属和铁氧体粉末，存在厚度大、面密度大、质量大、吸收频带较窄等缺点。因此，轻质电磁波吸收剂的研发不论对于军事应用还是日常应用都具有重要的意义，是电磁吸波材料研究的热点。刘家琴等人的研究显示，通过适当的表面功能化处理可以在轻质的碳纳米管表面化学镀覆厚度均匀的非晶态 Ni－Co－P 薄层，对于研究轻质薄层吸波材料具有参考价值。

1.4.5　化学镀层性能的影响因素

镀层的成分、组织结构及热处理工艺都会对镀层的性能产生很大影响。邓宗钢等对镍磷合金镀层做过系统的研究，结果显示磷含量的变化会显著影响镍磷合金的耐蚀性。随着磷含量增加，镀层晶粒细化，腐蚀电位发生正移，会在镀层表面加速钝化膜的形成，从而显著增强镀膜的耐蚀性。当磷的质量分数超过 8.5% 时，镀层的结构会转变为非晶态结构，从而获得优异的耐蚀性。在磷含量比较高时，200℃热处理会进一步增强其耐蚀性。当热处理温度升高到300~500℃时，由于Ni_3P相析出量增大，镀层耐蚀性开始下降。镀层的硬度和热处理温度的关系呈"钟罩形"曲线，总的来说，镀层硬度随着热处理温度的增加呈先升后降的趋势。热处理时间对镀层硬度的影响和磷含量及热处理温度都有关系。加热温度为200℃时，具有硬度峰值，磷含量愈高峰值愈低，在硬度峰值出现后，延长加热时间，硬度基本保持不变。当热处理温度升高到300~400℃时，磷含量对镀层的最高硬度值影响不大。在400℃以上加热10~15min后，随加热时间的延长硬度开始降低，但是对于磷含量高的镀层，硬度下降速度会趋缓。

热处理温度对镍磷合金层的耐磨性也会产生较大影响。在热处理温度低于300℃时，随热处理温度的提高，耐磨性不论磷含量高低都呈上升趋势。当热处理温度高于300℃时，随热处理温度的升高，磷含量高的镀层耐磨性会升高，而磷含量低的镀层耐磨性则会下降。需要指出的是，化学镀镍磷合金层的硬度和耐磨性之间为非线性关系。关于镀层耐磨性和热处理工艺之间的关系，虽然国内外有很多研究，并提出了最佳磷含量和最佳热处理规范，但大多数人仅注意到磨损过程的力学行为。邓宗钢率先提出磨损过程也必须作为组织结构的一种函数来研究，并研究了磷的质量分数为4%~10%时4种典型的镍磷合金镀层，通过加热处理到相同的硬度，发现低于390℃处理后的磨损体积明显大于390℃以上处理的磨损体积。这表明镀层的磨损体积不仅仅和硬度相关，其微观组织与磨损体积之间也应当存在一定的关系。在滑动摩擦条件下，试样磨损体积表示如下

$$dV = K(P/3H)dl$$

式中，dV为试样磨损体积；dl为滑动距离；P为试样表面法线方向上的载荷；H为试样表面硬度；K为磨损系数。

根据公式，试样的磨损率dV/dl与试样表面法向载荷成正比关系。在K为常数的情况下，则镀层的磨损率应该和硬度之间是反比关系。但试验结果表明，镍磷合金层的dV/dl与硬度不成反比关系，说明K不是常数，而是与显微组织密切相关。当磨损处于不同过程时，比如亚表层变形、裂纹形核和裂纹传播，那么磨损率和硬度之间的函数关系也不同，而这些过程又和镀层的组织结构密切相关。因此，凡是影响材料组织结构的因素，例如合金成分和热处理温度等，都会影响磨损的这3个过程，最终影响材料的磨损率。因而可以认为，K值和下列因素呈函数关系：K_1（和亚表层结构变形、裂纹形核和裂纹传播因素相关）、K_2（组织结构因素）、K_3（化学成分、处理工艺、温度）。所以，不同的显微组织将会对顺序发生的亚表层变形、裂纹形核和裂纹传播3个过程产生不同的影响，从而决定K值的大小以及磨损率dV/dl值的变化。

基于以上分析，可以看出相同的硬度下，两相混合物组织的耐磨性要优于单相固溶体，这主要是因为机械混合物组织具有较小的磨损系数。另外，机械混合物中第二相的尺寸、含量和分布对磨损性能也有一定的影响。当热处理温度高于Ni_3P相的析出温度时，即使是磷含量不变的情况下，热处理温度不同，耐磨性也不同。比如$w(P) = 8.5\%$的镀层在500℃和600℃下加热后，两者的Ni_3P相体积分数大体相同，但Ni_3P析出相的尺寸不同，Ni_3P相尺寸较大的镀层耐磨性较好。对于磷含量不同的镀层，经热处理后磷含量较高的镀层析出的Ni_3P相较多，所以耐磨性也更好。

1.5　化学镀层的应用

　　化学镀层具有良好的硬度、耐磨性、耐蚀性与很好的焊接性，因此在工程领域具有广泛的应用。化学镀层的硬度最大可超过 1100HV，耐磨性和硬铬镀层相当，能够耐酸性、碱性和盐类等各种腐蚀介质。镍磷合金镀层的电阻率为 $60 \sim 120 \mu\Omega \cdot cm$，高于冶金纯镍（$9.5 \mu\Omega \cdot cm$）；钴磷基镀层可用于磁记录介质，而钴硼基镀层则具有优良的软磁特性。下面分别以镍基、铜基和钴基化学镀层为例来大体介绍一下化学镀层在工程技术领域的应用。

1.5.1　化学镀镍的应用

1. 表面强化的应用

　　下面以目前备受关注的轻质合金（铝合金和钛合金）来说明。铝合金质量小，比强度高，容易加工成形，是航天、军事、电子工业的重要结构材料，但铝合金的缺点是耐磨性不佳，耐蚀性较差。而化学镀镍磷层具有硬度高和耐蚀性好的优点，恰好可以弥补铝合金的缺点。同时镍磷镀层的组织致密，厚度均匀，仿型性好，可使铝制品表面获其显著强化而使其性能得到提高。钛合金具有高强度、低密度、耐高温、耐腐蚀和塑性好等优点，在航空航天、舰艇、医疗和石油化工等领域有广泛的应用，但是表面容易擦伤、磨损，使疲劳性能降低。另外，钛合金的导电性、导热性和焊接性较差。如果在钛合金表面镀一层镍磷合金，不仅能弥补上述不足还能够使钛合金表面获得一些特殊的物化特性，从而拓宽其应用领域。

2. 复合镀层的耐磨应用

　　在化学镀液中添加适当的具有强化功能的颗粒可以获得化学复合镀层。化学复合镀层 $Ni-P-SiC$、$Ni-P-Al_2O_3$、$Co-P-Al_2O_3$、$Co-P-ZrO_2$、$Ni-P-Cr_2O_3$、$Ni-P-TiN$、$Ni-P-B_4C$、$Ni-P-Si_3N_4$、$Ni-B-SiC$、$Ni-B-Al_2O_3$、$Ni-Zn-P-TiO_2$ 等经适当热处理后，硬度和耐磨性都会得到显著提高，其中硬度可高达 1100 ~ 1400HV，可广泛用于对耐磨性要求高的场合，比如制动液压缸、活塞环、钻头类工具、模具、变速器部件、压缩机、气缸套等。同时，由于复合镀层具有优良的耐磨性，使得工件可以更加轻型化，对于汽车等轻量化产业的发展具有重要意义。

3. 自润滑、减摩材料中的应用

　　自润滑和减摩材料具有固体润滑的特性，可以有效减小构件接触表面的摩擦磨损，从而保证工件的工作稳定性和服役寿命，在机械、冶金、石油化工、电力、船舶、桥梁等领域具有广泛的应用。氟化石墨、聚四氟乙烯、氟化钙等微粒具有固体润滑特性，通过在镀液中进行适量的添加可以获得镍磷复合镀层，从而获得良好的自润滑和耐磨性化学镀层。这些镀层具有良好的抗擦伤性能，并且摩擦系数对温度不敏感，即使在高温条件下仍然具有较低的摩擦系数，具有优异的干态耐磨润滑特性，在发动机内壁、轴承、活塞环、各种模具及机器滑动部件等方面具有广泛的应用，尤其适用于高温下需润滑的部件。

4. 防腐领域中的应用

磷含量高的化学镀镍磷镀层的组织结构为非晶态，具有优异的耐蚀性。在一些腐蚀环境比较严重的工作条件下，比如化学工业中的阀门制造业、石油和天然气运输管道，以及航海、航空航天等领域，通过在镍磷合金镀层中添加铜、钨、钼等元素，既可以使得镀层的耐蚀性获得增强，也可以获得良好的热稳定性能。通过向镍磷镀层中添加稀土元素（如铈、镧等），可以减小镀层中的宏观孔洞，从而使得镀层的耐蚀性获得增强。

5. 电子工业中的应用

电子工业大发展对电子元件的集成度要求越来越高，其中芯片焊盘和凸点之间的金属过渡层的精密制作，对于防止焊球与铝元件基底或电路板的铜层之间的扩散尤为重要。化学镀镍/金镀层具有可焊接、可接触导通、可打线、可散热等功能，为高密度印制电路板的制作提供了有力的保障。另外，在电子工业中，化学镀获得的薄膜电阻通常在低阻范围，当磷和硼含量升高时，所获得的镍磷和镍硼合金镀层可以获得高电阻值，但是对温度比较敏感。通过将钼、钨、铬等金属与镍磷或镍硼共沉积，则可以获得具有优良热稳定性的高阻三元化学镀合金薄膜，比如 Ni－P－B、Ni－W－P、Ni－W－B、Ni－Mo－P、Ni－Mo－B、Ni－Cr－P、Ni－Fe－P 等。另外，将氧化钛、硫化镉等半导体颗粒与镍形成复合镀层时，通过光照可以产生电压和电流的响应，从而获得具有明显光电效应的复合镀层。利用化学镀原理制得的过渡族金属氧化物非晶态薄膜镀层，由于电化学的氧化－还原反应，会发生电致变色。利用这类薄膜正在开发许多产品，如电解电容、固体电容、电致变色显示元件等。

6. 电磁屏蔽上的应用

研究表明，在塑料上化学镀镍磷合金，屏蔽效果达 67～78dB，经 56 天高温及湿热试验后，镀层电阻变化很小，保持在 $0.55～0.85\Omega/cm^2$ 之间，在 4～12GHz 频率内，屏蔽效果保持在 67～78dB 范围内。由此可见，化学镀镍层有优良的电磁屏蔽效果。通过向镍磷合金镀层中添加铜所获得的 Ni－Cu－P 合金镀层对电磁波具有良好的吸收和损耗特性，可以获得性能增强的电磁屏蔽层和磁盘记忆底层。

任何表面镀层都有对镀层结合强度的要求。镀层结合强度检测表明，化学镀镍的镀层结合强度良好。作为一项关键性能指标，取得良好的结合强度为化学镀技术的不断应用和发展奠定了重要基础。

1.5.2 化学镀铜的应用

1947 年，Harold Narcus 首次报道了化学镀铜，随后在 20 世纪 50 年代中期获得了商业应用。发展至今，化学镀铜的技术已经较为成熟，并广泛应用于电子工业和玻璃工业领域。

1. 在电子工业中的应用

在微电子工业的集成电路板的制作过程中，化学镀铜可以用在印制电路板的通孔金属化。传统上多层印制电路板需要采用黑化处理来获得氧化铜，从而增强内层铜与绝缘树脂的结合力，但氧化铜化学稳定性以及与一些树脂的亲和力不理想。通过采用化学镀铜工艺则可以替代内层铜的黑化处理。由于铜的电阻率小，散热性能好，通过采用化学镀铜可以在复杂电路的制造和封装技术中替代铝，可以通过光刻制作各种复杂的电路花样。陶瓷基底上的铜化学镀层可以克服以往采用的薄膜工艺的弊端，从而满足封装对功率和散热的要求，可广泛应用于雷达、通信和航空航天。另外，铜化学镀层具有优异的电磁波屏蔽的特性，可以克服塑料电磁屏蔽层抗干扰能力差的缺点，使电子设备尤其是精密电子设备可以获得稳定的信号传输。化学镀铜还可以用于碳纳米管的金属化，可以有效修复纳米管的纳米级缺陷。

2. 在玻璃工业中的应用

在玻璃表面沉积金属薄层可以使得玻璃表面具有导电特性、外观光泽和镜面效果，同时也可以丰富彩色玻璃的装饰效果。但是一些物理镀膜方法（比如离子镀、磁控溅射等工艺）对镀膜条件要求高且成本昂贵，不利于商业推广。化学镀铜则可以在满足玻璃表面导电性、金属光泽和镜面效果的前提下，显著简化镀膜工艺和降低成本，从而应用到各类特种玻璃行业。

1.5.3　化学镀钴的应用

化学镀钴基合金的最大特点是其优异的磁学性能，其中钴基硬磁材料以钴磷系合金为代表，具有矫顽力高、磁化强度高的特点。对于钴磷合金来说，磷含量会显著影响合金的矫顽力。在钴磷合金中添加钨，可以在不改变剩磁的情况下使得矫顽力获得提升，同时镀层具有良好的力学性能。加入铁、铜等元素，可以在增强磁性的同时获得较高的耐磨性。钴镍磷合金则兼具了镍磷与钴磷合金的优势，在电磁转换性能上有所增强。通过制备具有形状各向异性的纳米线阵列，则可以获得磁各向异性，在超高密度磁记录存储、磁传感器和 MEMS（微机电系统）器件的制作上有很大的应用潜力。最常用的磁记录镀层有 $Co-Ni-P$、$Co-W-P$、$Co-Zn-P$、$Co-Mn-P$、$Ni-Co$、$Ni-Fe-P$、$Co-Ni-Re-P$、$Co-Ni-Zn-P$、$Ni-Fe-B$ 等。钴基软磁材料以钴硼系合金为代表，特点是矫顽力小，磁导率高，铁心损耗低。其中硼含量会显著影响镀层的结构与性能，通过在镀液中添加铁和稀土等元素，可以显著改善软磁特性，在制造高频通信器件、传感器和开关电源等元器件上有广阔的应用前景。钴硼合金不仅具有优异的软磁特性，还可以在集成电路中替代金丝或镀金层，在内引线、管脚材料和分立电子元件中具有很大的应用价值。

1.5.4　其他化学镀层的应用

除了以上典型的化学镀层以外，还有化学镀金、化学镀银、化学镀锡等镀层也具有比较广泛的应用。在传统电子工业的镀金工艺中，导线周边的绝缘基体上经常会因为金产生镀金层溢出。采用含阴离子型表面活性剂的置换型化学镀，可以利用金与被镀金属之间的电位差抑制镀液中的微细金粒子静电吸附到绝缘基材上，从而防止镀金层外溢。由于化学镀金具有优良的物理特性，在电子元器件及高密度印制电路板制作、光学仪器等领域获得了广泛的应用。

化学镀银层的特点是具有优异的导电、导热、反光能力和焊接性。由于这些优点，化学镀银层在电子工业、印制电路、仪表通信和光学机械等领域获得了广泛的应用。近年来，随着化学镀银工艺的改进，各种新型添加剂的研发，镀液的稳定性、镀层的致密性和外观获得了不断的提高，在纤维和多孔金属的表面改性等方面也获得了显著的进展和应用拓展。

化学镀锡层的主要优点是施镀温度比较低及焊接性好。通过在钎料表面进行化学镀锡处理，可以明显改善钎料的润湿铺展特性，同时化学镀锡层也具有良好的耐蚀性，在电子产品的表面安装技术（SMT）和印制电路板（PCB）技术领域具有很好的发展前景。通过与其他金属结合，可以制作性能更加优异的合金镀层，比如锡铈、锡铟、锡铅、金锡等合金镀层。这些合金镀层具有特别好的焊接性和流动性，适于电子元件的低温焊接。

化学镀作为一种优秀的表面处理技术，可以获得硬度和耐磨性可调、耐蚀性好、厚度均匀、仿形性优异的镀层材料，同时还具有可焊接、低电阻、扩散阻挡和各种优良的物理性能等特点，在机械、电子、石油化工及航天工业等众多领域具有广泛的应用前景。

第2章 化学镀系列合金

自从 1946 年 A. Brenner 和 G. E. Riddell 获得了可实用的镍磷合金完整镀层，化学镀逐渐进入工业领域，不久，美国通用运输公司（GATC）于 1955 年创建了第一条化学镀生产线。起初，化学镀镍磷合金主要用于化工领域的表面防护工作；后来，根据化学镀仿形性好的特点开始用来制作具有复杂形状的小型薄壁零件。到 20 世纪 50 年代末，随着镀液配方的不断改进和后处理工艺的优化，化学镀镍磷合金镀层的硬度和耐磨性特点获得了推广，从而开始将化学镀层用于零部件的表面强化。20 世纪 60 年代，化学复合镀技术得到了迅速的发展，从而推动了化学沉积镍磷合金层的进一步应用。同时，钴基合金磁学特性也开始受到关注。到了 20 世纪 90 年代，化学镀已经发展成为一种应用广泛的表面功能化技术，化学镀 Ni、Co、Cu、Au、Ag、Sn 等镀层获得了全面的推广和应用。另外，随着镀覆速率、槽液的稳定性、槽液的监控、重新补充和再生问题的解决，使得槽液寿命显著延长，成本不断降低，从而使化学镀技术在 20 世纪 90 年代获得了迅速的发展。日本、欧美等西方国家在镀液的生产和销售如今已经比较成熟，但我国的化学镀产业仍然处于方兴未艾的发展阶段。专业性规模化标准化学镀液的研究与生产仍然有很多工作要做，这对于充分利用化学镀的独特优势推动社会经济与高科技产业的发展将具有重要意义。下面将对应用最为广泛的化学镀镍基合金和钴基合金进行详述。

2.1 化学镀镍基合金

化学镀镍基合金主要是以镍金属盐作为主盐和含磷或者含硼等类金属元素的还原剂发生氧化还原反应而获得的镀层，可以根据应用需要而添加其他金属元素来获得多元合金镀层。这里主要对应用较为广泛的镍基含磷化学镀层进行详述。

2.1.1 化学镀 Ni–P

1. 基本原理及镀液

化学镀镍磷合金是基于在溶液中的氧化还原机理，采用次磷酸盐等含磷强还原剂将镀液中的金属镍离子还原成镍原子，与此同时，次磷酸盐还原剂发生分解产生磷原子并进入金属镍镀层，从而形成镍磷合金。通过对镀液成分、温度和 pH 值等因素的调节可以获得不同磷含量的镀层，可以形成含磷的过饱和镍磷合金固溶体或镍磷非晶态镀层，这一过程必须有催化条件才能进行。化学镀镍磷合金的反应生长机理有很多种说法，其中 G. Gutzeit 的理论为大多数人所接受。该理论可以分以下几个过程来描述。

1）在对镀液进行加热时，镍离子和次磷酸盐并不反应，但是在Ⅷ族金属的催化作用下，次磷酸根发生脱氢释放出初生态原子氢，同时形成亚磷酸根。

$$H_2PO_2^- \xrightarrow{催化剂} PO_2^- + 2[H]$$

$$PO_2^- + H_2O \rightarrow HPO_3^{2-} + H^+$$

$$或者\ H_2PO_2^- + H_2O \rightarrow HPO_3^{2-} + H^+ + 2[H]$$

2）所释放出的原子氢会吸附在催化金属表面并产生活化作用，从而将镍离子还原成镍原子从而形成金属镍层。

$$Ni^{2+} + 2[H] \rightarrow Ni + 2H^+$$

3）同时次磷酸根被原子氢还原成磷原子并释放出分子态氢。

$$H_2PO_2^- + H_2O \xrightarrow{\text{催化剂}} H[HPO_3]^- + H_2 \uparrow$$

$$H_2PO_2^- + [H] \rightarrow H_2O + OH^- + P$$

4）镍原子和磷原子共沉积，并形成镍磷合金层。

$$Ni + P \rightarrow Ni - P\ 合金(固溶体或非晶态)$$

由此可见，化学镀镍和电镀镍的区别在于，电镀镍是通过外加电源来提供电子实现镍离子的还原形成金属镍镀层；而化学镀镍不需要外加电源，是在催化的条件下在工件表面实现化学还原反应使得镍离子发生还原作用从而形成金属镍层。一些过渡金属及合金比如铁、钴、镍、钯、铂等都具有催化作用，因此可以作为镍磷合金施镀的基底。当具有催化特性的基底触发了反应以后，由于镍本身具有自催化作用可以使得这种氧化还原反应得以持续不断，最终获得具有一定厚度和成分的镍磷合金镀层。为了实现镀层的成分、结构和性能可控，以及保证镀液的稳定性，除了金属主盐和还原剂以外，还需要在镀液中选择性地添加合适的络合剂（螯合剂）、缓冲剂、稳定剂、pH 值的调整剂，以及各种活性剂包括增速剂和光亮剂等。

在实际应用过程中，镀液配方的主要成分是主盐－镍盐、次磷酸盐和辅盐－有机羧酸盐。根据施镀时的酸碱性条件不同，镀液大体可分为酸性镀液和碱性镀液两种。酸性镀液的 pH 值一般控制在 4～7，碱性镀液的 pH 值通常在 8～11。镀液的典型成分见表 2-1。在酸性镀液中，pH 值的增大和温度升高对镀速会起到促进作用，但是当温度过低或 pH 值小于 3 时，沉积速率极慢；当温度或者 pH 值过高时，溶液容易浑浊从而缩短镀液的寿命甚至从而引发镀液分解。因此，为了保证镍磷合金的施镀速率和镀液的稳定性，pH 值一般在 4.2～5.0 间进行调节，镀液温度控制在 85～90℃之间。

表 2-1　镀液的典型成分　　　　　　　　　　　　（单位：g/L）

组成和工艺条件	酸　性　镀　液					碱　性　镀　液		
	1	2	3	4	5	1	2	3
氯化镍 $NiCl_2 \cdot 6H_2O$	30	30	—	21	26	30	20	—
硫酸镍 $NiSO_4 \cdot 6H_2O$	—	—	25	—	—	—	—	25
次磷酸钠 $NaH_2PO_2 \cdot H_2O$	10	10	23	24	24	10	20	25
羟基乙酸 $HOCH_2COOH$	35	—	—	—	—	—	—	—
柠檬酸钠 $Na_3C_6H_5O_7 \cdot 2H_2O$	—	12.6	—	—	—	84	10	—

（续）

组成和工艺条件	酸 性 镀 液					碱 性 镀 液		
	1	2	3	4	5	1	2	3
乙酸钠 $NaC_2H_3O_2$	—	5	9	—	—	—	—	—
琥珀酸 $C_4H_6O_4$	—	—	—	7	—	—	—	—
氟化钠 NaF	—	—	—	5	—	—	—	—
乳酸 $C_3H_6O_3$	—	—	—	—	27	—	—	—
丙酸 $C_3H_6O_2$	—	—	—	—	2.2	—	—	—
氯化铵 NH_4Cl	—	—	—	—	—	50	35	—
焦磷酸钠 $Na_4P_2O_7$	—	—	—	—	—	—	—	50
铅离子 Pb^{2+}			0.001		0.002			
中和用碱	NaOH	NaOH	NaOH	NaOH	NaOH	NH_4OH	NH_4OH	NH_4OH
pH 值	4~6	4~6	4~8	6	4~6	8~10	9~10	10~11
温度/℃	90~100	90~100	85	90~100	90~100	95	85	70
沉积速率/(μm/h)	15	7	13	15	20	6.5	17	15

根据应用的需要，可以选用酸性或者碱性镀液。表 2-2 显示了在酸性镀液和碱性镀液所获得的镍磷合金镀层的性能比较。通常在酸性镀液中可以获得较厚的镀层并使得镀层具有高硬度和高耐磨性，同时镀层与钢基底可以获得良好的结合力。因此，在工业生产中常采用酸性镀液，对于一些特殊场合可以根据需要适当采用碱性槽液，比如对磁性和焊接性有需求的场合。

表 2-2　在酸性镀液和碱性镀液所获得的镍磷合金镀层的性能比较

镀层性能	磷含量（质量分数）（%）	硬度	耐磨性	耐蚀性	磁性	电阻	焊接性	对铜、铁杂质的敏感程度	镀层结构
酸性镀液	7~12	高	好	好	无	高	差	不敏感	非晶态
碱性镀液	5	低	差	差	有	低	好	敏感	晶态

2. 化学镀镍磷合金的特性

化学镀镍磷合金的特性主要受到镀层中的磷含量和热处理工艺两个因素的影响。随着磷含量的变化和热处理工艺的不同，镀层的组织结构会发生相应的变化，随之影响镀层的性能。当磷的质量分数小于 7.0% 时，镀层的结构为晶态金属镍的过饱和固溶体；当磷的质量分数大于 7.0% 时，镀层的晶粒尺寸会逐渐细化而过渡到非晶态结构。当对镍磷合金镀层进行热处理时，随着加热温度的升高，低磷过饱和固溶体中的磷原子会通过扩散集聚，在温度为 400℃ 左右会在镍基体的某些特定晶面析出第二相 Ni_3P。对于高磷非晶态合金，Ni_3P 的析出温度会降到 340~350℃。因此，稳定的镍磷合金镀层主要由 Ni 和 Ni_3P 两相混合物组成。两相的体积比随着磷含量的变化而变化，当磷的质量分数为 7% 时，Ni 和 Ni_3P 的体积比相当，各占 50%。当磷的质量分数大于 7% 时，Ni_3P 的体积分数大于 Ni，此时 Ni_3P 为基体，Ni 变成了第二相。

影响镍磷合金镀层性能的因素有很多，包括镀液成分、磷含量、施镀条件和热处理工艺等，这些因素对镀层的物理、化学与力学性能都有一定的影响。镀层的性能指标和影响因素主要有以下几个方面。

（1）硬度 化学镀镍磷合金具有高硬度特点，在沉积状态下硬度可达 500～600HV（49～55HRC），经过400℃热处理后则可上升到 1000～1100HV（69～72HRC）。磷含量的大小和热处理工艺是影响镍磷化学镀层硬度的两个主要因素。通过调整镀液的成分及操作条件可以获得磷含量连续变化的镀层，同时也会带来镀层结构的变化。而热处理可以对镀层的物相结构产生影响，进而影响镀层的性能。由于组织和性能的可调性，使得化学镀镍磷合金在工业界引起了广泛关注。

磷含量对化学镀镍磷合金显微硬度的影响如图 2-1 所示。在磷含量低的镀层中，硬度随磷含量的增加而升高。这是因为，镍原子半径（1.25Å）和磷原子半径（1.10Å）相差约为12%，当磷原子与镍原子共沉积形成镍的固溶体时，就会给镍基体产生一定的弹性应力场。从镍-磷二元合金相图可以知道，磷在镍中的最大溶解度为 0.17%，从图中可知，镍磷合金镀层中的实际磷含量已经远远超过了磷在镍中的极限溶解度。但是，在沉积过程中并未产生镍磷的化合物，因此在沉积过程中，在形成镍晶体的同时，磷原子替代了部分镍原子在晶体点阵中的位置，形成了含磷的过饱和置换固溶体，从而使得金属镍的晶格点阵发生了畸变，固溶体内的磷含量越高，晶格畸变量越大，从而导致镀层的显微硬度升高。此外，伴随着过饱和固溶体的形成产生了较高密度的堆垛层错，也对镀层的表面硬化起到了很大的作用。但是，当参与沉积的磷原子进一步增多时，作为典型的类金属原子，磷的沉积对镍原子的堆垛沉积的干扰作用会增强，使得金属镍的晶粒细化，并逐渐使得镍的晶格特征消失而最终转变为镍磷非晶态镀层结构。在非晶态镀层中，镍原子和磷原子的排列处于长程无序状态，原子间的结合力减弱，一方面容易发生塑性形变，另一方面会造成显微硬度的降低。表 2-3 给出了磷含量和镀层显微硬度的大致关系。在镀态下，磷含量低的镀层的显微硬度通常可以达到 550～650HV，磷含量高的镀层则只有 500～600HV。因此，磷含量低的晶态镍过饱和置换固溶体的硬度比磷含量高的微晶或非晶态镍磷镀层更高。但有些研究显示，镀层的力学性能和镀液的成分配比也有一定的关系，当调整镀液中络合剂乳酸和乙酸的比例时所获得的磷的质量分数为 8% 的镍磷镀层的镀态硬度达到了 910HV，具体原因还需要进一步研究。

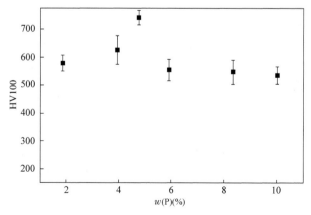

图 2-1 磷含量对化学镀镍磷合金显微硬度的影响

表 2-3　磷含量和镀层显微硬度的大致关系

磷含量（质量分数,%）	显微硬度 HV0.1
3.0	510 ~ 520
5.0	530 ~ 560
7.0	550 ~ 570
10.0	490 ~ 510
11.7	480 ~ 500

　　另外，热处理工艺对镀层的硬度影响比较显著。这是因为，在加热过程中镀层中的磷原子发生扩散偏聚并析出中间相 Ni_3P，此时当镀层的磷含量不同时，随热处理工艺的变化，镀层硬度的变化趋势也明显不同。对于磷含量低的镀层，以 $w(P)=4.9\%$ 的镀层为例，热处理温度和加热时间对镀层显微硬度的影响如图 2-2 所示。由图可知，当热处理温度为 175℃时，硬度随保温时间的延长缓慢上升并趋于稳定。当热处理温度在 200 ~ 450℃时，随着保温时间的延长，硬度出现先升后降的规律。其中在 350 ~ 390℃保温 1 ~ 3h 后空冷，硬度都在 900HV 以上。当镀层在 390℃保温 10min 空冷后，显微硬度可高达 1134HV。当热处理温度进一步提高到 500℃时，随着保温时间的延长，硬度呈单调下降的趋势。

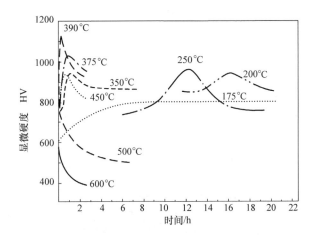

图 2-2　热处理温度和加热时间对 $w(P)=4.9\%$ 的镍磷合金镀层显微硬度的影响

　　热处理的时间长短对硬度的影响与温度高低的作用相类似。图 2-3 显示了 $w(P)=9\%$ 的镍磷合金镀层的热处理温度、时间和硬度之间的关系。可以看出，当热处理温度高于第二相的析出温度时，温度越高获得高硬度的时间越短。当硬度达到最大值后，随着加热时间的延长，硬度值也开始降低。比如 $w(P)=9\%$ 镀层在 400℃处理 15 ~ 16min 所达到的硬度值与在 575 ~ 600℃的盐浴里加热少于 1min 的所达到的硬度数值相当。

　　当热处理时间固定时，高温下镀层硬度的减小与温度的增加（400 ~ 700℃）有一定的线性关系，这里硬度的变化和镀层中的 Ni_3P 含量有关（见图 2-4），在此温度范围内热处理后镀层的硬度随 Ni_3P 含量的增加而呈近似线性增加。

　　图 2-5 所示为磷含量和热处理温度对镍磷合金镀层的显微硬度的影响。可以看出，尽管

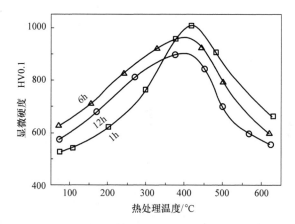

图 2-3 $w(P)=9\%$ 的镍磷合金镀层的热处理温度、时间和硬度之间的关系

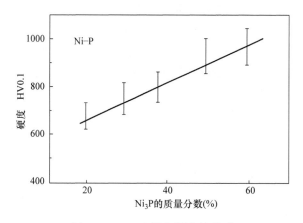

图 2-4 Ni_3P 含量与硬度的关系

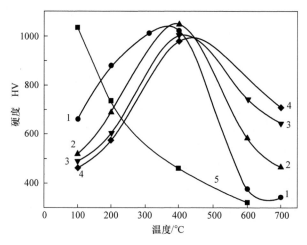

图 2-5 磷含量和热处理温度对镍磷合金镀层的显微硬度的影响

1—$w(P)=4.0\%$ 2—$w(P)=6.0\%$ 3—$w(P)=8.5\%$ 4—$w(P)=10.0\%$ 5—硬铬层

磷含量不同，但是在 100 ~ 700℃ 热处理温度范围内，随着温度的升高，不同磷含量镀层的硬度都是经历了一个先升后降的过程，并且硬度的峰值都是在 400 ~ 450℃ 温度范围内。硬度峰值的大小与磷含量的多少关系不大。热处理温度较低时（100 ~ 200℃），磷含量低的镀层具有更高的硬度；而在高温热处理区域（600 ~ 700℃）热处理 1h 后，镀层的磷含量愈高，则可以获得愈高的硬度值，主要是因为磷含量高的镀层的 Ni_3P 硬质析出相含量较多。并且磷含量高的镀层的稳定基体组织为 Ni_3P 相，所以高温处理后不仅可以获得较高的硬度，而且随加热温度的升高硬度下降趋势变慢。通过对比试验可以看出，随着热处理温度的升高，硬铬镀层的显微硬度迅速下降，显示出硬铬镀层不适宜在高温下服役使用。

（2）耐磨性　良好的耐磨性是保证设备工作部精度、获得尽可能长的寿命的重要前提之一。采用合适的工艺手段对工件进行表面处理可以有效地防止或减少磨损，从而提高材料的耐磨性。磨损是一种发生在材料表面的行为，要求表面层能降低摩擦系数、减少黏着、磨粒磨损及表面擦伤。覆层材料需要具有良好的力学和热学相容性，并且与基体之间有牢固的结合力。镍磷合金镀层一个显著的优点就是具有良好的耐磨性，镀层与基体可以具有牢固的结合力，与一般钢材工件基底可以获得 21 ~ 42kg/mm² 的附着力，并且表面光滑平整。镍磷合金在镀态下即具有较高的硬度和耐磨性，通过合适的热处理，镍磷合金镀层可以获得比电镀镍层更高的耐磨性。因此镍磷合金镀层可以广泛地用在零部件的表面强化和耐磨覆层。

影响镍磷合金镀层耐磨性的主要因素是磷含量和热处理工艺。磷含量比较低的镍磷合金镀层晶粒较细，经过共沉积进入镀层的磷原子使得金属镍晶格发生畸变而产生固溶强化，使镀层具有较高的硬度和耐磨性。而磷含量很高时，所获得的非晶态镍磷合金因原子排列混乱，原子结合力差，在磨损过程中原子容易发生移动，磨损量较高，耐磨性明显降低。而不同磷含量的镀层经过不同的热处理工艺，其耐磨性也会发生显著的变化（见图 2-6）。从图 2-6 中可以看出，4 种不同磷含量的镀层经过热处理后其耐磨性都要优于热处理前。在磷含量较低时（质量分数为 4% ~ 6%），经 400℃ 热处理 1h 可以获得最好的耐磨性；当含磷量较高时（质量分数为 8.5% ~ 10%），则热处理温度提高到 600 ~ 700℃ 可以获得最好的耐磨性。图 2-7 显示了在 700℃ 热处理 1h 的条件下，磷含量对镍磷合金镀层耐磨性的影响。

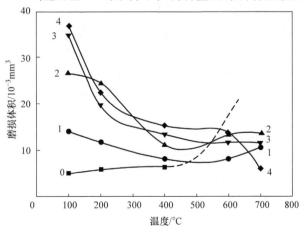

图 2-6　热处理温度对镍磷合金镀层耐磨性的影响（磨损时间为 2h）

0—镀硬铬　1—$w(P)$ = 4.0%　2—$w(P)$ = 6.0%　3—$w(P)$ = 8.5%　4—$w(P)$ = 10%

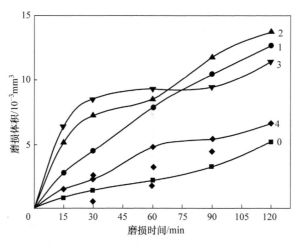

图2-7　磷含量对镍磷合金镀层耐磨性的影响（700℃，1h）

0—镀硬铬　1—$w(P) = 4.0\%$　2—$w(P) = 6.0\%$　3—$w(P) = 8.5\%$　4—$w(P) = 10\%$

由图2-7可知，镀层的耐磨性随磷含量的增加呈上升趋势。在700℃热处理1h的条件下，在经过2h的磨损试验后，$w(P) = 10\%$的镀层显示了最好的耐磨性，与硬铬镀层的耐磨性相当。可以推断，高磷镀层经高温热处理后，镀层中会析出大量的硬质 Ni_3P 相，这些硬质相的析出与聚集无疑会增强镀层的耐磨性。因此，为了获得最佳的耐磨性，需要根据镍磷合金镀层的磷含量来确定热处理温度。

如果热处理的时间很长，那么即使在较低温度下也可以获得很好的耐磨性。比如在铁基合金基底上生长的镍硼合金镀层，虽然热处理温度低至290℃，但热处理了30～40个星期后，镀层的硬度可以高达1700～2000HV0.1。主要原因是由于低温长时间处理可以获得比高温热处理更加均一的晶粒大小以及更均匀的分布。同时在镀层中形成了对耐磨性有贡献的铁的硼化物（比如 Fe_2B 和 $Fe_3C_{0.2}B_{0.8}$ 等）。另外，硬质相粒子的添加也是有效提升镀层耐磨性的一个手段，许多研究和生产实践证明，镍磷合金镀层中含有质量分数为0.1%～10%的碳化物和碳化物粒子时可以表现出比镀硬铬更优越的耐磨性。

（3）耐蚀性　通过化学镀获得的薄膜的一个显著的优点就是具有良好的耐蚀性，并因此而广泛应用于各种领域。在金属基底上镀镍磷合金可以显著增强工件耐各种介质的腐蚀性，可以耐碱、盐、卤水、碳氢化合物、氨水，以及有机酸和还原性酸等腐蚀介质。在平滑钢板上镀12～25μm厚的镍磷合金，耐腐蚀寿命可以从24h提升到1000多小时，在不均匀粗糙的表面上，耐腐蚀镀层厚度则要增加到50～70μm，在铝基底上则需要更厚的镀层才能满足恶劣的腐蚀条件。影响镍磷合金镀层耐蚀性的因素有很多，其中磷含量和镀层的孔隙度是主要影响因素。通常磷含量高的镀层比较致密、孔隙度较低，并且表面很容易钝化，可以获得比纯镍和铬合金镀层更优异的耐蚀性。

在碳钢工件上镀25μm厚的镍磷合金，经400℃热处理后，耐蚀性较低。但在600～750℃热处理后，则表现出良好的耐蚀性。这是因为镀层经高温处理后，可以形成Ni/Fe扩散层从而能够阻挡介质对基体的渗入，从而提高耐蚀性。镀层在空气中加热处理时，表面会形成结合牢固的氧化膜，封闭表面微孔，使表面处于钝化状态，避免介质的损害，显示出良好的耐蚀性；但是当镀层在氢气中加热时，虽然可防氧化，但是耐蚀性较差，这是由于内应力和氢的扩散产生了微裂纹的缘故。对于 $25 \sim 50 \mu m$ 厚的镀层，在氧化性气氛中或在过热蒸汽中暴露后，允许的最高工作温度可达 $700 \sim 800 \, ^\circ\!C$。18Cr9Ni 奥氏体不锈钢经弯曲后，在浓度为 $35\% \sim 42\%$ 沸腾的氯化镁溶液中会产生严重的应力腐蚀。如果在表面镀一层 $30 \sim 35 \mu m$ 厚的镍磷合金，会使得耐蚀性大幅度提高。但是当应力过高时，则会导致耐蚀性的恶化，这是因为高应力会在镀层中引发微裂纹从而导致腐蚀速率的加快。表 2-4 所示是镍磷合金镀层在不同应力下的耐蚀性。

表 2-4   镍磷合金镀层在不同应力下的耐蚀性

应力/MPa	失效时间/h	
	18Cr9Ni	镍磷合金镀层（$30 \sim 35 \mu m$ 厚）
167	85	820[①]
245	65	380[①]
265	50	32

① 750℃ 加热处理 1h。

张信义等研究了化学镀镍磷合金在 0.1mol/L 盐酸介质中的耐蚀性。表 2-5 所示为 4 种不同磷含量的镀态合金在介质中的弱极化测量结果。

表 2-5   不同磷含量镀态合金在酸性介质中的耐蚀性

磷的质量分数（%）	E_{corr}/mV	$I_{corr}/(\mu A/cm^2)$	$R_p/(k\Omega/cm^2)$
4	−529	33.07	0.66
6	−500	30.3	0.72
8.5	−480	19.66	1.10
10.4	−485	16.4	1.33

磷含量比较低时，镀层结构为过饱和固溶体，处于热力学不稳定状态。测试表明，自腐蚀电流较高，显示出较差的耐蚀性。随着磷含量的增加，合金溶解的驱动力获得增强，加快了钝化膜的形成，从而使得自腐蚀电流降低，提高了合金的耐蚀性。当磷的质量分数由 4% 增加到 10.4% 时，自腐蚀电流降到原先的一半。根据物相和成分分析，表面钝化膜包含有 $Ni_3(PO_4)_2$，并且 $Ni_3(PO_4)_2$ 的含量随着磷含量的上升而不断增加，进而增加了合金镀层的极化电阻。镀层表面钝化膜的稳定性随着磷含量的增加而获得了增强。对经过腐蚀的镀层进行表面观察，可以看出，镍磷合金经过 0.1mol/L 盐酸和 3% 氯化钠溶液处理后容易产生孔蚀。镍磷合金镀层的横截面观察显示镀层为峰状或波浪状的层状结构。在镍磷合金镀层生长时，形核点长大后相互结合的交界处能量较高，镍或磷原子优先在交界处成核，产生"胞状物"并形成胞界。胞界较高的能量使其成为新的形核点，产生新的胞状物和胞界，使沉积过程不断进行在含氯离子的溶液中。能量较高的胞界和镀层表面的气孔及针孔等位置优先形成蚀核。在氯离子的作用下，胞界等处表面膜一旦破裂，由于磷含量分布的不均匀性，表面胞体同位于胞界下面的胞体形成电偶对。前者磷含量较高为阴极，后者磷含量较低为阳极，由于后者露出面积很小，因而形成了大阴极、小阳极，使蚀孔迅速发展。这种腐蚀会产生两种后果，一种是腐蚀产物的增多会使得孔内的欧姆电位降加大，进而使孔底的电位转移到钝化区，重新钝化，小孔不再长。另一种是当晶体镀层中包含有很多缺陷时，蚀孔沿着两

个胞体的交界处发展，蚀孔深度不断增加。另外，由于胞界结构不规则会产生内应力，因沉积不均匀或氢气的产生也会使镍磷合金产生气孔、针孔，因此形成蚀核。在氯离子的作用下，蚀核会继续发展。而镀层表面形成的蚀孔则会不断加深，甚至将镀层腐蚀穿透。当合金中磷的质量分数超过8.5%时，合金结构发生由晶态向非晶态的转变，消除了晶态合金中的晶界、位错及偏析等缺陷，进一步改善了合金的耐蚀性，尤其是耐孔蚀性能。图2-8所示为镍磷合金在3%氯化钠盐蚀介质中的阳极极化曲线，可以看出，镀层中磷含量的上升会使得合金孔蚀电位正移，使得镀层的耐蚀性增强。

在腐蚀介质中，镀层表面会先形成钝化膜，形成钝化膜的过程是先产生活性溶解，然后成膜。活性溶解阶段愈早结束，钝化膜的形成速率越快，从而获得更强的耐蚀性。因此，钝化膜的形成速率决定了活性溶解时间。在20%硫酸溶液中的电流时间曲线显示（见图2-9），磷含量的上升加快了合金的溶解及钝化膜的形成。

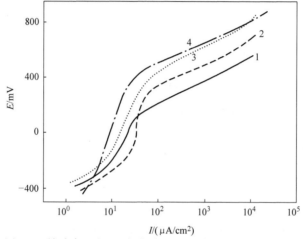

图2-8　镍磷合金在3%氯化钠盐蚀介质中的阳极极化曲线
1—$w(P)=4\%$　2—$w(P)=6\%$　3—$w(P)=8.5\%$　4—$w(P)=10.4\%$

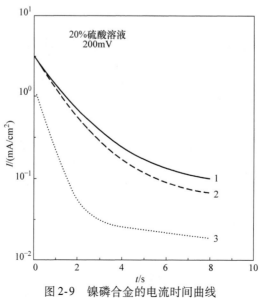

图2-9　镍磷合金的电流时间曲线
1—$w(P)=4\%$　2—$w(P)=6\%$　3—$w(P)=10.4\%$

　　这里需要指出的，磷含量高的合金镀层更耐酸蚀和中性腐蚀介质，但是磷含量低的合金镀层（$w(P) = 3\% \sim 4\%$）和磷含量高的合金镀层相比更耐强碱性环境的腐蚀。

　　另一个影响镍磷合金耐蚀性的重要影响因素就是镀件的热处理。以磷含量高的镍磷合金镀层为例，将 $w(P) = 10.4\%$ 的镍磷合金在不同温度下热处理后，浸泡在 20% 硫酸介质中进行腐蚀试验，浸泡周期为 48h。结果见表 2-6，200℃ 热处理后，镀层的耐蚀性有明显增强。但是当热处理温度高于 300℃ 时，镀层的耐蚀性开始下降。当温度达到 600℃ 时，腐蚀速率有所下降。

表 2-6　$w(P) = 10.4\%$ 的镍磷合金在不同温度下热处理后的耐蚀性

热处理温度/℃	镀态	200	300	400	500	600
腐蚀速率/(mg/cm^2)	0.35	0.32	0.57	0.86	0.93	0.52

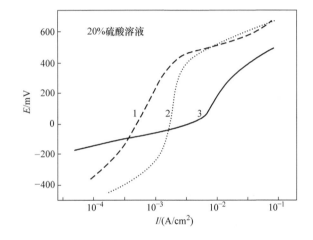

图 2-10　$w(P) = 10.4\%$ 的镍磷合金的阳极极化曲线
1—200℃　2—镀态　3—400℃

　　作者采用阳极极化曲线进一步考察镀层的耐蚀性（见图 2-10）。经过 200℃ 处理后，镀层的维钝电流降低，孔蚀电位有所正移。但是 400℃ 热处理后，未观察到明显的钝化区域，反映出此时镀层表面的耐蚀性大大降低。这是因为在加热温度较低时，比如 200℃ 热处理能够去除镀层中残留的原子氢从而缓解镀层内应力，并增强了镀层与基体的结合力，进而提高了镀层的耐蚀性。但是当热处理温度达到 300℃ 时，非晶态镀层开始发生晶化并析出 Ni_3P 第二相，使得镀层的磷含量降低。Ni_3P 相与基体间会形成腐蚀微电池，不利于钝化膜的形成。另一方面，Ni_3P 第二相的形核、析出、长大等行为会造成镀层体积的收缩，进而产生微裂纹，这些因素导致合金耐蚀性降低。随着温度继续上升使得 Ni_3P 相析出量不断增多，当温度达到 600℃ 时，Ni_3P 相完全析出并发生粗化，这时 Ni_3P 成为镀层的主要组成部分。当镀层被腐蚀时，镀层中少量的镍会被优先溶解掉，Ni_3P 相则会保留下来并覆盖整个镀层表面，所以镀层耐蚀性又有所提高。镍磷合金镀层的耐蚀性除了受镀层成分、热处理工艺的影响之外，还与外界腐蚀环境有关，包括介质的浓度、所受压力以及环境温度等因素。表 2-7 ~ 表 2-10 的数据可以反映出镍磷合金在不同的腐蚀条件与环境下的耐蚀性。

表 2-7　碳钢和镍磷合金的耐蚀性（95℃）

氯化钠溶液的质量分数（%）	腐蚀速率/（μm/a）					
	二氧化碳		硫化氢		二氧化碳 + 硫化氢	
	碳钢	镍磷合金	碳钢	镍磷合金	碳钢	镍磷合金
0	180	5	260	0	190	0
0.5	190	5	130	0	230	0
3.5	290	5	250	0	490	0
10	350	8	230	0	750	0

注：碳钢腐蚀72h，镍磷合金腐蚀168h，$V/A=20m/cm^2$（单位面积的盐雾沉降量）。

表 2-8　热处理对镍磷合金耐蚀性的影响

热处理	腐蚀速率/（μm/a）				
	硬度 HV0.1	二氧化碳	二氧化碳 + 硫化氢	10% 盐酸	
				镀层	试样
镀　态	400	5	0	15	16
190℃ ×1.5h	500	9	0	21	14
290℃ ×10h	970	34	0	1400	7200
340℃ ×4h	970	22	0	860	3000
400℃ ×1h	1050	33	0	1000	2500

表 2-9　温度对镍磷合金耐蚀性的影响（盐水的质量分数为 3.5%）

温度/℃	腐蚀速率/（μm/a）	
	二氧化碳	硫化氢
95	5	0
120	36	0
150	30	0
180	20	0

注：腐蚀24h，$V/A=50mL/cm^3$。

表 2-10　镍磷合金在铵盐溶液中的耐蚀性

铵盐溶液	磷的质量分数（%）	腐蚀速率/（μm/a）
碳酸铵	15	11
氯化铵	25	17
氨水	2	28
硝酸铵 pH=3.6	50	11
磷酸铵 pH=3.7	38	6
硫酸铵 pH=5.1	43	4

在石油工业中，通过在管道表面修饰镍磷合金镀层来替代不锈钢管道可以显著降低成

本。船舶或石油钻井平台上的零件表面则需要镀覆较厚的镍磷合金镀层以抵抗海洋性气候的腐蚀，厚度通常在 50 ~ 125μm。但是化学镀过程中的析氢反应容易在镀层中产生气孔，对耐蚀不利。因此可以采用溶胶 - 凝胶法在化学镀层表面覆盖单层的杂化陶瓷镀层（氧化铝、氧化硅和氧化锆等）并进行热处理（400℃，1h），能够减少气孔并且不影响镀层其他性能，从而显著提高镀层的耐蚀性。

（4）强度和塑性　化学镀镍磷合金的最大弹性应变量为 0.5% ~ 2%，虽然低于很多工程材料，但是足够满足大多数表面镀层的应用场合。一般情况下，材料的塑性随硬度的增加而减小，但多数镀层经 200℃ 处理后，所得塑性最佳；硬度最高时，镀层塑性最小。在许多应用中，通常将镀层在低于 300℃ 或高于 600℃ 进行热处理来降低硬度提高塑性。高磷合金（$w(P) > 7.0\%$）在高于晶化温度处理时，其抗拉强度会由 441MPa 减小到 196MPa，而刚度则增加 50%。镀层的强度和塑性都随磷的质量分数从 6.5% 增至 9.0% 而提高一倍。但是，同样是 750℃ 处理 2h，$w(P) = 5\% ~ 6\%$ 镍磷的合金镀层的塑性增加，而 $w(P) = 9\%$ 镍磷的合金镀层的塑性减小。与热处理表面强化相比，化学镀的表面强化大多情况下热处理温度低，即使低于 400℃，硬度值也可达到 50 ~ 72HRC，并且不存在热处理变形问题，特别适用于加工一些精度要求高、形状复杂、表面要求耐磨的零部件和工模具等。并且化学镀表面强化无淬透性的限制，适用于大尺寸、形状复杂的零部件和工模具的表面强化。例如，机械制造和汽车制造工业中的大型拉延模，由于受淬透性限制，无法用热处理方法强化，在这种情况下可采用化学镀镍磷合金使其表面强化。通过控制化学镀层的厚度可用于修复零件和工模具因磨削加工或磨损而引起的尺寸超差，使报废零件复用。

（5）疲劳寿命和氢脆　对于强度比较高的镍磷合金镀层本身来说，其疲劳极限会随着热处理温度的上升和时间的延长呈现下降趋势，这与镀层的内应力有很大关系。但是在工件上进行化学镀层修饰后普遍会使得工件的疲劳强度增加。通常低碳钢上镀 6 ~ 50μm 镍磷合金层就可以显著增加工件的疲劳强度，即使在 100 ~ 400℃ 加热，其疲劳寿命受到的影响也不大。

研究显示，镍磷合金镀层可以明显抑制高强度钢的吸氢作用。镍磷合金镀层厚 21 ~ 23μm 时，可吸附 0.08 ~ 0.19ppm 的氢气，而 41 ~ 43μm 厚的镀铬层会吸附 0.50 ~ 0.89ppm 的氢气。因此，和镀铬层相比，镍磷合金镀层可以明显改善高强度钢的氢脆问题。由于高强度钢极易吸附氢气，因此镀覆后在 200℃ 加热几小时，可消除钢的氢脆。如果再加上阴极酸洗等预处理工序，则可以获得更明显的效果。

（6）磁性　化学镀在计算机工业领域应用得非常广泛。其中无磁光滑的镀层可用于磁盘基底的预备层，而磁性镀层可应用于磁记录层。并且要求镀层均匀光滑、低应力，表面的缺陷和突起必须严格控制。化学镀镍磷合金的磁性主要受镀液的成分、pH 值和热处理工艺所控制。在碱性溶液中生长的镍磷合金镀层，当磷的质量分数小于 8.0% 时显示铁磁性特征。通过热处理，镀层中会析出第二相 Ni_3P，会提高镀层的矫顽力使得镀层磁性获得增强。当镀液为酸性时，所获得的镀层中磷的质量分数大于 8.0%，通常没有磁性。经过大于 260℃ 的热处理后，可以显示弱磁性。但是当镀层中磷的质量分数大于等于 12% 时，即使镀层经过 300℃ 的热处理也不会显示出磁性特征。根据高磷镍磷合金镀层的这种性质，通常将镀层用作计算机磁盘的预备层。在这种情况下，镀层为了满足这种应用要求，通常需要镀层中磷的质量分数不低于 7%。有些情况下需要化学镀层即使在经历 250 ~ 320℃，1h 的烘焙处理后仍然能保持非磁性特征，这时镀层中磷的质量分数要更高（ > 10.5%）。

（7）焊接性 镍磷合金镀层由于磷的存在降低了熔点，使得工件的焊接性（尤其是钎焊）会获得到显著提高。大多数电子元件的焊接需要使用RMA（松香活化）焊剂，但是对于表面镀有镍磷合金镀层（$w(P) = 8\% \sim 11\%$）的工件来说，则不需要使用RMA就可以获得比较好的焊接性。由于镍磷合金镀层中的磷含量灵活可调，使得铝合金等难焊基材的焊接性显著增强。

（8）内应力 化学镀镍磷合金层一般的生长环境是 $80 \sim 90℃$ 的溶液，施镀完毕在冷却过程中会产生1%左右的体积收缩，因此根据镀层中磷含量的不同以及基体与镀层的热膨胀系数差异，镀层中会存在着残余拉应力或者压应力（见图2-11）。

当镀层的磷含量较低时，由于热膨胀系数的差异，镀层内部会产生 $15 \sim 45MPa$ 的拉应力。比如在不锈钢基底上生长了厚度为 $25\mu m$、$w(P) = 8.0\%$ 的镍磷合金镀层，测得镀层承受拉应力的大小约为24MPa。经190℃热处理1h后拉应力会增加到29MPa。而基底为铝合金时，镀层承受压应力。经同样的热处理，产生的压应力会从84MPa增加到131MPa。而当镀层中磷的质量分数升高至12%时，钢上镀层的应力会由拉应力转变为压应力。但是如果镍磷合金镀层在250℃以上进行热处理时，那么镀层会呈现拉应力，并随热处理温度升高呈上升趋势。这主要与镍磷合金的晶化过程及 Ni_3P 沉淀所发生的体积膨胀有关。由于镀层和基体热膨胀系数存在着差异，镀层的内应力的存在会诱发微孔或者裂纹的产生，因此需要缓慢加热，以防止产生微裂纹。另外，当镀层中含有亚磷酸盐、重金属或者络合剂过量时会产生应变，当应变程度较高时则会恶化镀层的塑性。

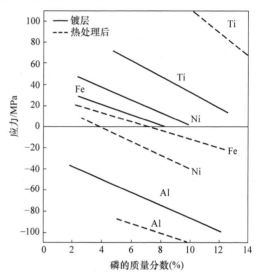

图2-11 不同基底的镀层中磷含量对应力水平的影响

（9）电阻 化学镀镍磷合金层的电阻率比纯镍要高，并且随磷含量的升高而增加，因此可以在印刷电路板（PCB）的电子元器件技术中应用于埋嵌电阻。纯镍的电阻率是 $7.8\mu\Omega \cdot cm$，$w(P) = 7.0\%$ 的镍磷合金可达 $70\mu\Omega \cdot cm$。当磷的质量分数达到 $10\% \sim 13\%$ 时，合金的电阻率可以上升到 $110 \sim 120\mu\Omega \cdot cm$，但如果在400℃处理1h后，电阻率则会减小到 $25 \sim 50\mu\Omega \cdot cm$。在半导体上镀镍磷合金层时，通常会产生比较大的接触电阻，这时候就需要一定的退火热处理来降低接触电阻。在半导体陶瓷表面上镀镍磷合金，通常至少需要加热到170℃保持10min后，才能获得低的欧姆接触电阻，但镀层老化时欧姆接触电阻会随之增加，如果经400℃处理后则可获得稳定的欧姆接触电阻。镍硼合金的电阻特性和镍磷合金相类似，以 $w(B) = 5\%B$ 的镍硼合金为例，电阻率在 $89\mu\Omega \cdot cm$ 左右，适用于电子工业中要求低电阻率的场合。

（10）附着力 化学镀层若要充分发挥其性能优势，首先要与基底之间具有牢固的结合力。要获得良好的附着力，有两个关键因素：一个是预处理，另一个是热处理。比如铜合金，在不损害基体性能的前提下，镀后应在150℃烘烤数小时，方可获得最佳结合强度；钢基底上的镀层应在200℃热处理数小时；对于铝和不锈钢，为了改善结合状况，热处理温度要限制在低于200℃；钛及钛合金则要在300℃或更高温度处理。

表2-11概括了化学镀镍磷合金层的一般性能。从表中可以看出，镀液中主盐和还原剂的浓度与比例、pH值和温度、有机酸盐的种类及其含量等因素，对合金镀层的磷含量影响很大。因此，通过调节镀层的磷含量可以在较大范围内调制镀层的物理、化学和力学性能。

表 2-11　化学镀镍磷合金层的一般性能

序号	项目	内容
1	化学成分（质量分数，%）	$w(P) = 3 \sim 13$，$w(Ni) = 87 \sim 97$
2	熔点/℃	~890
3	密度/（g/cm^3）	8.25 ~ 7.8
4	导热系数/［cal/（cm·s·℃）］	0.0105 ~ 0.0135（1cal = 4.1868J）
5	热膨胀系数/℃	12 ~ 14.5 × 10^{-6}
6	电阻率/μΩ·cm	30 ~ 60
7	反射率（%）	40 ~ 50
8	磁性	镀态低磷有磁性，镀态高磷（$w(P) > 8$（%））无磁性
9	硬度 HV	550 ± 50（镀态），1050 ± 50（热处理后）
10	镀态抗拉强度/MPa	400 ~ 500（$w(P) = 5\% \sim 6\%$）
11	伸长率（%）	2.0 ~ 2.2（$w(P) = 5\% \sim 6\%$）
12	耐蚀性	远高于电镀镍层
13	耐磨性	比电镀镍层高，若经600 ~ 700℃热处理则与镀硬铬相当
14	与钢铁结合力	比电镀镍层高，35 ~ 50kgf/mm^2
15	镀态镀层应力/MPa	60 ~ 90（$w(P) = 5\% \sim 6\%$）；3.5 ~（-1.5）（$w(P) = 8\% \sim 9\%$）
16	焊接性	焊接性良好，可以锡焊

基于前文所述，可以看出化学镀是一种有效的新型表面强化技术。为了改善和拓宽化学镀镍磷合金的性能，通常采用多元合金化的方法来进行。下面介绍一下典型的三元化学镀层的研究，包括 Ni – Cu – P、Ni – Co – P、Ni – W – P 和 Ni – Mo – P 等。

2.1.2　化学镀 Ni – Cu – P

金属铜与镍同属面心立方点阵结构，原子半径相差仅有2.5%，两者之间易于形成无限固溶体。在镍磷合金镀液中添加合适的铜盐使得铜参与共沉积，可以获得 Ni – Cu – P 三元合金镀层。通过对磷和铜含量的控制，可以获得铜、磷原子在镍晶格中的过饱和固溶体。与镍磷合金镀层相比，Ni – Cu – P 三元合金可以获得更加均匀致密的镀层结构，同时耐蚀性和耐磨性也可以获得显著提升，具有电阻温度系数小、抗磁性等特点，在电子设备、精密仪表、石油化工、汽车装备等行业中可以获得广泛的应用。除了在力学性能的强化以外，Ni – Cu – P 合金涂层还具有一些独特的物理性能，在印刷电路、电脑硬盘底层、电磁屏蔽、半导体表面功能化、精密电子元件外罩等领域也具有很好的应用前景。由于 Ni – Cu – P 合金良好的耐蚀性以及绿色环保的优点，甚至可以用作厨房用具。

　　三元合金的化学镀层结构和性能取决于镀液成分、pH 值和温度等众多因素，镀液中铜离子的加入对镀层的生长速率、成分、显微结构与性能都会产生显著影响。另外，通过在镀液中加入一些添加剂可以对镀层的表面形貌进行控制，比如适量的硫脲添加剂可以对镀层的胞状组织起到细化的作用。

　　作者所在课题组研究了 Ni – Cu – P 三元合金共沉积过程中，镀液成分和工艺参数对镀层显微硬度的影响。图 2-12a 显示，当选择硫酸铜作为铜离子金属盐时，硫酸铜浓度的增加会导致镀层的显微硬度经历一个先增后减的过程。分析结果显示，当铜参与了共沉积时，一方面会细化镀层晶粒尺寸，另一方面铜能促进磷与镍形成具有亚稳态特征的中间相 Ni_5P_2，起到了沉淀强化的作用。因此，当镀液中添加了硫酸铜时，合金层中铜含量的增加在细化镀层晶粒的同时，会促进 Ni_5P_2 的生成，从而提高镀层硬度。但是，由于铜和镍具有不同的氧化还原电位，当硫酸铜的浓度超过临界值时，铜原子会优先于镍析出而沉积在工件表面，导致镀层中镍 – 铜原子比例降低。并且由于铜在工件表面的优先沉积会降低工件表面的硬度，从而导致镀层显微硬度下降。温度对镀层显微硬度的影响如图 2-12b 所示，可以看出在镀液稳定的前提下，镀层硬度随温度升高而呈单调上升趋势。这可以归结于两个方面的原因，一方面温度的提高更加有利于铜离子的还原反应；另一方面铜离子的优先还原会对镍离子的还原产生抑制作用。根据合金沉积诱导共析理论，由于镍原子的析出受阻会导致磷原子沉积速率减慢，从而使得镀层中镍、磷含量呈下降趋势，镀层硬度提高。但是当镀液温度过高时，镀液反应剧烈，会导致镀层组织不均匀，容易产生麻点和针点等缺陷，并且会导致镀层与基体结合力变差易于脱落，因此反应温度不宜过高，通常控制在 90 ~ 95℃。图 2-12c 显示了

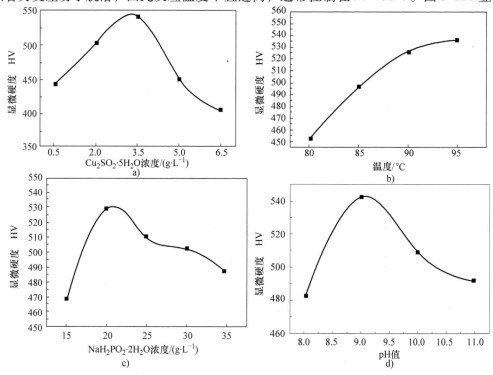

图 2-12　镀液组成及操作条件对沉积层硬度的影响

还原剂次磷酸钠的浓度变化对镀层显微硬度的影响。随着次磷酸钠浓度的增加，显微硬度也是呈先升后降的规律。次磷酸钠浓度的提高会促进铜离子和镍离子的还原反应，但是当次磷酸钠浓度过高时则会诱发镀液分解，从而会降低显微硬度。pH 值也是影响镀层显微硬度的一个重要因素，由图 2-12d 可以看出，在碱性环境下，pH 值的上升会提高镀层的硬度。因为根据"原子氢态理论"，pH 值上升有利于降低镀层中的磷含量。同时，镀液中氢氧根离子浓度增加时会使铜镍电极电位更为相近，从而能够加快铜镍的共沉积使镀层中铜含量升高，因此镀层显微硬度得到提高。但是过高的 pH 值同样会造成镀液不稳定性的增加引发镀液分解，因此当 pH 值大于 9 时，镀层硬度急剧下降。

黄新民等研究了铜的共沉积对 Ni – Cu – P 合金镀层形貌和结构的影响，并采用极化曲线和盐雾腐蚀试验评价了镀层的耐蚀性。图 2-13 所示为镀液中铜的浓度对镀层表面形貌的影响。可以看出 Ni – P 和 Ni – Cu – P 两种镀层都呈现出典型的胞状组织，并且由于铜的共沉积，从表面形貌上看镀层的胞状组织出现了明显的细化，并且尺寸更加均匀。但当镀液中 $CuSO_4 \cdot 5H_2O$ 的浓度过高时，胞状组织又开始长大。这是由于铜的阴极析出电位较镍来说更正，随着镀液中铜离子浓度的增加，镍的析出受到了抑制。铜离子浓度过高时，铜优先析出会引发组织的偏析，从而导致镍的粗大胞状组织的出现。但是从图 2-14 可以看出随着铜掺杂浓度的提高，镀层的结晶性逐渐提高。由表面形貌还可以看出，镍磷合金镀层表面粗糙度较大，而铜的引入则使得镀层表面变得光滑平整。

图 2-13　镀液中铜的浓度对镀层表面形貌的影响（×10000）

a）0g/L　b）0.2g/L　c）0.4g/L　d）0.8g/L

镍磷合金镀层的结晶性在很大程度上受镀层中磷含量的影响，通常当磷的质量分数小于 7% 时，镀层为过饱和固溶体结构；当磷的质量分数达到 7% 时，镀层为晶态和非晶态组成

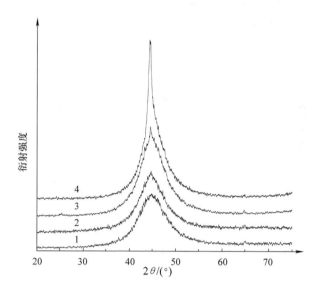

图 2-14　不同硫酸铜浓度下镀层的 XRD（X 射线衍射）图谱
1—0g/L　2—0.2g/L　3—0.4g/L　4—0.8g/L

的混晶结构；当磷的质量分数大于 12% 时已经完全转变为非晶态结构。铜离子在镀液中的引入则抑制了磷的析出，随着镀层中铜含量的上升，磷含量不断下降，而镀层的晶化特征也更加显著。作者考察了添加了不同浓度的铜盐后所获得的镀层在盐腐蚀环境下的耐蚀性（见图 2-15），图 2-15 中给出了镀液中加入不同浓度的 $CuSO_4 \cdot 5H_2O$ 所获得的 Ni – Cu – P 镀层在 3.5% NaCl 溶液中的极化曲线。可见在研究的浓度范围内没有出现明显的 Tafel（塔菲尔）直线，这可能是由于镀层在 NaCl 溶液中存在着明显的

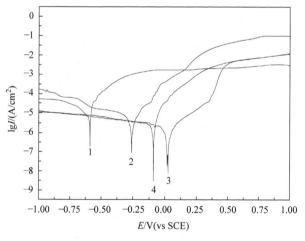

图 2-15　不同 $CuSO_4$ 浓度下镀层的极化曲线
1—0　2—0.2g/L　3—0.4g/L　4—0.8g/L

钝化倾向，阳极溶解时表面形成了保护性的氧化膜从而抑制了镀层阳极溶解反应。由图 2-15 可以看出随着 $CuSO_4 \cdot 5H_2O$ 浓度的增加，相应镀层极化曲线的开路电位逐渐正移，腐蚀电流密度也逐渐变小。在未添加铜时，曲线 1 显示 Ni – P 镀层的开路电位为 – 588mV；当 $CuSO_4 \cdot 5H_2O$ 的浓度为 0.2g/L 时，镀层的开路电位正移到 – 424mV；当 $CuSO_4 \cdot 5H_2O$ 的浓度增加到 0.4g/L 时，镀层的开路电位则正移到 – 19mV，表明此时的镀层获得了优良的耐蚀性，这说明铜在镍磷合金中的共沉积可以显著增强镀层的耐蚀性。但是当进一步增加 $CuSO_4 \cdot 5H_2O$ 的浓度至 0.8g/L 时，镀层的开路电位则产生了负移至 – 271mV，表明过量的铜添加不利于增强镀层的耐蚀性。盐雾表面腐蚀结果见表 2-12。

表 2-12　盐雾表面腐蚀结果（5% NaCl 溶液）

时间	24h	48h	72h
Ni - P	基本无变化	变色面积 20%	变色面积 50%
Ni - Cu - P（$CuSO_4$ 的浓度为 0.2g/L）	基本无变化	失去光泽	变色面积 20%
Ni - Cu - P（$CuSO_4$ 的浓度为 0.4g/L）	基本无变化	部分失去光泽	变色面积 10%
Ni - Cu - P（$CuSO_4$ 的浓度为 0.8g/L）	基本无变化	部分失去光泽	变色面积 15%

从盐雾试验的测试结果可以看出，Ni -
P 镀层具有一定的耐蚀性，但由于镀层中含
有一定的孔隙会导致基体受到腐蚀介质的侵
蚀。通过铜的共沉积，可以使得镀层组织更
加致密，从而增强耐蚀性。另一方面，热处
理对镀层的耐蚀性也有很大的影响。图 2-16
显示了 Ni - 10% Cu - 4.8% P 合金镀层经过
热处理后在 0.4mol/L H_2SO_4 溶液中耐蚀性变
化的阳极极化曲线。基于强极化区外加电流
与电极极化的关系，通过 Tafel 直线外推法可
以计算出材料的自腐蚀电位 E_{corr} 和自腐蚀电
流 I_{corr}。自腐蚀电位的变化反映了材料耐蚀
性的强弱，从自腐蚀电流的大小则可以看出

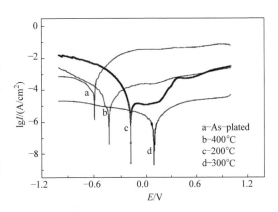

图 2-16　镀层经过热处理后在 0.4mol/L H_2SO_4
溶液中的阳极极化曲线

腐蚀速率的快慢。通过软件拟合可以得到表 2-13 所示的不同热处理工艺下的自腐蚀电位和
自腐蚀电流的关系。可以发现在相对于镀态合金，200℃ 热处理 1h 后镀层的自腐蚀电位正移
了 416mV，自腐蚀电流下降了 2.142×10^{-3} A，说明热处理可以增强镀层的耐蚀性。对比在
不同温度下的腐蚀数据可以发现，镀层在 300℃ 热处理 1h 后自腐蚀电位为 96mV，自腐蚀电
流为 5.099×10^{-5} A，可以获得最佳的耐蚀性。

表 2-13　不同热处理工艺下的自腐蚀电位和自腐蚀电流的关系

热处理温度	自腐蚀电位/mV	自腐蚀电流/A
镀层	-591	3.013×10^{-3}
400℃	-426	1.415×10^{-3}
200℃	-175	8.715×10^{-4}
300℃	96	5.099×10^{-5}

热处理工艺对镀层耐蚀性的影响可以归因于以下几个方面：200℃ 热处理时有利于去除
镀层中的原子氢及残余内应力，可以提高镀层的结构稳定性以及与基体的结合力，从而增强
耐蚀性。当热处理温度上升到 300℃ 时，一方面磷含量较低的 Ni - Cu - P 合金发生固溶强化
使镀层硬度升高，有利于耐蚀性的提高；另一方面，温度的升高会促进镀层晶化产生晶体缺
陷，并且中间相 Ni_3P 的析出会与基体间形成腐蚀微电池，这些因素导致合金耐蚀性降低。
在这两方面因素的综合作用下，300℃ 热处理 1h 后的镀层耐蚀性总体上是提高的。而经
400℃ 热处理 1h 后，镀层完全发生了晶化，由于 Ni_3P 中间相的析出生成了大量的晶界等晶

体缺陷，随之产生的大量微电池加速了腐蚀过程，使得镀层的耐蚀性降低。

邓宗钢等在碳钢表面制备了 Ni – 7% Cu – 3% P 合金镀层，研究了镀层在 25℃、50% NaOH 强碱性介质中的耐蚀性，并与 Ni – P 合金和 1Cr18Ni9Ti 不锈钢进行了对比研究。测所的阳极极化曲线如图 2-17 所示。从图中可以看出，在腐蚀过程中 3 种材料均产生了钝化现象，但 Ni – P 镀层和 1Cr18Ni9Ti 只出现了钝化过渡区，并未能形成稳定的钝化区。而 Ni – Cu – P 镀层则形成了钝化电位范围很宽的稳定钝化区。如果将钝化区的电流密度分别取 $I_{18-8} = 1.0 \sim 3.8 \, A/cm^2$，$I_{Ni-P} = 1.0 \sim 4.5 \, A/cm^2$，$I_{Ni-Cu-P} = 1.0 \sim 5.3 \, A/cm^2$，经计算可得 3 种镀层的腐蚀速率之比为：$I_{Ni-Cu-P} : I_{Ni-P} : I_{18-8} = 1 : 6.3 : 31.6$。

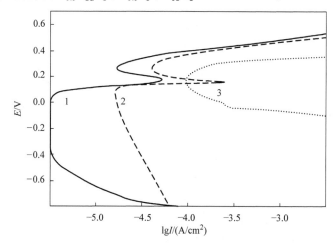

图 2-17　化学镀 Ni – Cu – P、Ni – P 及 1Cr18Ni9Ti 的阳极极化曲线

1—Ni – Cu – P　2—Ni – P　3—1Cr18Ni9Ti

因此可以明显看出 Ni – Cu – P 合金的耐蚀性最佳，Ni – P 合金次之，1Cr18Ni9Ti 不锈钢最差。Ni – Cu – P 镀层的优良耐蚀性与铜元素的加入量有密切的关系，其中铜起着阴极去极化作用，铜的适量添加可以促进阴极钝化，从而形成稳定的钝化膜来抵御腐蚀。

热处理对 Ni – Cu – P 镀层的耐蚀性影响很大。图 2-18 所示为这种成分的 Ni – Cu – P 镀层的阳极极化曲线。由图可见，在 300℃ × 1h 热处理后，此时虽然镀层结构仍然为过饱和固溶体，但铜、磷原子在加热过程中发生了偏聚，固溶体各部分由于成分不均匀从而容易产生浓差电池腐蚀。这样一来，钝化膜各处的成分容易产生波动，从而导致耐蚀性下降。经 435℃ × 1h 热处理后，Ni – Cu – P 镀层中析出了极细小的 Ni_3P 中间相，其中中间相的尺寸大小对稳定电位和极化行为有一定影响。当中间相颗粒的尺寸很小时电位低不易钝化，在阳极极化曲线上可以观察到钝化区出现了许多小峰，在这种情况下镀层容易被腐蚀，耐蚀性下降。经 600℃ × 1h 热处理后，Ni_3P 析出相颗粒增大，腐蚀电位也随之显著提高。此外，在经 600℃ × 1h 热处理后，在 Ni – Cu – P 镀层与碳钢基体之间可以形成一层耐腐蚀的 NiFe 合金层，这层合金层能够明显改善 Ni – Cu – P 镀层的耐蚀性。从阳极极化曲线可以看出，此时 Ni – Cu – P 镀层的致钝电流甚至比镀态时还小，展现了稳定的钝化区，从而可以获得最佳的耐蚀性。

在很多工作环境下，镀层既要承受腐蚀作用又会受到机械冲击，这时候就需要对其冲蚀特性进行研究。当 Ni – Cu – P 试样经过不同条件的热处理后，图 2-19 显示了镀层在

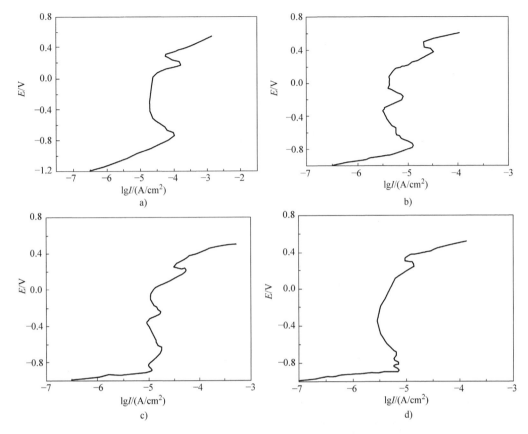

图 2-18　Ni – Cu – P 镀层的阳极极化曲线

a）镀态　b）300℃ ×1h　c）435℃ ×1h　d）600℃ ×1h

0.4mol/L H_2SO_4 溶液中冲蚀失重与冲蚀时间之间的关系曲线。从图中可以看出经 300℃ ×1h 热处理的镀层耐冲蚀性能最好，随后耐冲蚀性能由高到低的顺序依次是 200℃ × 1h、400℃ ×1h、镀态镀层。根据冲蚀机理分析，流动液体的初动能是引起镀层冲蚀磨损的主要原因。镀态 Ni – Cu – P 镀层的显微硬度通常在 650 ~ 700HV，经过热处理后，镀层的显微硬度可以上升到 720 ~ 780HV。镀层表面显微硬度的提高能够使得镀层可以更好地承受冲蚀载荷，抵抗液流机械冲击所引起的变形位移。因此，合适的热处理工艺可以增强 Ni – Cu – P 镀层的耐冲蚀性能。但是当热处理温度过高时，在镍磷中间相剧烈析出的同时会伴随产生大量晶体缺陷，既不利于抗机械冲击也不利于耐腐蚀，因此在机械磨损与腐蚀的交替作用下，镀层的耐冲蚀性又开始减弱。

2.1.3　化学镀 Ni – W – P

对于化学镀 Ni – P 二元合金来说，通过控制镀层中的磷含量以及热处理工艺可以来调节镀层的微观结构、硬度、耐磨性及耐蚀性。对于一些需要在特殊环境下工作的仪器（比如医疗器械），要求器械表面具有高耐磨性和高耐蚀性，Ni – P 二元合金将很难满足要求。1963 年 F. Pearl – Stein 采用化学镀法首次合成了 Ni – W – P 三元合金镀层，发现钨的引入可使得镀层的耐磨性、耐蚀性和其他一些物理性能获得提高。黄新民等详细考察了化学镀

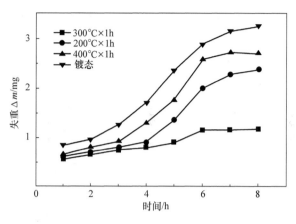

图 2-19 冲蚀失重与冲蚀时间之间的关系曲线 ($n = 820\text{r}/\text{min}$, 45°)

Ni – W – P镀层的生长并优化了镀液配方，研究了 Ni – W – P 镀层成分、热处理工艺以及性能之间的关系。优化后的工艺参数见表 2-14。

表 2-14 化学镀 Ni – W – P 三元合金的工艺参数

镀液组成和工艺条件	参数
硫酸镍（$NiSO_4 \cdot 6H_2O$）	26g/L
钨酸钠（$Na_2WO_4 \cdot 2H_2O$）	60g/L
次磷酸钠（$NaH_2PO_2 \cdot H_2O$）	20g/L
柠檬酸钠（$Na_3C_6H_5O_7 \cdot 2H_2O$）	100g/L
乳酸（$C_3H_6O_3$）	5mL/L
硫酸铵［$(NH_4)_2SO_4$］	30g/L
硝酸铅［$Pb(NO_3)_2$］	20mg/L
pH 值	9.0
温度	90℃

根据表 2-14 所揭示的配方可以获得钨的质量分数为 5.5%，磷的质量分数为 12.3% 的 Ni – W – P 三元非晶态合金镀层，镀速为 11μm/h。研究结果显示，镀液成分控制、工艺参数与镀层的组织结构与性能有密切关系。

硫酸镍和钨酸钠是镀液的主盐，在次磷酸钠的作用下，WO_4^{2-} 还原产生钨并在镍的诱导下发生共沉积，从而获得 Ni – W – P 三元合金镀层。其中镍的沉积对磷和钨含量以及沉积速率都有很大影响。当硫酸镍浓度增加时，镀层中钨含量呈下降趋势。对于磷含量来说，当硫酸镍浓度较低时，硫酸镍浓度的增加有助于镀层中磷含量的提高，但是当硫酸镍的浓度超过临界值时会导致磷含量的下降。钨酸钠作为另一个主盐，其浓度的提高会使镀层中的钨含量逐渐增加随后会进入一个平台值。而对作为还原剂的次磷酸钠来说，其浓度的增加对钨的析出也是一个先促进后抑制的作用，当次磷酸钠浓度过高时会导致黑色沉淀物的出现，造成镀液的不稳定性。

柠檬酸钠是镀液中的络合剂，通过与 Ni^{2+} 络合可以抑制 Ni（OH）$_2$ 或 NiHPO$_3$ 沉淀的产生来提高镀液的稳定性。随镀液中柠檬酸钠的浓度增加，络合 Ni^{2+} 变得更加稳定，一方面

会抑制 Ni^{2+} 和 $H_2PO_2^-$ 之间的反应，但是有利于镀层中磷含量的提高。而镀液 pH 值的大小对镀层中的磷含量和钨含量都有明显的影响。从总的趋势来说，pH 值越高，镀层中磷含量越低。但是对于钨含量来说，当 pH < 9 时，镀液中 pH 值的增加有利于钨的沉积；但是当 pH > 9 时，pH 值提高则会抑制钨在镀层中的沉积。因此在此配方中将 pH 值设定为 9，可以获得钨与磷含量高，表面光滑细致的镀层。镀液温度也是镀层磷含量及钨含量的一个重要影响因素，较高的镀液温度有利于磷和钨含量的提高，当镀液温度为 90℃ 时，钨含量最高；但是当镀液温度过高时会导致镀液蒸发速率加快，稳定性下降，同时也不利于节能。

在 Ni – P 二元合金镀层中，磷含量的增加会使得镀层的结构由晶态向非晶态转变。当镀层中引入钨，磷含量较低时，钨的共沉积并未对镍磷过饱和固溶体的晶格常数产生明显影响。但是随着磷含量的增加，镀层结构由晶态向非晶态过渡时，与获得 Ni – P 非晶态镀层所需的磷含量相比，获得 Ni – W – P 非晶态镀层所需的磷含量大为减少。

关于热处理对镀层结构的影响，有很多方面 Ni – W – P 三元合金结构和 Ni – P 二元合金结构的变化有相似之处。随着热处理温度的提高，镀层结构的变化趋势也是遵循非晶态→混晶态→晶态的变化规律。在 150℃ 低温热处理时，镀层为非晶态，在 250℃ 时变为混晶态，在 300~500℃ 时不断有新相生成，镀层完全晶化成为晶态合金层。并且当热处理温度大于 600℃ 时，X 射线衍射花样中还出现了 Ni – Fe 合金的衍射峰，这是在高温下基体和镀层之间的扩散相变所引起的。镀层与钢铁基体之间的扩散，本质上是原子热激活过程，所以只有在温度足够高，原子运动能量起伏和原子被激活的概率足够大时，扩散才能进行。低于一定的温度，原子热激活的概率趋近于零，扩散不能进行。所以只有当热处理温度高于 500℃ 时，镀层与基体之间才能扩散，形成 Ni – Fe 合金层。与 Ni – P 二元合金镀层有所不同的是，在 Ni – W – P 三元合金镀层的表面可以形成一个致密保护层，是通过镀层在空气中退火形成附着性较强的氧化物厚层，所形成的钝化膜能够对镀层的针孔起到封闭作用，从而增强耐蚀性。

通过将钨引入 Ni – P 镀层并控制镀层的成分和结构，可以对镀层的性能起到强化作用。和 Ni – P 镀层相比，含磷的质量分数为 12% 的 Ni – P 镀层硬度在 500HV 左右。钨的引入则使镀层的硬度大幅度地提高，在 300℃ 以下热处理时，镀层的硬度随热处理温度的升高而急剧上升，并在 400℃ 时达最高值。同时随着镀层中钨含量的增加，Ni – W – P 镀层的耐磨性提高；这与镀层硬度测定的规律是一致的，即镀层中钨含量增加，镀层硬度提高，镀层硬度越高其耐磨性也越好，经过热处理后的 Ni – W – P 三元合金镀层的耐磨性显著优于热处理的 Ni – P 镀层。由于镀态下镀层为非晶态，硬度低，因此耐磨性较差。热处理使镀层得以强化，不仅提高了硬度，还增加了镀层与基体的结合力，因而耐磨性显著提高。

从耐蚀性的角度，镀态 Ni – W – P 非晶态合金镀层结构均匀，不存在偏析、夹杂物、第二相以及晶体缺陷，所以造成腐蚀的成核中心较少，耐蚀性较高。同时 Ni – W – P 非晶态镀层不论在酸性还是在碱性介质中都极易产生钝化现象，迅速形成均匀而细密的钝化膜获得优异的耐蚀性，并且在钝化膜遭到局部破坏时，具有快速修复的能力。镀层形成钝化膜之前，有活化溶解过程，这种快速活化溶解对钝化元素的溶解过程起到了堡垒作用，造成了表面钝化元素的富集，形成了具有良好保护性能的钝化膜，提高了镀层的耐蚀性。在进行热处理时，则对镀层耐蚀性产生了较大的影响。在 150~250℃ 低温热处理时，镀层仍保持非晶态，对耐蚀性影响不大。镀层在 250~500℃ 热处理时，镀层的晶体结构由非晶态逐渐转变为混晶态，耐蚀性随温度的升高而降低。当镀层完全晶化时，耐蚀性下降显著。但是在 600℃ 以上热处理时，在镀层和基体之间形成了一层致密耐蚀的 Ni - Fe 镀层，耐蚀性又明显增加。因此需要根据实际应用需要，在综合考虑耐磨性和耐蚀性需求的基础上来设计镀层的成分、工艺参数和热处理工艺。另外热分析结果显示，Ni - P 镀层和 Ni - W - P 镀层在加热过程中都出现了放热峰，这是由于镀层由晶态化较低的结构向晶态化较高的结构转化的过程中晶化放热效应所产生的。但是 Ni - P 镀层的放热峰在 341.6℃，而 Ni - W - P 镀层的放热峰出现在 387.1℃，显示出 Ni - W - P 镀层的热稳定性要高于 Ni - P 镀层，可以在温度较高的工作环境中应用。

从上面的分析可以看出，Ni - W - P 三元合金镀层比 Ni - P 二元合金镀层具有更高的耐磨性、耐蚀性和热稳定性，所有这些特点都是共沉积金属元素钨作用的结果。随着镀层中钨含量的增加，镀层的耐热温度也有所提高。金属钨与一般的无机酸不起作用，因而三元合金镀层较之二元合金镀层有更好的耐蚀性。三元合金镀层在镀态下为非晶态，经热处理向热力学稳定的晶态转变，形成固溶体晶体和第二相 Ni_3P 的混合组织。但由于钨的加入，使得三元镀层比二元镀层的硬度有所提高，耐磨性也得到了升高。因而钨的加入显著地改善了镀层的多种性能。

2.1.4　化学镀 Ni - Mo - P

我们知道化学镀 Ni - P 不但具有良好的耐磨性和耐蚀性，而且有很多物理性能也获得了开发。当磷含量较低时，Ni - P 镀层具有磁性，当磷含量（质量分数）超过 8% 时镀层的磁性逐渐消失，可以作为计算机硬盘中磁性涂层的底层。通过元素添加所获得的化学镀镍基多元合金在拥有 Ni - P 特性的基础上，在电磁性能等物理应用方面也显示出了独特之处。当 Ni - P 二元合金引入金属钼获得 Ni - Mo - P 三元合金时，可应用于记忆元件和电阻器件等方面，同时可以获得良好的耐蚀性。而耐蚀性对于 Ni - Mo - P 功能镀层在复杂环境下的应用以及功能扩展无疑具有重要作用。鉴于这些应用需求，作者对不同成分比例的化学镀 Ni - Mo - P 三元合金的组织结构以及在酸性环境下的耐蚀性进行了系统研究。其中镍、钼、磷 3 种元素具有相互制约的沉积规律，进而会对镀层的性能造成影响，通过适当的热处理和时效处理可以对镀层的性能做进一步调控，但是 Ni - Mo - P 三元合金在磷含量相当的情况下，比 Ni - P 二元合金具有更好的耐蚀性。

在 Ni - Mo - P 三元合金沉积过程中，各元素含量的调节控制有很多种方法。其中 pH 值的影响很重要，当 pH 值低于 7 时，钼很难沉积到镀层中；当 pH 值大于 7 时，随着 pH 值的上升，镀层中钼含量增加，但是磷含量会降低。通过增加镀液中钼盐的浓度可以提升镀层中的钼含量，但会使沉积速率减缓。磷含量可以通过调节还原剂 NaH_2PO_2 与镍的主盐的浓度比来控制。图 2-20 显示了在磷含量变化不大时，不同钼含量的 Ni - Mo - P 镀层在 2mol/L 的硫酸溶液中的阳极极化曲线，可以看出 Ni - Mo - P 镀层的耐蚀性明显优于 Ni - P 镀层。随着镀层中钼含量的增加，合金镀层自腐蚀电位发生正移，自腐蚀电流降低。从阳极极化曲线可以看出，随着钼含量的增加，维钝电流明显减小，显示出钼对合金钝化有明显的改善作用。从极化曲线可知，Ni - Mo - P 镀层在钝化前可以发生活性溶解，从而能够形成一层均匀致密的钝化膜起到表面防护作用，这也是 Ni - Mo - P 镀层获得良好耐蚀性的主要因素之一。

表 2-15 所示为不同比例的 Ni - Mo - P 镀层在 2mol/L 的硫酸溶液中的耐蚀性测试，可

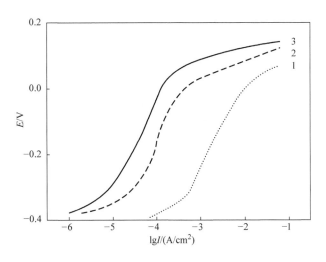

图 2-20　不同钼含量的 Ni – Mo – P 镀层在 2mol/L 的硫酸溶液中的阳极极化曲线

1—Ni – 10.4% P　2—Ni – 4.6% Mo – 9.2% P　3—Ni – 8.7% Mo – 9.5% P

以看出合金镀层的耐蚀性与钼含量和磷含量都有关，随着两种元素含量的增加，镀层自腐蚀电位正移，自腐蚀电流降低。

表 2-15　不同比例的 Ni – Mo – P 镀层在 2mol/L 的硫酸溶液中的耐蚀性测试

磷的质量分数（%）	E_{corr}/mV	I_{corr}/（mA/cm²）	R_p/（kΩ/cm²）
Ni – 10% P	-402	0.119	0.182
Ni – 3% Mo – 5.6% P	-387	0.093	0.254
Ni – 4.6% Mo – 9.2% P	-380	0.074	0.293
Ni – 6.3% Mo – 10.4% P	-375	0.065	0.342
Ni – 8.7% Mo – 9.5% P	-364	0.050	0.435

　　同样，热处理会对镀层的结构和性能产生很大的影响。以 Ni – 6.3% Mo – 10.4% P 为例，该镀层在镀态下为非晶态组织结构。X 射线衍射分析结果显示，经 200℃热处理后，合金虽然仍为非晶态结构，但是合金中残留的氢原子会获得有效的消除，同时也可以松弛镀层的残余内应力，同镀态比较，合金阳极溶解电流较低。在 300℃时，合金开始晶化，衍射图上开始出现 Ni_xP_y 过渡相的衍射峰；随着温度继续升高，非晶馒头峰完全消失，开始呈现镍及 Ni_3P 相的衍射峰并随温度上升不断增强。500℃时，镍及 Ni_3P 相已经完全析出。此时镀层失去了非晶态合金的良好耐蚀性，析出的 Ni_3P 相与镍基体形成腐蚀微电池，使得镀层耐蚀性迅速下降，在阳极极化曲线上，表现为阳极溶解电流增大，钝化性能明显降低。但在 600℃时，合金又出现了良好的钝化性能，阳极溶解电流下降，钝化区域增宽。这是因为镀层表面经高温氧化形成了均匀致密的氧化膜，使得镀层的钝化性能获得改善。与此同时，在高温下镀层与钢基体的界面处由于原子的热扩散形成了 Ni – Fe 薄层，从而增强了基体的防护屏障，并且使得镀层和基体之间的结合力获得了显著增强。作者对上述试样采用浸泡试验进行了验证，获得了一致的结论。

另外，作者在浓硝酸中测试了不同成分与热处理状态下 Ni－Mo－P 镀层的耐蚀性，见表 2-16。

表 2-16　Ni－Mo－P 镀层的耐蚀性

合金	时间/s			
	沉积态	200℃	400℃	600℃
$Ni_{94}P_6$	176	234	83	287
$Ni_{90}P_{10}$	269	297	129	312
$Ni_{82}P_{18}$	668	712	279	574
$Ni_{84}Mo_9P_7$	396	426	164	445
$Ni_{79}Mo_{12}P_9$	548	625	267	596
$Ni_{75}Mo_{11}P_{14}$	851	907	393	794

可以看出，在磷含量相当的情况下，Ni－Mo－P 显示出比 Ni－P 合金更高的耐蚀性，并且随着时效处理温度的不同而不同，其中 Mo 的加入与非晶结构状态因素最为重要。因此就 Ni－Mo－P 镀层来说，耐蚀性随合金中磷及钼含量的增加而提高。磷含量的提高会使镀层结构由晶态转变为非晶态来提升耐蚀性，而钼的引入可以促进在镀层表面形成由 $Ni(OH)_2$、$Ni_3(PO_4)_2$ 及 MoO_2 组成的稳定的表面膜，从而增强镀层的钝化性能。而热处理则会直接影响到合金镀层的结构与耐蚀性。

2.1.5　化学镀 Ni－Fe－P

相对于 Ni－P 二元合金，通过引入 Fe 获得 Ni－Fe－P 三元合金可以使得镀层的机械性能、耐腐蚀和物理性能都获得提升。虽然铁元素的共沉积会对镀速有影响，但是可以明显改善镀层的表面形貌、显微硬度和耐蚀性。比如 N80 钢表面化学镀 Ni－Fe－P 合金可以显著提高其耐 CO_2 腐蚀特性。另外，具有铁磁性的铁含量的增加可以改变镀层中原子的磁矩，从而显著提升镀层的磁性。

和其他化学镀 Ni－P 基三元镀层相比，Ni－Fe－P 的生长规律有所不同，因此在这里作者主要讨论镀层的生长规律以及镀液对镀层沉积速率、形貌、组成、结构及阴极极化曲线的影响。Ni－Fe－P 的镀液配方是在 Ni－P 基础镀液中加入 $FeSO_4 \cdot 7H_2O$，进而获得 Ni－Fe－P 三元合金镀层。在这里将讨论镀液组分含量及 pH 值对镀层阴极极化曲线的影响。典型的化学镀 Ni－Fe－P 三元合金镀液配方：硫酸镍（浓度为 20g/L）、硫酸亚铁（浓度为 4～16g/L）、次磷酸钠（浓度为 20～50g/L）、柠檬酸三钠（浓度为 20～50g/L）、硫酸铵（浓度为 20g/L）、乳酸（浓度为 20mL/L）。pH 值调节至 8～11（氨水调节），施镀温度为 80℃，沉积时间为 1h。研究显示，随着硫酸亚铁的添加，对镀层的沉积有明显的抑制作用，沉积速率先是迅速下降然后缓慢增加，之后又略有下降。这是因为镀液中的亚铁离子和柠檬酸根形成配位化合物，而这些配位化合物聚焦在基体附近相对于镍离子及其配位化合物更难以被还原，从而抑制了镍的沉积导致沉积速率迅速下降；当亚铁离子浓度进一步增加时，游离的主盐金属离子浓度开始上升，金属/镀液界面上的电位差及形成的场强的增加促进了电荷的运动，从而促进了金属离子在催化表面的还原和沉积；但是当亚铁离子浓度过高时，由于大量较难还原的亚铁离子及其配位化合物使沉积速率又有所降低。成分测试显示，镀液中硫酸亚铁的浓度对镀层中铁和磷含量的影响不是很大（见图 2-21）。这是由于铁的沉积量主要受镍沉积量的影响，由于镀液中镍盐的含量不变，虽然铁盐会对镀速产生明显影响，但是对镀层的成分影响却不是很明显。

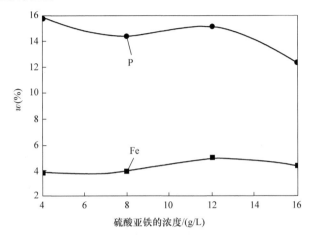

图 2-21　镀液中硫酸亚铁的浓度对镀层中磷含量和铁含量的影响

但是随着硫酸亚铁浓度的变化，镀层的形貌会发生变化（见图 2-22）。虽然镀层表面胞状结构的尺寸没有明显变化，但是硫酸亚铁的引入会降低镀速，使得原先因反应速率较快而造成的表面气孔显著减少，从而使得镀层的表面更加致密。

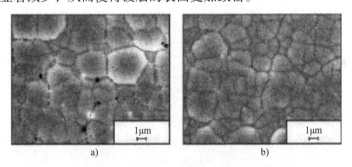

图 2-22　硫酸亚铁的浓度对镀层 SEM 形貌的影响
a）4g/L　b）12g/L

次磷酸钠作为还原剂，是自催化氧化还原反应的驱动力。随着次磷酸根离子浓度的增加，次磷酸根氧化电位获得提高，从而使氧化还原反应过程的总电位也得到提高，反应自由能显著降低，沉积速率变快（见图 2-23）。

但是从图 2-24 可以看出，次磷酸钠的浓度对镀层中铁和磷含量的影响却不是很明显。作者认为这是因为次磷酸钠作为还原剂并未对镍铁配位化合物的解离速率产生明显影响的原因。但是随着次磷酸钠含量的增加，镀层表面粒子的生长速率变快，使得镀层的胞状突起有变大的趋势（见图 2-25）。

作者研究发现，作为络合剂的柠檬酸三钠的浓度不论对镀速还是镀层的成分都会产生明显影响。从图 2-26 可以看出，随着络合剂浓度的增加，镀速逐渐增加，但当浓度达到30g/L以后，沉积速率快速下降。这是因为吸附在基体表面的柠檬酸根可以降低反应的活化能，因

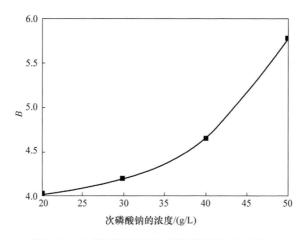

图 2-23 次磷酸钠的浓度对镀层沉积速率的影响

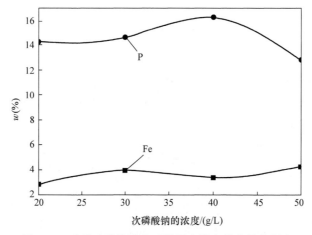

图 2-24 次磷酸钠的浓度对镀层中铁和磷含量的影响

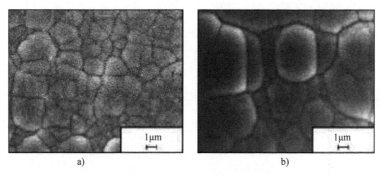

图 2-25 次磷酸钠的浓度对镀层 SEM 形貌的影响

a）30g/L b）40g/L

此随着柠檬酸三钠含量的增加，镀速变快。当柠檬酸钠的浓度达到一定值使得柠檬酸根离子的吸附达到饱和时，可以获得最大的镀速。当柠檬酸钠浓度进一步增加，柠檬酸根离子与金属离子的强烈络合作用使得金属离子被还原的难度增加，虽然镀液更加稳定，但是镀速下降。

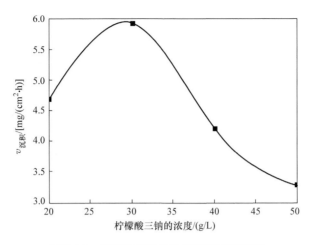

图 2-26 柠檬酸三钠的浓度对镀速的影响

但是如图 2-27 所示，镀液中柠檬酸三钠浓度的增加可以明显提高镀层中的磷含量，尽管对铁含量变化影响不大。这是因为柠檬酸三钠浓度的增加使得次磷酸根与镍离子、铁离子的反应更趋向于生成磷的歧化反应，从而使镀层中的磷含量提高，对镀层形貌的影响则是胞状结构更加致密平整（见图 2-28）。

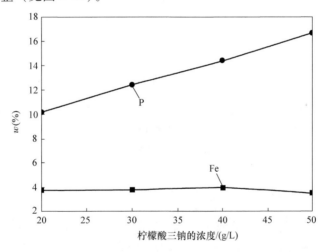

图 2-27 柠檬酸三钠的浓度对镀层中铁、磷含量的影响

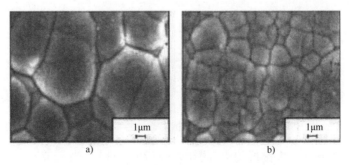

图 2-28 柠檬酸三钠的浓度对镀层 SEM 形貌的影响

a）20g/L b）40g/L

另外，pH 值对镀速和成分也有显著的影响。在碱性条件下，化学镀 Ni – Fe – P 的总反应如下

$$2Ni^{2+} + 4H_2PO_2^- + H_2O = 2Ni + P + 3HPO_3^{2-} + 6H^+ + 1/2H_2$$
$$2Fe^{2+} + 4H_2PO_2^- + H_2O = 2Fe + P + 3HPO_3^{2-} + 6H^+ + 1/2H_2$$

其中 A^{n-} 表示"游离的"络合剂。反应式显示 Ni^{2+}、Fe^{2+}、$H_2PO_2^-$、H^+、A^{n-} 和 HPO_3^{2-}，都是影响沉积速率的因素。因为随着反应的进行，镀液的 pH 值呈减小趋势，所以在高 pH 值环境下反应更易向右进行，有利于镀速的增快（见图 2-29）。但是，pH 值超过 10.0 以后镀液稳定性下降，通常将 pH 值设在 9.0 左右。

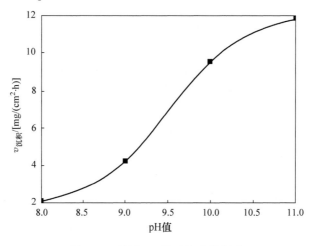

图 2-29　镀液 pH 值对镀速的影响

镀液 pH 值对镀层组成的影响如图 2-30 所示，随 pH 值的升高，镀层中的磷含量下降比较显著，但对铁含量的影响不大。这是因为磷来自于还原剂催化过程中形成的短暂存在的中间产物，pH 值越高，偏磷酸分解越困难，削弱了磷的共沉积，导致镀层中磷含量降低。

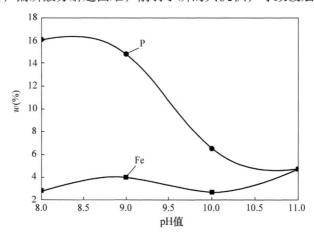

图 2-30　镀液 pH 值对镀层组成的影响

不同的 pH 值对镀层的表面形貌也有影响（见图 2-31），当镀液 pH 值由 9.0 升到 10.0 时，镀层胞状结构尺寸变大。这主要是因为镀层中铁含量较低，镀层结构为磷在镍中的过饱

和固溶体，pH 值较低时，磷含量较高，磷易于在"胞"间偏聚阻碍"胞"的长大。pH 值的升高会导致镀层中磷含量降低从而使得胞状结构尺寸增大。

 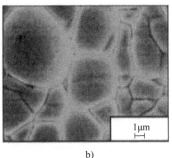

a)   b)

图 2-31   镀液 pH 值对镀层 SEM 形貌的影响

a）pH = 9.0   b）pH = 10.0

　　虽然镀层中的铁含量并不高，但是作者通过阴极极化曲线发现，当镀液中硫酸亚铁的浓度增加时，析出电位正移（见图 2-32）。这主要是由于硫酸亚铁浓度的增加消耗了溶液中的柠檬酸根离子，使得溶液中与镍离子结合的柠檬酸根离子减少，进而导致溶液中游离的镍离子增多。而镍离子与其同柠檬酸根离子形成的配位化合物相比还原电位正移，所以表现为析出电位随硫酸亚铁浓度的增加而正移。

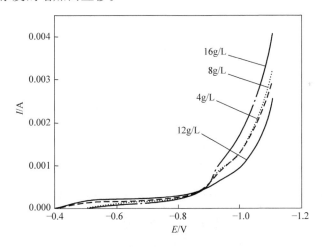

图 2-32   不同硫酸亚铁浓度所得镀层的耐蚀性

　　不同柠檬酸三钠浓度所得镀层的极化曲线显示，随着柠檬酸三钠浓度的增加，析出电位负移（见图 2-33）。这主要是由于随着柠檬酸三钠浓度的增加，溶液中的金属离子以配位化合物形式存在的浓度增加。而铁和镍与柠檬酸根形成的配位离子还原电位都会负移，所以表现为析出电位随柠檬酸三钠浓度的增加而负移。

　　随着 pH 值的升高，析出电位负移（见图 2-34）。这主要是由于随着 pH 值升高，镀液中游离的柠檬酸根离子增多，从而导致镀液中以配位离子形式存在的金属离子增多。而金属配位离子与游离的金属离子相比还原电位负移，所以析出电位随 pH 值的升高而负移。

　　将所获得的 Ni – Fe – P 镀层及相同工艺条件下制备的 Ni – P 镀层在 3.5% 氯化钠溶液中

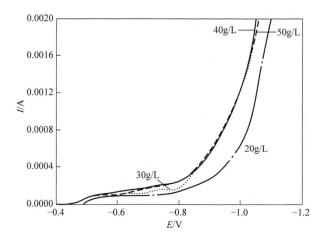

图 2-33　柠檬酸三钠浓度对阴极极化曲线的影响

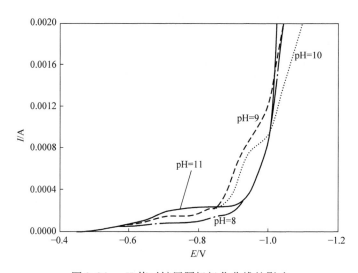

图 2-34　pH 值对镀层阴极极化曲线的影响

的 Tafel 曲线测试显示，Ni – Fe – P 镀层的耐蚀性明显优于 Ni – P 镀层。

因此镀液成分及 pH 值对镀速和镀层成分均有影响。但是亚铁离子在镀液中的引入对镀层的生长规律有比较大的影响，其中硫酸亚铁和还原剂次磷酸钠对镀速影响较大，但是对镀层成分影响不大。络合剂柠檬酸三钠和 pH 值对镀速和磷含量影响较大，但是对铁含量的影响不大。总的来说，硫酸亚铁的引入使得共沉积的难度增加，但是所获得的非晶 Ni – Fe – P 镀层的耐蚀性明显优于相同工艺条件下制备的 Ni – P 镀层。

2.1.6　化学镀 Ni – Zn – P

在钢铁工业中为了避免工件受到腐蚀损坏或者损耗，通常在工件表面电镀一层锌镍合金作为牺牲阳极来保护钢铁件。但是由于一些工件的形状比较复杂，所以随着化学镀技术的发展，采用在镍磷镀层中添加锌，来获得 Ni – Zn – P 三元合金化学镀层来进行耐蚀处理。通常对镀层的耐蚀性研究都是在静态介质中进行的，但是在实际工业应用中，镀层往往会收到流动的腐蚀介质的冲蚀作用，这无疑会加快镀层的腐蚀速率。朱绍峰等研究了化学沉积Ni－Zn－P 合金镀层的沉积行为和镀层性能的影响，并研究在流动腐蚀介质中化学沉积 Ni－Zn－P 合金的耐冲蚀特性。所有基体材料为 20 钢，样品尺寸为 $15\text{mm} \times 25\text{mm} \times 2\text{mm}$，基本镀液配方和工艺条件：硫酸镍（浓度为 25g/L）、次磷酸钠（浓度为 25～40g/L）、硫酸锌（浓度为 4～12g/L）、柠檬酸钠（浓度为 60g/L）、硫酸铵（浓度为 25g/L）、乳酸（浓度为 30mL/L），施镀温度为 70～90℃，pH 值采用氨水调节至 7.2～10.0。研究显示，随着硫酸锌浓度增大，沉积速率急剧减少，表明镀液中锌离子对沉积起阻碍作用，同时镀层中锌含量缓慢增加，而磷含量逐渐减少。而随着镀液中次磷酸钠浓度的增加，化学沉积速率加快，沉积层中的磷含量呈增加趋势，锌含量变化不大。在整个反应中，次磷酸根离子是自催化氧化还原反应的驱动力。随着次磷酸根离子浓度的增加，次磷酸根氧化电位得到提高，从而使氧化还原反应过程的总电位也得到提高，使得反应自由能大幅度降低，沉积速率变大。以次磷酸钠为还原剂的镀液，通常具有自催化活性的金属位于第Ⅷ族，其位于次外层的 d 轨道上具有未成对电子更容易从其他物质上夺取电子，故镍具有自催化作用，而锌没有催化作用。在具有催化活性的样品表面上，镍和锌虽然都可以在能量高的地方形核，但是由于锌自身没有催化活性，成核后不能继续长大；镍有催化活性，镍成核后可继续长大，所以在化学镀过程中，锌原子是伴随着镍原子沉积的。由于镍离子和锌离子的浓度保持不变，在反应过程中镍离子和锌离子的还原与磷的析出是协同进行的，因此，沉积层中的锌含量变化不大。镀液中次磷酸钠浓度较高时，镀层表面胞状组织较细。实验发现，pH 值对镀层生长的影响很大。pH < 7 时，反应基本不能进行；pH > 11 时，镀液中有沉淀物生成。随着镀液 pH 值增加，沉积速率加快，镀层中的锌含量增加，磷含量呈降低趋势。温度是影响化学镀沉积速率的一个重要因素。低于 70℃时，反应基本不能进行。随着镀液温度提高，沉积速率增加；镀层中磷含量呈上升趋势，在镀液温度为 85℃时，镀层中的锌含量有最高值（见图 2-35）。作者制备了成分为 Ni－11.35% Zn－15.09% P 的合金镀层，结构分析显示镀态的镀层由非晶态相和镍的过饱和固溶体相所组成。通过研究发现，腐蚀介质的冲击角度和流速对镀层的耐冲蚀性能都有明显影响。

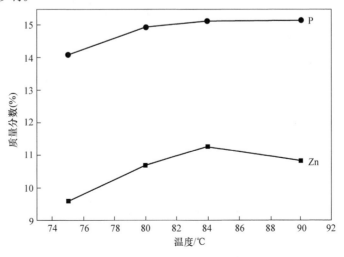

图 2-35　镀液温度对镀层中磷、锌含量的影响

图 2-36 显示了介质为 0.05mol/L 的盐酸在不同冲击角度下，流速为 36mL/s 时对镀层质量损失的影响，评估方式可以通过镀层的质量损失和冲蚀试验时间的关系曲线表示出来。其中冲击角度定为介质流的轴线方向与试样表面之间的夹角。由图 2-36 可知，随着冲击角度的增加，在相同的冲蚀时间内，镀层质量损失降低；在某一角度下，随着试验时间的延长，镀层质量损失增加，2h 后，质量损失的增加幅度不大。在静态介质的腐蚀环境下，存在着镀层的腐蚀溶解和钝化膜形成两个过程。在流动腐蚀介质的冲击下，当冲击角度减小时，腐蚀介质对镀层的剪切作用逐渐增强，从而使得镀层在腐蚀介质中的溶解增加，对腐蚀过程中所形成的钝化膜产生更大的破坏作用。图 2-37 所示是在角度为 45°、冲蚀时间为 1h 的条件下流速对镀层质量损失的影响。结果表明随着流速的增大镀层失重是在不断增加的，但是在介质流速为 20 ~ 40mL/s 时，失重和流速近似线性关系，但是随着流速的进一步增加有偏离线性关系的趋势。

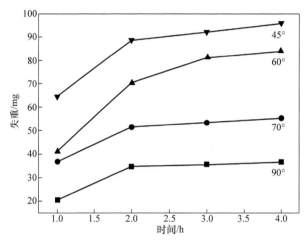

图 2-36 冲击角度对镀层质量损失的影响

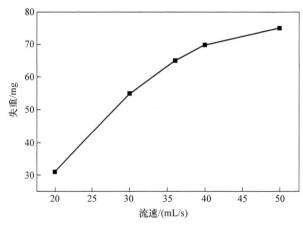

图 2-37 流速对镀层质量损失的影响

2.1.7 化学镀 Ni – Cr – P

对于 Ni – Cr – P 镀层，铬元素的引入以及分布状态对调节 Ni – P 镀层的成分与耐蚀性有很大的影响。张信义等制备了 Ni – 2.85% Cr – 14P% 化学镀层。发现在酸性环境下，铬并不参与镍和磷的沉积，镀层中探测不到铬元素。在碱性镀液中，随着 pH 值升高，镀层中的铬含量也增加，并且在 pH≈13 的强碱性条件下达到最大值。当 pH 值进一步提高时，镀液中开始产生 Ni（OH）$_2$ 沉淀，导致镀液不稳定和铬含量的明显下降。同其他的体系类似，碱性条件下 pH 值升高会使磷含量下降，但是通过结构分析发现，与 Ni – P 合金相比，Ni – Cr – P 镀层中铬的存在有利于镀层的非晶化。在浓度为 1mol/L 的盐酸中的弱极化测量表明铬的质量分数仅为 0.1% 的 Ni – Cr – P 合金耐蚀性约为磷含量相当的 Ni – P 合金的 25 倍，显示出铬对 Ni – Cr – P 镀层的耐蚀性具有强烈的增强作用。铬含量提高，合金自腐蚀电位正移，自腐蚀电流下降，从而镀层耐蚀性增强。另外磷含量升高可以进一步改善镀层的耐蚀性。通过阳极极化曲线测试，结果显示 Ni – Cr – P 与 Ni – P 的极化曲线相比，有明显的钝化区域及较小的阳极溶解电流，显示出铬的引入可以使得镀层更易于形成高质量的钝化区域，从而提升了镀层的耐蚀性。通过进一步的微区成分分析，铬元素在镀层表面产生富集是在盐酸中产生钝化并增强镀层耐蚀性的主要原因。

2.2　化学镀钴基合金

早在 20 世纪 40 年代，研究人员就采用化学镀的方法合成了 Co – P 镀层，但是由于钴的成本比较高，并且所获得的镀层内应力较大，不利于实际应用。1962 年，R. D. Fisher 在非导体迈拉（Mylar）膜上合成了 Co – P 镀层并发现其具有优异的磁性，适宜用作高密度磁记录材料，从而吸引了科研人员对钴基合金化学镀工艺的关注，关注重点也逐步转移到对镀层物理特性的研究上面，包括磁学特性和电学特性等。随着技术的发展和应用的需求，磁记录元件逐渐向微型、轻质、高密度、高容量和复杂形状的方向发展，从而使得化学镀钴基合金磁性镀层在工业上获得了广泛的应用。钴基合金之所以具有强磁性可以归因于合金内部磁畴的自发磁化。

在对化学沉积钴基合金的研究过程中，当采用不同的还原剂时可以获得两类磁性材料：一类是以 Co – B 为代表的软磁合金镀层，另一类是以 Co – P 为代表的硬磁合金镀层。软磁材料要求磁性介质具有低矫顽力（Hc）、高磁导率（A）和高比饱和磁化强度（B_s）的特点。而硬磁材料则要求介质具有高矫顽力、高剩余磁饱和强度（B_r）和高矩形比（B_r/B_s）的特点。并且希望磁性膜的厚度要尽可能薄而均匀。在研究过程中，科研人员注意到将钴基合金的晶粒尺寸控制在纳米数量级时可以显示出优良的磁性能。磁性纳米材料由于尺寸单元很小，如果进行定向生长与排列有可能获得单磁畴结构，从而获得高矫顽力的特性，用它来制作记录材料可提高信噪比，改善图像质量。磁性纳米材料除上述应用外，还可用作光快门、光调节器、抗癌药物磁性载体、细胞磁分离介质材料及磁印刷材料等。比如日本有研究学者发现当 Co – B 镀层的晶粒平均直径在 10 ~ 20nm 时，可以表现出优良的软磁特性，而当晶粒粗化时，软磁性能随之下降；另一方面，松田均等人在研究化学镀 Co – P 系列合金时发现，当 Co – P 镀层的晶粒平均直径在 50 ~ 100nm 时具有很高的矫顽力，显示了优良的磁记录性能。1992 年 Berkowtz 与 Xiao 等人分别发现在铜薄膜中植入纳米钴粒子时薄膜显示出巨磁电阻效应，随后的研究中在 Co_2Ag、Co_2SiO_2、Co_2Cu 中都发现此类效应。因为巨磁阻多层膜在高密度读出磁头、磁记录元件上的潜在应用，世界各发达国家及地区包括美国、欧洲和日本对巨磁阻材料研发和技术应用进行了巨大的投入。随着科技的进步和工业需求的不断升级，化学镀钴基合金在磁性材料与器件上的应用吸引了越来越多的关注。

2.2.1 化学镀 Co – B

化学镀 Co – B 通常呈现软磁特性，具有磁导率高、矫顽力低和铁心损耗低的特点，在制作高频通信元件、开关电源和传感器等需要高密度、高容量软磁功能特性材料的场合具有很深厚的应用潜力。

张勇等采用硫酸钴、DMAB（二甲基胺硼烷）、酒石酸钠和硫酸铵等试剂为基础配方在纯铜基底上获得了硼的质量分数为 4.1% 的 Co – B 纳米晶化学镀层，结构分析显示晶粒的平均直径在 15 ~ 20nm。作者制备了厚度在 0.2 ~ 1.0μm 的镀层，发现镀层矫顽力 Hc 的大小和厚度关系密切，不论是垂直于基底还是水平于基底方向，随镀层厚度的增加 Hc 都呈现了先降后升的整体趋势，平行于基底方向上的矫顽力 $Hc_{//}$ 大于垂直于基底上的矫顽力 $Hc_{\perp}$，在厚度为 0.59μm 时 $Hc_{//}$ 最小，达到 2.8Oe（见图 2-38）。在镀膜生长初期，由于和铜基体匹配生长的关系，镀层晶粒比较粗大，镀层的易磁化方向趋向垂直于基底表面，此时 Hc 较大。随着镀层厚度的增加，由于类金属硼的共沉积使得晶粒在纳米尺度内逐渐细化，矫顽力 Hc 也开始下降，这一点与传统粗晶的矫顽力变化有所不同。传统粗晶材料里，晶粒平均直径的减小会使得晶界面积增大，从而 Hc 也增加。而对于纳米晶材料来说，虽然每个晶粒都有磁晶各向异性，但是其尺寸在纳米量级，同时它受到邻近间晶粒的交换作用以及静电耦合作用，使宏观的有效磁晶各向异性减小，所以随晶粒尺寸减小矫顽力 Hc 也下降；同时，由于类金属硼原子对 α – Co 晶格的干扰，使 α – Co 原子的堆垛顺序的混乱度增加，也是降低 Hc 的因素。但是随着镀层厚度的增加，矫顽力又开始上升，这是因为随着镀层厚度的增加镀层内部产生拉应力，导致内应力重新分布，阻碍了自发磁化强度方向的变化。

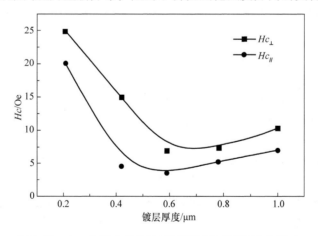

图 2-38 Co – B 纳米晶化学镀层的厚度对矫顽力的影响

镀层厚度对纳米晶 Co – B 合金比饱和磁化强度的影响如图 2-39 所示。由图 2-39 可以看出，比饱和磁化强度随镀层变厚呈上升趋势。其中垂直于膜面方向上的比饱和磁化强度 $\sigma_{s\perp}$ 上升比较平缓，而平行于膜面方向上的比饱和磁化强度 $\sigma_{s//}$ 则增加很快。但是，根据拟合曲线，当镀层厚度超过 0.59μm 后，$\sigma_{s//}$ 的变化缓慢进入平台期，其中 $\sigma_{s//}$ 要大于 $\sigma_{s\perp}$。和晶态钴相比，纳米晶 Co – B 合金的比饱和磁化强度要低一些，这主要是因为类金属硼的加入使得钴的磁矩降低。

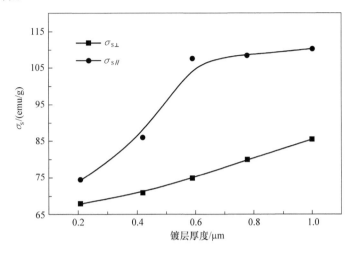

图 2-39　镀层厚度对纳米晶 Co – B 合金比饱和磁化强度的影响

　　研究数据显示，纳米晶 Co – B 镀层的磁学特性受到热处理温度的影响很大。以厚度为 0.59μm 的镀层为例，镀态下平行于镀层表面方向上的矫顽力为 2.8Oe。热处理温度对纳米晶 Co – B 镀层矫顽力的影响如图 2-40 所示，热处理温度比较低时，矫顽力和镀态合金相比有略微下降的趋势，140℃保温 1h 后 $Hc_{//}$ 最小可达到 2.3Oe。当热处理温度进一步提高时，矫顽力开始增大。并且垂直于膜面方向上的矫顽力相对于平行于膜面方向上的矫顽力有更快的增加。在 430℃保温 1h 退火后矫顽力达到最大值，其中 $Hc_{//}$ 达到 2000e。但是当温度进一步提高时，Hc 又开始减小。而比饱和磁化强度随温度的变化则表现出不同的特点。比饱和磁化强度在平行于膜面方向上的 $\sigma_{s//}$ 明显大于垂直于膜面方向的 $\sigma_{s\perp}$（见图 2-41）。随温度上升，$\sigma_{s//}$ 呈现先下降后上升的趋势，厚度为 1.0μm 的镀膜在镀态下的 $\sigma_{s//}$ 可达 112emu/g。但是 $\sigma_{s\perp}$ 则对热处理不太敏感。从数据可以看出，低温退火使得矫顽力略微下降。这是因为钴基合金在沉积过程中容易产生拉应力，拉应力会增大磁弹性能、畴壁能和退磁能；低温热处理可以使镀层的拉应力获得松弛，从而缓解镀层纳米晶的晶格畸变程度，减小应变 – 磁致伸缩各向异性，使畴壁移动和磁畴转动更加容易，因此矫顽力降低。但是，随着退火温度的上升，晶粒的长大导致磁晶各向异性能增大，从而导致 Hc 又开始上升。在 430℃保温时，铁磁性 Co_2B 相（居里点 $Tc = 510$℃）开始析出，镀层中的残余硼含量随之降低，纳米晶长大的抑制作用则受到削弱，导致晶粒尺寸迅速增加，Hc 随之增大。但是当退火温度进一步上升，550℃保温 1h 后，Co_2B 相发生由铁磁性向顺磁性的转变，同时磁晶各向异性较大的密排六方结构 α – Co 大部分转变为磁晶各向异性较小的面心立方结构 β – Co，并且这时晶粒尺寸已远远超出纳米尺度范围，因此 Hc 又开始减小。

2.2.2　化学镀 Co – P

　　化学镀 Ni – P 技术在获得成功开发后，科研人员采用次磷酸盐作为还原剂同样获得了尺寸比较均匀的 Co – P 镀层，镀液也比较稳定。但是在化学镀膜的应用初期，工业更加注重工件表面的耐磨性和耐蚀性。而 Co – P 镀层的耐磨性不及 Ni – P 镀层，并且镀层的内应力

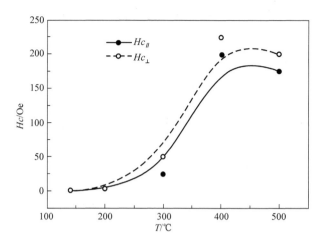

图 2-40　热处理温度对纳米晶 Co - B 镀层矫顽力的影响

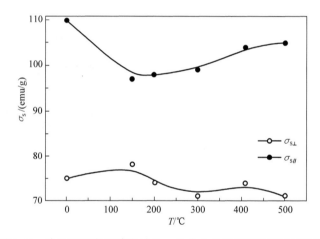

图 2-41　热处理温度对纳米晶 Co - B 合金比饱和磁化强度的影响

很大，不利于机械应用，同时钴的价格比镍高出很多，因此化学镀 Co - P 镀层的研究并未得到重视。随着电子时代的到来，日本学者松田均等人在研究化学镀 Co - P 系列合金时，发现当晶粒直径控制在 50 ~ 100nm 之间时，镀层表现出很高的矫顽力，具有出色的磁记录性能。由于和电镀相比，化学镀的优势就是不论在金属还是非金属等复杂形状的表面上都能获得致密、尺寸均一的镀层，并且通过镀层成分和结构的调制可以获得不同的磁学性能，从而在记忆存储元件等计算机制造业上体现了独特的优势。因此化学镀 Co - P 逐渐引起了科研人员的重视。近年来由于磁记录元件向高密度、轻型化和微型化的发展，化学镀钴基系列镀层发挥了越来越多的优势，在电子工业上获得了广泛的应用。

从镀液成分上来说，化学镀 Co - P 的镀液和 Ni - P 相似，主要由钴金属盐、还原剂、络合剂、缓冲剂、稳定剂，以及一些改善镀层质量的添加剂等成分组成。但是不同之处在于，钴的标准电极电势为 - 0.27V，和 Ni 相差 0.03V，在自催化反应的进行上阻力更大，因此在工艺上有所区别。化学镀 Co - P 通常在碱性镀液中进行，镀层的反应和生长机理与碱性镀液中的化学镀 Ni - P 基本相同。关于化学镀 Co - P 的机理，目前被普遍接受的是表面催化理论，该理论认为，化学镀 Co - P 的主反应为

$$Co^{2+} + H_2PO_2^- + 3OH^- \rightarrow Co + HPO_3^{2-} + 2H_2O$$

另外还有三个副反应

$$H_2PO_2^- + OH^- \rightarrow 2[H] + HPO_3^{2-}$$
$$2[H] \rightarrow H_2 \uparrow$$
$$H_2PO_2^- + [H] \rightarrow H_2O + OH^- + P$$

反应过程中，被还原的钴和析出的磷相结合获得 Co - P 合金镀层。然后在自催化作用下，反应得以持续进行从而获得连续致密的镀层。朱绍峰等将化学镀 Co - P 的镀液组成和施镀条件进行了优化，获得了如下配方：氯化钴（浓度为 24 ~ 40g/L）、柠檬酸钠（浓度为 75 ~ 90g/L）、次磷酸钠（浓度为 20 ~ 30g/L）、氯化铵（浓度为 45 ~ 55g/L）、稳定剂 BM（浓度为 0.1 ~ 0.3mg/L），pH 值 = 9 ~ 11，镀液温度为 85 ~ 95℃，装载量为 50 ~ 200cm²/L。采用此配方获得的合金镀层光亮平滑，镀速较高且镀液稳定。根据反应机理，OH^- 参与了沉积反应，pH 值的增高可以促进反应动力学，加快钴的析出，但是会降低镀层中的磷含量。当 pH 值达到 13 时，镀液会出现浑浊的现象，表明镀液不再稳定。因此需要根据实际需要来选取合适的 pH 值，从而协调镀层的成分、镀速和表面质量的关系。由于磷与钴的原子半径相差 12.8%，钴与磷发生共沉积时通常会获得磷在 α - Co 中的过饱和置换固溶体，从而产生晶格畸变。因此磷含量对镀层的力学性能影响很大。

图 2-42 所示为磷含量对镀层显微硬度的影响。可以看出，随着磷含量的增加，镀层显微硬度明显增加。这是由于磷原子的溶入使钴晶体发生弹性应变，磷含量的增加会增强弹性应力场，从而提升镀层的显微硬度。但是在碱性条件下，镀层中磷含量的增加幅度有限。

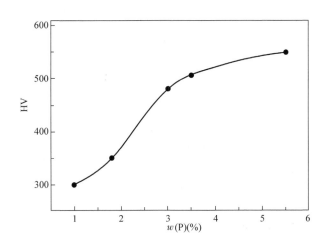

图 2-42　磷含量对镀层显微硬度的影响

作者在 pH 值为 7.2 ~ 7.5 的弱碱性接近于中性的条件下，在铜箔上生长了磷的质量分数为 5.59% 的钴磷合金镀层，经过优化的配方与条件为：$CoSO_4 \cdot 7H_2O$ 0.6 ~ 0.12mol/L、$NaH_2PO_2 \cdot H_2O$ 0.40 ~ 0.55mol/L、$Na_3C_6H_5O_7 \cdot 2H_2O$ 0.15 ~ 0.3mol/L、H_3BO_3 0.3 ~ 0.6mol/L、温度为 50 ~ 80℃。将镀层进行了 X 射线衍射分析，发现镀层的晶粒大小在纳米尺度，运用谢乐公式可以计算出镀层的晶粒平均直径在 7nm 左右。研究发现镀层厚度对薄膜磁性的影响很大，如图 2-43 所示。当镀层厚度由 0.19μm 增加到 1.1μm 时，矫顽力随着镀层厚度的增加而下降。其中平行于膜面的矫顽力 $Hc_{//}$ 要大于垂直于膜面的矫顽力 $Hc_{\perp}$。

作者分析在镀层生长初期，由于铜基体的晶粒尺寸较大，镀层和基底匹配生长，所以镀层的晶粒较为粗大。另外，镀层在生长初期的沉积速率较快，也会造成界面反应活性不均匀，从而产生较多的缺陷和成分上的偏析，这些原因都会造成在镀层很薄时矫顽力较高。随着镀层膜厚的增加，晶粒开始细化，相邻晶粒的交换作用和静电耦合作用开始增强，导致矫顽力下降。从图 2-43 中可以看出 $Hc_{\perp}$ 大于 $Hc_{//}$，显示出晶粒易磁化方向趋向于和膜面垂直。并且矫顽力随磷含量的不同会发生很大的变化。很明显，这里所获得的纳米晶钴磷合金镀层在矫顽力指标上更符合软磁合金特征，这是由于弱碱近乎中性的条件使得镀层的磷含量较高引起的。当磷含量低于1%时，镀层会体现出明显的硬磁合金的特性。所以，对 Co - P 镀层来说，通过调节纳米晶镀层的磷含量，可以实现镀层的磁学性能由硬磁状态向软磁状态的调制转变。

在磁记录材料中，矩形比是一个反映磁滞回线矩形程度的一个重要参数，是剩余磁感应强度与饱和磁感应强度之比。镀层厚度对矩形比的影响如图 2-44 所示，图中的 $Rs_{//}$ 和 $Rs_{\perp}$ 分别为平行于膜面和垂直于膜面的矩形比。可以看出，$Rs_{//}$ 的值要明显大于 $Rs_{\perp}$，随镀层厚的增加，矩形比 $Rs_{//}$ 先升后降，$Rs_{\perp}$ 则没有显著的变化。这是因为易磁化方向趋于垂直于膜面时，磁晶各向异性能使得各晶粒的磁矩平行排列，这样则会产生退磁能作用；当退磁能的影响超过磁晶各向异性能的影响时，则会出现 $Rs_{//}$ 大于 $Rs_{\perp}$ 的情况。并且由于镀层很薄使得平行于膜面方向上存在着形状各向异性，这是导致 $Rs_{//}$ 大于 $Rs_{\perp}$ 的一个因素。

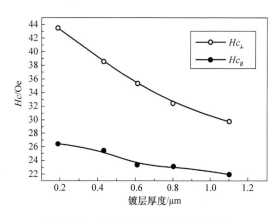

图 2-43　镀层厚度对薄膜磁性的影响

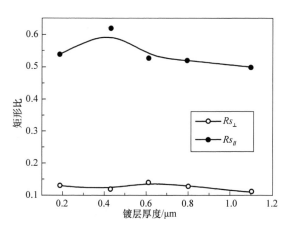

图 2-44　镀层厚度对矩形比的影响

通过对磷的质量分数为 5.59% 的 Co - P 镀层分析，显示出镀层在晶体结构上保持了密排六方 α - Co 的结构。在室温下，磷原子在 α - Co 中的溶解度远低于 5.59%，并且物相结构分析显示为单一的密排六方 α - Co 相结构，所以镀层结构为磷在 α - Co 中的过饱和置换固溶体。这种过饱和固溶体从热力学角度来说是不稳定的，将样品在 500℃ 保温 1h 后，镀层中会析出 Co_2P 中间相。当退火温度升到 600℃ 保温 1h 后，X 射线衍射分析结果显示，除了 Co_2P 相以外，钴的基体开始发生从密排六方结构 α - Co 向面心立方结构 β - Co 物相的转变。

2.2.3　化学镀 Co – Ni – P（B）

和二元合金镀层相比，三元乃至多元合金化学镀层可以综合多种组分的优点，使镀层的微观结构、性能和功能获得更好的增强。三元合金化学镀反应机理和二元合金相似，在满足各金属离子在镀液中析出电位相等或相近的情况下产生共沉积而获得镀层。作者以优化后的钴硼（磷）合金配方为基础，通过添加硫酸镍金属盐和复合络合剂合成了纳米晶钴镍硼和钴镍磷合金镀层。在纳米晶钴磷合金的优化配方基础上通过添加硫酸镍制备出纳米晶钴镍磷合金。在铜箔上获得了厚度为 $6 \sim 8 \mu m$ 的纳米晶钴镍硼合金镀层，其中镍的质量分数为12.6%，硼的质量分数为5.02%。沉积态纳米晶钴镍硼合金形貌如图 2-45 所示。显微分析显示合金镀层组织致密，用锉刀沿沉积膜45°方向挫动将基底暴露，镀层并未起皮，显示了与基底良好的结合力。并且镀层可以承受 150°的反复弯曲而不出现裂纹，显示出了优良的延展特性。X 射线衍射分析显示，沉积态钴镍硼合金的衍射花样和钴硼合金类似，在 $2\theta = 45°$ 的位置出现了一个弥散的衍射峰，峰值对应于密排六方 α – Co（0002）晶面，但弥散度比钴硼合金更宽。微结构分析显示钴镍硼镀层由尺度在纳米量级的细小晶粒所组成，通过谢乐公式计算可得晶粒的平均直径在 10nm 左右，镍元素的适量添加一方面会使得硼含量有所升高，另一方面也更加细化了晶粒。同样在优化后的钴磷镀液配方的基础上通过添加镍金属盐和调配络合剂在铜基底上获得了厚度在 $6 \sim 8 \mu m$ 的钴镍磷合金镀层，镀层组织致密、表面光亮、和基底结合力强，并且光亮度随着金属盐离子的浓度比 $c_{Ni^{2+}} / (c_{Ni^{2+}} + c_{Co^{2+}})$ 的增加而增强。成分分析显示，镍参与的钴磷合金共沉积对镀层的成分影响很大，表 2-17 显示了金属盐离子浓度比 $c_{Ni^{2+}} / (c_{Ni^{2+}} + c_{Co^{2+}})$ 对镀层成分的影响。

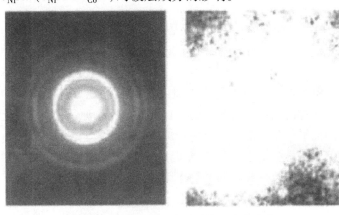

图 2-45　沉积态纳米晶钴镍硼合金形貌

表 2-17　金属盐离子浓度比 $c_{Ni^{2+}} / (c_{Ni^{2+}} + c_{Co^{2+}})$ 对镀层成分的影响

$c_{Ni^{2+}} / (c_{Ni^{2+}} + c_{Co^{2+}})$	钴的质量分数（%）	镍的质量分数（%）	磷的质量分数（%）
0.1	90.26	5.33	4.41
0.2	84.23	10.23	5.54
0.3	76.47	17.17	6.36
0.4	63.24	28.87	7.89
0.5	62.47	29.61	7.92

从表 2-17 可以看出，随镀液中镍离子浓度的增加，在钴的质量分数下降的同时，镀层中镍与磷的质量分数都呈上升趋势。主要原因是镍的还原电位比钴低，更容易与磷产生共沉积。由于镀层中磷含量的增加，钴原子与镍原子偏离其晶格平衡位置的程度加大，金属原子之间的近邻数减少，从而造成晶粒不断细化。

另外，当镀液中镍离子的浓度发生变化时，对镀层的磁性也会产生显著的影响。以厚度为 1.1μm 的 Co – Ni – P 镀层为例，如图 2-46 所示，当镀液中镍离子浓度增加时，平行于膜面方向上的矫顽力 $Hc_{/\!/}$ 变化不大，但是垂直于膜面方向上的矫顽力 $Hc_{\perp}$ 会发生明显的下降。可以发现，浓度比随着 $c_{Ni^{2+}}/(c_{Ni^{2+}}+c_{Co^{2+}})$ 的增加，垂直于膜面的矫顽力 $Hc_{\perp}$ 会发生由大于 $Hc_{/\!/}$ 到小于 $Hc_{/\!/}$ 的变化，并逐渐呈现出软磁合金的特征。

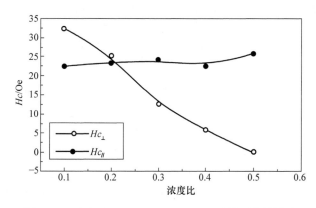

图 2-46 浓度比 $c_{Ni^{2+}}/(c_{Ni^{2+}}+c_{Co^{2+}})$ 对矫顽力的影响

当 $c_{Ni^{2+}}/(c_{Ni^{2+}}+c_{Co^{2+}})$ 的值为 0.2 时，镀膜中磷的质量分数约为 5.54%，$Hc_{/\!/}$ 和 $Hc_{\perp}$ 相差很小。当 $c_{Ni^{2+}}/(c_{Ni^{2+}}+c_{Co^{2+}})$ 的值增加到 0.5 时，镀膜中镍和磷的相对含量变大，$Hc_{\perp}$ 迅速减小。但磁性测量结果显示此时 $Hc_{/\!/}$ 的值为 25.9Oe，仍表现为铁磁性特征。这主要是因为，镀层厚度很薄，整个镀层可以看作准二维平面。虽然在垂直于膜面方向上的矫顽力很小，但是在平行于膜面方向上由于形状各向异性能的原因，原子之间的热运动不足以对矫顽力产生明显影响，因此平行于膜面方向上的矫顽力变化不大。

从上面的分析可以看出，对于 Co – P 镀层来说，镀层的厚度、镍的共沉积等因素的变化可以对矫顽力以及磁各向异性起到调节的作用，通过对这些因素的控制可以获得具有不同磁性要求的薄膜，从而满足不同的磁性能需求。

2.2.4 化学镀 Co – Fe – P

铁基合金具有高的磁饱和强度和低的磁损耗，在磁性器件上有广泛的应用。日本学者在研究化学镀钴基合金的过程中，发现将亚铁金属盐添加至镀液获得 Co – Fe – P 合金时，如果将镀层的晶粒尺寸控制在纳米数量级时可以获得优良的磁性能。作者制备了一系列 Co – Fe – P 三元合金，其中铁的质量分数在 0.5% ~15%，磷的质量分数则控制在 2% ~5%。

研究显示，在镀液中金属盐离子总的浓度保持不变的前提下，亚铁离子浓度的增加会显著降低镀层的沉积速率（见图 2-47）。作者认为，由于 Fe^{2+} 的活性较低，它的加入使得总的氧化还原电位下降，从而减小了沉积速率。从沉积速率和镀层质量的角度考虑，$c_{Fe^{2+}}/$

$(c_{Co^{2+}} + c_{Fe^{2+}})$ 的值控制在 0.01～0.15 比较合适。当 $c_{Fe^{2+}}/(c_{Co^{2+}} + c_{Fe^{2+}})$ 的值大于 0.2 以后,沉积速率会变得比较缓慢,所得到的镀层很薄并且针孔很多,已经不再具有实用价值。能谱分析结果显示,与 Co-Ni-P 三元合金的沉积规律不同,当镀液中 Fe^{2+} 的浓度升高时,镀层中铁含量上升,但是钴含量和磷含量都呈减小的趋势,具体数值见表 2-18。可以看出铁的共沉积会对钴和磷都产生明显的抑制作用。

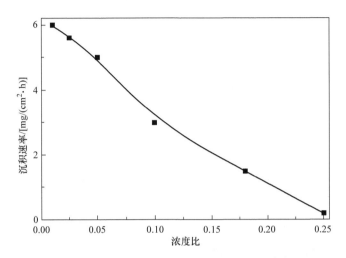

图 2-47　浓度比 $c_{Fe^{2+}}/(c_{Co^{2+}} + c_{Fe^{2+}})$ 对沉积速率的影响

表 2-18　$c_{Fe^{2+}}/(c_{Co^{2+}} + c_{Fe^{2+}})$ 对沉积层成分的影响

$c_{Fe^{2+}}/(c_{Co^{2+}} + c_{Fe^{2+}})$	钴的质量分数（%）	铁的质量分数（%）	磷的质量分数（%）
0.01	94.40	0.54	5.02
0.05	93.48	2.75	3.78
0.10	89.07	7.75	3.18
0.15	83.07	14.56	2.37

　　磁学性能分析显示,铁在钴磷合金中的共沉积对镀层的矫顽力和矩形比都会产生明显的影响（见图 2-48 和图 2-49）。随着 $c_{Fe^{2+}}/(c_{Co^{2+}} + c_{Fe^{2+}})$ 值的增加,垂直于膜面的矫顽力 $Hc_{\perp}$ 和平行于膜面的矫顽力 $Hc_{//}$ 都表现为先降后升。作者分析认为,由于铁原子与磷原子具有较强的化学亲和力,铁原子与磷原子的共沉积可以缓解磷原子偏析的现象,并且可以减小磁弹性能,进而使得矫顽力降低。但是另一方面,铁原子含量的增加会使得镀层中磷含量的减小,从而使得晶粒尺寸变大,又增加了磁晶各向异性能使得矫顽力开始升高。关于矩形比,从图 2-49 可以看出,平行于膜面上的矩形比 $Rs_{//}$ 则随 $c_{Fe^{2+}}/(c_{Co^{2+}} + c_{Fe^{2+}})$ 值的增加而明显上升,在浓度比值为 0.05 左右达到最大,随后缓慢降低。

　　因此,通过控制铁含量和晶粒尺寸所获得的纳米晶钴铁磷镀层可以具有较低的矫顽力和较高的矩形比,在做软磁材料与器件方面具有很高的潜力。

2.2.5　化学镀其他材料

　　由于化学镀工艺适用于各种复杂形状的工件,并且镀层与基底的结合力较强,同时具有

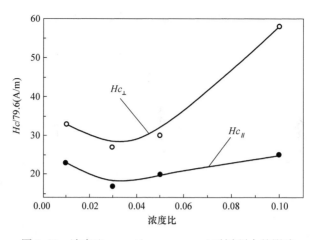

图 2-48 浓度比 $c_{Fe^{2+}}/(c_{Co^{2+}}+c_{Fe^{2+}})$ 对矫顽力的影响

设备操作简单、成本易于控制和环保等优点，所以化学镀已经成为一种制备金属薄膜的重要方法。特别是随着大规模集成电路的发展，化学镀逐渐显示了其独特的优势。除了镍基和钴基化学镀合金，其他一些元素的化学镀也获得了较快的发展和应用。比如在电子工业中，在印制电路板上电镀金时对工艺手段和设备要求较高，特别是对一些中小单位来说难度较大，所以常常采用化学镀金来替代电镀。但是在印刷电路板化学镀金时，镀液中存在一些很微小的金颗粒会附着在导线铜箔周边的绝缘基体上，

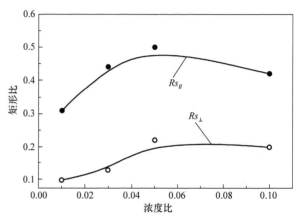

图 2-49 浓度比 $c_{Fe^{2+}}/(c_{Co^{2+}}+c_{Fe^{2+}})$ 对矩形比的影响

随后在金自催化的作用下往往会在绝缘基体上析出金，极易引起电气短路的现象。如果采用含阴离子型表面活性剂的置换型或还原型化学镀金液，可以使绝缘基体表面呈现负的 Z 电位，会抑制微细金粒子的静电吸附，从而达到抑制镀金层外溢的目的。这对于高密度印刷电路的化学镀金尤其重要，可以显著提高印刷工艺的可靠性。对于电子工业中分立元器件的焊接性镀层往往也是采用化学镀的技术手段。比如在陶瓷基底表面，化学镀金、钯、镉的焊接性较好，但是由于金和钯属于贵金属，成本太高，而镉的使用存在着环保问题，通过在 Ni - P 和 Ni - B 中添加铜、锡等元素可明显改善镀层的焊接性。另外，对于电子元件的低温焊接，可以采用具有良好焊接性及流动性的 Sn - Ce、Sn - In、Sn - Pb、Au - Sn 等合金镀层。通常薄膜电阻也可以采用化学镀方法获得，但是所获得的电阻值通常较低。Ni - B 化学镀层在高硼状态下可以获得较高的电阻值，但电阻率稳定性不佳，会随温度变化产生很大的波动。可以通过添加钨、钼、铬和磷等元素，获得 Ni - P - B、Ni - W - B、Ni - Mo - B 和 Ni - Cr - B 等三元化学镀合金镀层，从而提高电阻薄膜的热稳定性。

第 3 章　化学复合镀

化学复合镀技术是指在普通化学镀配方的基础上，在镀液中添加具有一定功能和用途的惰性固体粒子，通过在施镀过程中进行搅拌使得粒子可以悬浮在镀液中，伴随着金属的自催化实现固体粒子和金属离子的共沉积形成金属/惰性粒子复合镀层结构的技术。化学复合镀可以追溯到 1966 年，Odekerken 等人采用化学镀的方法将氧化铝和 PVC 细小颗粒分布在金属基体中，从而显著地增强了镍铬合金的耐蚀性。美国国家标准局（NBS）曾建议化学镀复合材料可以在 8 个领域获得显著应用。20 世纪 90 年代，在复合材料的研究与开发的同时也促进了化学复合镀技术的发展。

3.1　化学复合镀概述

虽然化学镀镍磷合金在镀态下就具有较高的硬度，特别是经热处理形成磷化物后，镀层的硬度和耐磨性都会显著提高，但是磷化物本身的强化作用仍然比较有限。如果根据实际应用的需要，选择具有不同特性的第二相粒子与镍磷合金形成性质增强或者互补的组合，则可以获得一系列性能可调与变化广泛的高性能复合镀层。比如将一些具有高硬度的惰性粒子添加到镀液中，实现和镍磷合金共沉积，如氧化铝、氧化锆、氧化钛、氟化钙、碳化硅和氮化硼等，则镀层的耐磨性有望获得大幅度提升。如果加入一些具有减摩和润滑作用的粒子，比如石墨、聚四氟乙烯和二硫化钼等，则可以形成摩擦系数低的自润滑复合镀层。与通常的复合材料相比，复合镀层具有的优点如下：可以在较低温度（＜90℃）镀液中通过共沉积生成，不需要液态渗透法、热压法等高温工艺手段；与粉末热压法相比，复合镀层则具有孔隙率低、表面光洁的优点；可以复合的固体物质形态灵活可调，可以是粒子、纤维或者薄片，能保证镀覆连续进行；能在钢铁等各种导体、非导体基材上获得，加工方便，厚度可控，尤其适合其他涂覆方法难以实现的形状复杂的零部件；复合镀层还有一个显著的优点是可以对工件的局部区域进行选择性的镀覆，尤其是零件局部发生磨损，但整体结构和性能仍然能满足工作要求时，可以进行重镀修复，从而可以延长零件的工作寿命，起到节约成本的作用。

从基本组成上来说，化学复合镀层可以分为两部分：

一部分是金属离子被还原后形成的基质金属镀层，为均匀的连续相。常用金属有镍、钴、铜、铝、锡等纯金属，还有 Ni – Co、Ni – Fe 等二元合金。还原剂中的磷和硼等类金属原子在化学镀过程中进入镀层，可以对镀层的成分、结构性能起到调节作用。选用的基质金属应该满足下列一些要求：易于镀覆，工艺稳定；在满足性能要求的前提下，尽量使用廉价金属来替代贵金属；在强化性能要求比较高时，可采用能够进行热处理等硬化处理的合金镀层。

化学复合镀层的另一组成部分则为惰性粒子，这些粒子弥散地分布在基质金属里形成一个不连续相，所以化学复合镀层属于金属基复合材料。能和基质金属或合金发生共沉积的惰性粒子种类有很多，主要有金属的氧化物、碳化物、氮化物和硼化物等。比较常用的有氧化铝（Al_2O_3）、二氧化钛（TiO_2）、氧化锆（ZrO_2）、碳化硅（SiC）、碳化钛（TiC）、碳化铬（Cr_3C_2）、氮化硼（BN）、氮化钛（TiN）、氮化硅（Si_3N_4）、二硫化钼（MoS_2）、石墨、氟化石墨（CF）$_n$、聚四氟乙烯（PTFE）及一些树脂粒子、荧光颜料等，都可以作为第二相粒子来和基质金属或合金配合制备特殊性能的复合镀层。根据需要的不同，可以选用具有不同特性的第二相粒子。对于表面硬度和热稳定性要求高的镀层，粒子需要具备高硬度、高熔点和高稳定性的特点，通过弥散强化基质，阻碍基质的软化，进而使得镀层获得高硬度和良好的耐磨性、抗氧化性和耐热性等优良的性能。而加入石墨、氟化石墨或者聚四氟乙烯等高分子粒子，则可以对镀层表面起到润滑和减摩的作用。参与复合的第二相粒子除了满足镀层性能外，还应具备高的化学稳定性，不会对镀液产生污染或者其他毒害作用。另外，粒子本身或者经过表面活性剂修饰，应当易于在水中润湿、分散，并且能进一步发挥基质金属的性能潜力，而不会损伤基质金属镀层本身的力学性能。制备复合镀层时，也要考虑粒子尺寸的选择，因为粒子尺寸不仅影响到镀层特性，还要涉及复合镀层的厚度及复合镀层的服役极限问题。

虽然采用电镀的方法也可以获得复合镀层，但是由于化学镀层中类金属元素的存在，使得镀层的成分和性能获得了更大的调节范围，比如化学镀复合镀层的耐磨性要远高于电镀复合镀层，甚至可以高到40%左右。由于化学镀层均镀能力强，不存在尖端效应，因此不需要镀后精加工，不需要电镀复合镀所必需的夹具，能够对形状复杂、尺寸精度要求极高的工件和管道内侧面进行精确控制的表面强化。

相对于单一镀层来说，复合镀层性能更加优越，在材料的表面强化、减摩等方面具有显著的效果，可广泛应用于航天航空工业，如观测卫星上的扫描机构、飞机前轮操纵体、制动器活塞、级间密封圈、尾部发动机，以及电子、石油化学和机械等工业领域，并逐渐向功能化发展，在人们的生产、生活中扮演着越来越重要的角色。但随着技术的发展和对镀层需求的提高，化学复合镀层的不足也逐渐显现出来。工业应用的复合镀层厚度一般为 20～30μm，但是参与复合镀的固体粒子大多尺寸在几微米，因此在镀层有限的厚度范围内往往只能复合几层颗粒，复合量难以提高。另外一方面，由于固体粒子的尺寸较大，当工作时间较长时，工件表面受到摩擦会导致复合镀层中的固体颗粒发生松动和脱落。这些松动或脱落的颗粒不仅不会起到减摩作用，反而还会加剧材料的表面磨损，甚至会对材料的工作表面产生破坏，导致工件的寿命缩短。这些现象在很大程度上限制了化学复合镀的发展。

纳米材料科学与技术的发展，给化学复合镀技术提供了新的机遇。由于纳米材料拥有不同于块材的尺寸效应、表面效应和其他特别效应，使其展现出常规材料不具备的力学、电学、光学和催化等方面的特性。合适的纳米固体颗粒添加到化学镀液中与金属共沉积获得复合镀层，一方面可以显著提高镀层中化合物的复合量，另一方面也可增强镀层的硬度、耐磨性、自润滑性和耐蚀性，这样就可以使镀层得到复合纳米材料的特异功能。生产实践证明，用合适的纳米颗粒来替代微米颗粒可以大大延长复合镀层的使用寿命，因此纳米颗粒在复合镀层中的应用有力地促进了化学复合镀技术的发展。

3.2 化学复合镀的机理及制备方法

从热力学角度来说，化学复合镀的机理包含了电化学机理、吸附机理和力学机理等。从动力学角度，Wagner 和 Trand 等人提出了混合电位理论。由于化学复合镀涉及金属离子的扩散、还原、形核、生长，固体粒子的机械运动、静电吸附、界面和包覆作用等一系列复杂的过程，在反应过程中有许多中间态离子的寿命很短，所以关于化学镀机理的解释仍然存在着很多争论。总的来说，化学复合镀是一个动态过程，最终获得的镀层中能否复合上固体颗粒，以及固体复合量的多少与各个反应环节均有关联。在复合镀过程中，配位数较低的金属络合离子在基底表面获得电子被还原，通过形核长大逐渐形成金属镀层。不带电的非金属固体颗粒表面则需要借助机械搅拌力移动到基底表面，在静电吸引力的作用下吸附在金属基质表面，然后被源源不断的金属原子所包覆实现共沉积，从而获得复合镀层。

以 Ni – P 与 SiC 纳米粒子的化学复合镀为例。在镀液中加入的纳米颗粒需要具备强化学稳定性，施镀过程中不参与任何化学反应，只是与化学反应所产生的 Ni – P 基质合金复合沉积在基体表面。根据 Guglielmi 模型，复合镀液中的粒子要实现共沉积，首先必须吸附在镀面上，而在吸附过程中起作用的主要有重力、机械搅拌力及静电引力等。静电吸附与机械搅拌吸附在粒子沉积过程中同时存在，共同起作用。有了机械搅拌力的作用，粒子静电吸附概率增大；而静电引力的存在，又可加强机械吸附的效果。镀件的表面形状及特性也会影响到粒子的吸附效果。镀件表面各处的微观几何形态和物理状态不同，粒子附着的难易程度也不同。在重力及搅拌力的作用下，粒子既会吸附在表面也会发生脱落。当搅拌速度一定时，粒子的吸附与脱落最终会达到动态平衡。SiC 粒子的共沉积过程如图 3-1 所示，Ni – P 基质合金与 SiC 第二相粒子的复合镀可以分为 3 个阶段。

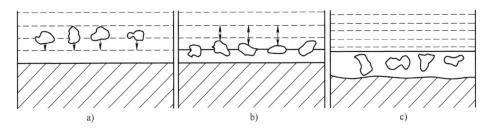

图 3-1　SiC 粒子的共沉积过程

a）迁移　b）吸附　c）埋入

1）SiC 粒子从镀液中向镀件表面的迁移。镀液中，在非离子与阳离子表面活性剂的共同作用下，SiC 纳米粒子在镀液中形成均匀悬浮的分散系；在机械搅拌动力场的作用下，悬浮液流动，悬浮于镀液中的 SiC 纳米粒子会向基底表面迁移流动到达工件表面；然后在静电力及机械搅拌的作用下，纳米粒子被试样表面俘获。在这个过程中，搅拌方式、搅拌强度和基底的表面形状都会对粒子的迁移产生很大的影响。

2）粒子被镀件表面吸附。这个阶段的过程是一个吸附与脱附并存的动态过程。一方面，SiC 纳米粒子在已经形成的 Ni – P 基质合金上的弱吸附转化成化学吸附，吸附力增强；另一方面，在重力和强烈的搅拌力作用下，由于镀液的冲刷，部分 SiC 纳米粒子会脱离表面，这其中镀面俘获纳米粒子的概率及 Ni – P 的有效包覆决定纳米粒子的沉积量。这个过程的动力学因素比较复杂，SiC 粒子的尺寸、Ni – P 镀层的表面状态、镀液成分及操作条件等很多因素都影响着吸附和脱附过程。

3）SiC 粒子埋入生长着的 Ni – P 镀层。SiC 纳米颗粒被试样表面析出的 Ni – P 基质金属逐渐包覆起来，随后，新的固体表面又吸附接踵而来的纳米粒子，使前述的共沉积过程重复进行，最终得到分布均匀的 Ni – P – SiC 纳米颗粒复合镀层。

在第 2 个阶段中，当 SiC 粒子迁移到镀件表面并产生吸附时，至少要在已经生长的 Ni – P 镀层表面停留一个临界接触时间，才能保证持续沉积的 Ni – P 镀层能完全覆盖 SiC 粒子。这个临界接触时间与合金镀层的沉积速率、SiC 粒子的尺寸大小与形状相关。当 SiC 吸附在镀件表面上粒子的停留时间短于临界接触时间时，Ni – P 的沉积还不足以包覆住 SiC 粒子，则 SiC 粒子有可能被快速流动的镀液冲刷掉，从而在 Ni – P 镀层的表面留下凹坑。由于化学镀"仿型性"的特点，后续由于氧化还原反应而产生的镍、磷原子则会沿着凹坑的轮廓继续沉积。当新产生的镀层原子相互连接起来后，则镀层内形成了"空洞"。

整个化学复合镀的机理可以做如下描述：

1）溶液中的次磷酸根在催化表面（基体）上催化脱氢，同时氢化物离子吸附到催化表面，而本身在溶液中脱氢氧化成亚磷酸根，同时产生初生态原子氢。

$$[H_2PO_2]^- + H_2O \rightarrow [HPO_3]^{2-} + H^+ + 2H$$

初生态原子氢吸附在基体表面，将镀液中的镍离子还原而沉积出金属镍。

$$Ni^{2+} + 2[H] \rightarrow Ni + 2H^+$$

2）催化基体表面上的初生态原子氢使次磷酸根还原成单质磷。

$$[H_2PO_2]^- + H \rightarrow H_2O + [OH]^- + P$$

3）镍原子和磷原子共沉积于镀层中，形成镍磷合金镀层。

化学复合镀的装置如图 3-2 所示。

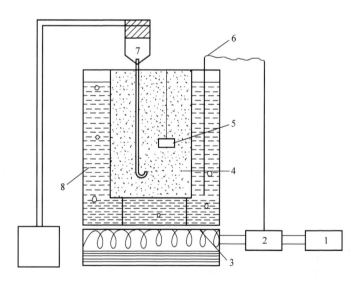

图 3-2 化学复合镀的装置

1—电源　2—温度控制器　3—电阻丝　4—镀槽　5—试样　6—温度计　7—搅拌器　8—外槽

以下为一个典型的化学复合镀的制备过程：

1）基体的表面预处理。有些工件表面有锈斑或者较厚氧化层，这种情况下首先应进行除锈或除氧化层处理，具体可以采用机械打磨和低浓度强酸浸泡的方式进行。通常采用氧化镁水浆清除工件表面的污垢，随后在碱性溶液中除油，或者中和由于酸洗而残留在工件表面的酸液。典型的除油配方与工艺：氢氧化钠（浓度为 25g/L）、磷酸钠（浓度为 35g/L）、水玻璃（浓度为 5g/L）、温度为 80℃，时间为 5 ~ 10min。将工件表面清理完毕后，使用去离子水彻底冲洗工件表面，随后在稀盐酸中浸蚀 2 ~ 4min 来对表面进行粗化。有些表面的活性不足，比如含有石墨的铸铁或者非活性基体，则需要在氯化锡（敏化）和氯化钯（活化）溶液中处理，从而使得工件表面清洁而有活性，便于施镀。

2）施镀。在包含有金属主盐、还原剂、络合剂、缓冲剂及表面活性剂和稳定剂的镀液中，添加一定比例的第二相粒子。在第二相粒子添加至镀液中之前，通常采用混合酸对第二相粒子的表面进行润湿处理，以增加粒子和镀液之间的亲和力。在进行施镀时，可以采用机械搅拌或者在镀液中通入氮气等气体的方式，让第二相粒子随着镀液流动起来并均匀地分布于镀液当中。当细小的第二相粒子依靠机械力或者静电力在工件表面形成动态吸附之后，则会被源源不断沉积的基质合金所俘获并包裹产生共沉积，从而逐步形成复合镀层。

目前广泛应用的化学复合镀层包括镍基、钴基、铜基、银基等复合镀镀层，其中以镍基化学复合镀层为典型代表，最初所添加的第二相粒子的尺寸也多在微米量级。纳米粒子在理论上可以显著提升第二相的复合量，同时可以给镀层带来功能优势，因此近年来化学镀纳米复合镀层受到了广泛的关注。但是纳米粒子由于尺寸较小，比表面积大，表面原子比例增加，悬键增多，从而具有较高的比表面能和活性。这些因素使得纳米粒子的稳定性降低，很容易发生团聚。这些团聚体的形成使得纳米粒子的均匀分散性显著削弱，便无法发挥粒子应有的纳米尺寸效应，不利于应用。因而在很多情况下，这种分散不好的纳米复合镀层与分散较好的微米复合镀层在性能体现上并没有产生明显区别。因此，纳米粒子的分散性决定着复合镀层的实际功能体现。纳米粒子在镀液中的分散过程可以分为 3 个步骤：①粒子在镀液中的润湿；②纳米粒子形成的团聚体在各种搅拌或超声波分散等作用下，被打开成小团聚体或者单分散纳米粒子；③在镀液中加入表面活性剂阻止分散后粒子的团聚，并形成稳定的镀液体系。洁净的固体表面被液体润湿时，通常会释放出润湿热。润湿热的大小由形成单位面积的固/液界面时所放出的热量来表示，反映了液体对固体的润湿程度。润湿热越大，说明固体在液体中的润湿程度越好。影响润湿热的因素有很多，包括固体和液体的性质、形成固液界面时的相互作用力、固体颗粒的尺寸等。对于极性固体来说，通常极性液体对极性固体的润湿热大于非极性液体对极性固体的润湿热。对于非极性固体来说，非极性液体对非极性固体的润湿热要远大于极性液体对非极性固体的润湿热。为了获得较高的润湿热，需要选择合适的分散液从而达到良好的分散效果。化学镀液一般是水系镀液，一般选用去离子水或者蒸馏水作为溶剂。纳米颗粒在分散后，为了避免纳米颗粒和小团聚体再次发生团聚，需要加入表面活性剂来对纳米粒子进行表面润湿改性，目的是减小范德华力的相互作用和增大颗粒之间的距离，使得第二相纳米粒子能够稳定而分散地悬浮在镀液中，从而获得稳定的分散体系。因此，表面活性剂（包括阴离子型、阳离子型和非离子型）的选择对纳米颗粒的分散会有重要的影响。

根据金属学原理分析，复合镀层中纳米粒子的第二相强化机理可以归因于以下几点：

1）细晶强化。纳米微粒可以显著细化复合镀层组织，使其组织更加致密、均匀。复合镀层基质金属晶界增多，阻碍了位错移动和微裂纹，从而使得复合镀层得到强化。

2）弥散强化。纳米微粒弥散分布在复合镀层基质金属及其晶界处，并且与镀层基质金属结合紧密。这样在复合镀层受载变形过程中，纳米微粒可以有效阻碍复合镀层内的位错移动和微裂纹扩展。在服役温度升高时，纳米微粒可以阻碍晶界移动，阻碍晶粒长大和再结晶过程的进行。在热处理时晶粒长大的过程中，纳米微粒阻碍晶界的迁移，钉扎晶界。同时复合镀层经热处理再结晶时，纳米微粒可以提高再结晶的形核率，使得复合镀层再结晶晶粒细小。因此，纳米微粒可以提高复合镀层的常温性能和高温性能。

3）高密度位错强化。纳米微粒复合镀层中含有大量的位错、孪晶和层错等晶体缺陷。纳米微粒的加入，增大了镀层形核率，同时纳米微粒在其周围引起了基质金属的应力应变场，导致位错密度增加。复合镀层中尤其是高密度位错，相互缠结在一起，形成位错胞。在复合镀层热处理及受载变形过程中，位错与弥散分布的纳米微粒及大量细小晶界相互作用，造成位错塞积，使得位错启动需要更大载荷。这直接表现为其综合力学性能、高温硬度和常温耐磨性等性能的提高。

纳米微粒的加入还能作为化学沉积过程中结晶形核的核心，增加化学沉积的形核率，从而细化镀层金属基体的晶粒，可使复合镀层基体金属的晶粒尺寸降至纳米量级。这也是提高复合镀层硬度的原因之一。

按照功能和添加第二相粒子的种类，化学复合镀层主要分为以下几类：

1）耐磨复合镀层。通过在镀液中添加惰性硬质微粒，比如氧化物（氧化铝、氧化钛等）、碳化物和氮化物（碳化硅、碳化硼、氮化钛等）。

2）自润滑复合镀层。在镀液中添加一些具有层状结构的固体润滑剂，比如石墨、二硫化钼、氮化硼，其层间结合力较弱，在受到外力时层间可以发生滑移从而降低摩擦，减少磨损，产生良好的自润滑特性；也有一些非层状的无机物，比如萤石、氟化钡、氧化铅等；还包括一些有机高分子润滑剂，比如聚四氟乙烯、聚亚胺、酞菁等，均可减小摩擦系数，获得良好的减摩性能。

3）其他化学复合镀功能涂层。如兼具高硬度、良好的导电性和减摩特性，可制成电接触功能镀层；另外，在镍镀层添加荧光物质所获得的复合镀层可以在紫外线照射下发出荧光等。

下面介绍几种典型的化学复合镀层。

3.3 典型的化学复合镀层

3.3.1 Ni – P – SiC

Ni – P – SiC 复合镀层是一种典型的耐磨性镀层，这是因为 SiC 粒子具有高硬度（莫氏硬度为 9.5 级）的特点。摩擦系数是反映镀层摩擦性能的一个重要参数，通常低的摩擦系数可减小发生黏附的倾向。对于镍磷合金基质来说，其组织结构和耐磨性主要取决于磷含量和热处理结果。镍金属具有面心立方结构，受到摩擦力时容易产生黏附。Ni – P 镀层中，磷的加入可以减小镀层的摩擦系数，降低能量损失，从而起到固体润滑作用，减轻摩擦磨损。随着机械、汽车和航天工业等行业的发展，对镀层的耐磨性要求也日益增高，硬质材料 SiC 粒子参与 Ni – P 合金共沉积所获得的 Ni – P – SiC 复合镀层可以获得显著增强的耐磨性。研究结果表明，SiC 粒子依靠机械力和静电力作用弥散分布在 Ni – P 合金基质中。在摩擦力作用的过程中，镀层中硬质 SiC 粒子与较硬的 Ni – P 基质可以形成弹性峰元，与配对材料之间的摩擦以弹性接触为主。凸起的 SiC 粒子在摩擦过程中充当了第一滑动面，对降低摩擦磨损起到主要作用，Ni – P 基质则充当了第二滑动面。同时，由于 SiC 粒子的引入会改变镀层表面特性增加镀层的表面粗糙度，所形成的微小空洞能够起到储油效果，也可以降低摩擦磨损。

作者研究了 Ni – 7.0% P 化学镀层和 Ni – P – SiC 复合镀层的工艺参数、退火温度和耐磨性之间的关系。典型的复合镀液配方：$NiSO_4 \cdot 6H_2O$（浓度为 20g/L）、$CH_3COONa \cdot 3H_2O$（浓度为 10g/L）、$Na_3C_6H_5O_7$（浓度为 10g/L）、NaH_2PO_2（可调）、SiC（浓度为 20g/L），另外添加微量表面活性剂和稳定剂。镀液温度为 80~90℃，pH = 4.6~5.0，中速搅拌，施镀时间为 2h，镀层厚度为 25~30μm。

首先研究了镀层生长速度的影响因素。研究结果显示，还原剂次磷酸钠的含量和镀液温度对镀速的影响较大。镀速会随着镀液中次磷酸钠浓度的增加和温度的提高而加快，但是过高的次磷酸钠浓度和温度会造成镀液的不稳定。镀液中加入的 SiC 颗粒含量对镀速没有明显影响，这说明 SiC 粒子不参与槽液中的化学反应。之所以会对镀速有微弱影响是因为吸附在工件表面的 SiC 颗粒会影响到反应界面的活性面积。另外，镀液的搅拌对镀速的影响也不大，这是因为施镀的温度很高，镀液中离子的扩散很快，此时搅拌作用主要是防止第二相粒子沉降和保持粒子的流动性，而对镀速则没有明显影响。

另一方面，镀层中 SiC 颗粒的体积复合量则受到很多因素的影响。

1）还原剂次磷酸钠的影响。随着次磷酸钠浓度的增加，反应速率变大，SiC 颗粒在镀液中呈悬浮状态，在搅拌力和静电吸引力等作用下被吸附到工件表面后，会更快地被包裹到快速生长的 Ni – P 镀层中。所以，随次磷酸钠浓度的提高，SiC 的复合量会加大。

2）镀覆温度的影响。温度对镀层中 SiC 粒子复合量的影响规律与还原剂相似。随温度提高，反应速率的加大会提升 SiC 颗粒的复合量。当温度增高到一定数值时，由于镀层生长的加快，虽然单位时间内镀层中 SiC 颗粒的总量增加，但是 SiC 与 Ni – P 的相对含量的增长变缓，然后开始降低。

3）SiC 添加量的影响。SiC 的添加作用不仅在于获得复合镀层，而且会对化学镀的反应过程产生重要影响。SiC 颗粒添加到镀液中后，运动的颗粒对工件表面的冲击会产生微观缺陷。这些缺陷的产生会增加工件表面的催化活性位点，使金属离子的还原速率上升，从而加快镀层生长。所以总体上 Ni – P – SiC 镀层的生长速率要大于 Ni – P 镀层。另一方面，在 SiC 颗粒添加量增加时，粒子表面会吸附溶液中的氢离子，使得溶液中的 pH 值上升。从这个角度来说，SiC 粒子起到促进剂的作用，随 SiC 添加量增加，镀层中的 SiC 含量增加，沉积速率也加大。但是工件表面对 SiC 的吸附量会达到一个饱和状态，此时镀液中会存在一个平衡浓度。超过这个平衡浓度，SiC 颗粒只能悬浮于镀液中而不可能被复合进镀层里。需要指出的是，SiC 的添加对镀层的成分也有很大影响。表 3-1 显示了 SiC 粒子的添加对 Ni – P 镀层成分的影响，其工艺条件为：镀液温度为 82~88℃，pH = 4.8~5.2，SiC 粒子的直径范围为 3~5μm。

表 3-1　粒子的添加对 Ni – P – SiC 镀层成分的影响

复合镀层	镍的质量分数（%）	磷的质量分数（%）	SiC 的质量分数（%）
I	95.1	2.7	2.2
II	88.3	8.9	2.8
III	88.5	4.9	6.6
IV	78.6	10.1	11.3

从表 3-1 中可以看出,随着 SiC 粒子添加量的增加,镀层中的磷含量呈现先增后减的趋势,但是镍含量则是单调下降。但是在试验中发现,随着 SiC 粒子含量的进一步升高,磷含量又开始回升,但是镍含量则迅速下降,而与此同时镀层的生长速率也明显下降。这是由于当镀液中 SiC 粒子的含量较少时,粒子对镀层表面的撞击会增加活性催化位点,从而加快金属离子的还原速率,镀层中的磷含量也随之上升。但是,当镀液中 SiC 粒子的含量进一步增加时,由于粒子表面对镀液中 H+ 的吸附,会使得镀液中的 pH 值上升,根据 Gutzeit 理论,此时镀层中的磷含量会趋于下降。当 SiC 添加量过多时,镀层表面吸附的 SiC 颗粒的增加会占据 Ni – P 生长的空间,从而使金属离子反应界面减小。此时镀层生长速率显著降低,镀层中的镍含量也明显下降,显示出镀液中 SiC 含量过多时会抑制 Ni – P 镀层的生长,并且不利于 Ni – P 镀层对 SiC 颗粒的复合。

4) 对于化学复合镀来说,镀液的搅拌是必不可少的。一方面,由于重力的作用 SiC 颗粒会产生沉降作用,需要借助流动的镀液来保持粒子的悬浮避免沉淀;另一方面,SiC 颗粒特别是纳米级颗粒极易发生团聚,所以需要借助搅拌来保持颗粒的分散性。搅拌的方式有很多种,包括磁力搅拌、压缩空气搅拌、镀液循环搅拌、超声波振荡搅拌等,而搅拌的方向和强度对复合镀层的生长、结构及性能都有重要的影响。通常根据施镀工件表面和重力的方向关系分为惯用共沉积法和沉降共沉积法。惯用共沉积法是将工件垂直吊挂,施镀表面和重力方向平行,通过连续搅拌镀液来驱动粒子实现复合镀。沉降共沉积法则是将工件施镀表面沉浸在镀液里与重力方向垂直,电极的表面也是水平放置与工件表面平行,利用粒子的重力或者搅拌间歇使得粒子能够以一定的沉降速度落在工件表面,从而被连续生长的基质合金包裹进入镀层完成复合镀的过程。当施镀和搅拌方式确定后,搅拌速率的大小对复合镀也有重要的影响。搅拌速率过低时,SiC 颗粒容易在镀液中发生团聚,不容易复合到镀层中去。但是,当搅拌速率过高时,SiC 颗粒不容易被工件吸附,即使吸附在工件表面也容易被高速流动的镀液冲走,从而会降低镀层中 SiC 的复合量。总之,需要根据复合粒子的尺寸、性质来选择合适的搅拌方式和搅拌速率,这些因素对复合镀层的质量会产生重要影响。

SiC 颗粒具有高硬度和高耐磨性,将 SiC 颗粒复合到化学合金镀层中可以显著提高基质镀层的力学性能。这是因为 SiC 粒子会阻碍基质合金镀层中位错的运动而增加位错运动能量,从而增加镀层抗塑性变形的能力。对于 Ni – P 镀层来说,镀态硬度主要受磷含量的影响,磷含量越高,硬度会越低。但是从图 3-3 中复合镀层的硬度变化规律可以看出,和磷含量相比,SiC 含量的高低对镀层硬度起到更关键的作用。随 SiC 含量上升,强化效果愈加明显,如式 (3-1) 和式 (3-2) 所示:

$$\sigma_c = f(d)/(D-d) + \sigma_0 \tag{3-1}$$

$$f(d) = \frac{4\pi}{3D}\left(\frac{d}{2}\right)^3 \tag{3-2}$$

式中,σ_c 为复合镀层的强度;σ_0 为基质的强度;D 为粒子的中心距离;d 为粒子的直径;$f(d)$ 为粒子的体积分数,与 d 有关。

随着 SiC 粒子含量的增加,粒子的中心距离减小,镀层的强度 σ_c 增大,硬度升高。但是,当 SiC 含量过高时,复合镀层的脆性加大,反而会使得 σ_c 降低。在这种情况下,SiC 粒子的强化作用则失去了意义。此外,在第二相粒子的体积分数 $f(d)$ 不变时,粒子的尺寸变化不大时不会对镀层的强度 σ_c 的大小产生明显影响。

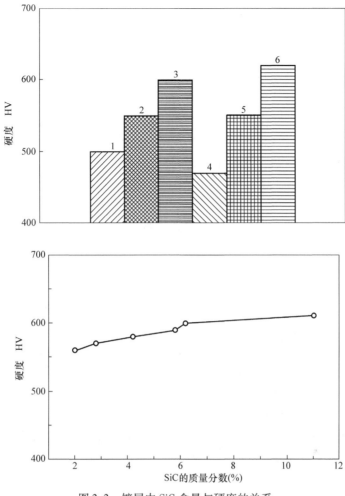

图 3-3　镀层中 SiC 含量与硬度的关系

1—Ni – 3.1% P　　2—Ni – 2.7% P – 2.2% SiC　　3—Ni – 4.9% P – 6.6% SiC
4—Ni – 9.2% P　　5—Ni – 8.9% P – 2.8% SiC　　6—Ni – 10.1% P – 11.3% SiC

　　热处理是影响复合镀层的另一个重要因素。对于 Ni – P 镀层来说，在热处理过程中，Ni – P 镀层的硬度变化与其微观结构组织的变化密切相关。SiC 粒子与 Ni – P 镀层的复合属于机械复合，并不影响 Ni – P 镀层的晶体结构。SiC 粒子的嵌入显著增强了 Ni – P 基体的抗塑性变形抗力，使镀层硬度提高很多。Ni – P 在加热过程中，磷原子扩散偏聚，引起晶格畸变，故使固溶体硬度提高；当磷原子扩散到镍的（111）面时，形成共格关系引起的应力场，造成更大畸变，故硬度大大增加；当达到一定温度、镍、磷满足一定数量时，过饱和固溶体脱溶分解，析出第二相 Ni_3P，Ni_3P 是金属间化合物，能提高镀层硬度；Ni_3P 不断析出再聚集粗化，使晶粒长大、镀层软化，故硬度又下降。Ni – P 的硬化过程符合沉淀强化机制。根据镀层磷含量的不同，热处理温度为 350 ~ 400℃时可以获得最大硬度值，硬化来自 Ni – P 基底的沉淀强化与碳化硅的分散强化。

　　研究结果显示，Ni – P – SiC 复合镀层的硬度与温度关系和 Ni – P 镀层相似，但是耐磨性变化不同。在 Ni – P 镀层中添加 SiC 第二相粒子最主要的目的是提高镀层的耐磨性，所以耐磨性的好坏是评估 Ni – P – SiC 复合镀层质量的主要标准，通常以磨损量大小作为依据，来对生长条件和工艺参数进行优化。如前文所述，SiC 粒子的添加量存在最佳的范围，当 SiC 添加量很小时，镀层不耐磨。但是，SiC 添加量过大会导致镀层厚度变薄，同样降低耐磨性。所以镀层厚度需要与 SiC 添加量综合设计才能获得最佳的耐磨性。影响镀层耐磨性的另外一个重要因素是热处理温度。Ni－P 镀层的摩擦系数低，耐磨性随着温度的升高而增加，具有固体润滑效果；SiC 粒子硬度高，复合镀层的耐磨性优于镀硬铬和 Ni－P，与硬度成正比关系，故有极好的抗磨作用。复合镀层耐磨性的提高归结于两方面：①硬质相 SiC 硬度高，屈服强度大，塑变抗力高，耐磨性优于 Ni－P 基质；②SiC 粒子起弥散强化作用，加强 Ni－P 基质的沉淀硬化效果。在摩擦接触时，突起的 SiC 峰元充当主滑动面，先参与磨损；磨损脱落后，Ni－P 基质即参与磨损，微孔还可以储油，起润滑效果。热处理后增加了 SiC 微粒的体积分数，减小了微粒间距，阻碍了 Ni－P 基质的结晶和晶粒长大，复合镀层得到更好的强化效果，从而使 Ni－P－SiC 复合镀层具有优良的耐磨性。Ni－P－SiC 复合镀层硬度高于 Ni－P 基质，耐磨性可以超过镀硬铬，能起到很好的表面强化作用，待进一步扩大应用。经过热处理，SiC 粒子阻碍基质结晶和晶粒长大，故高温处理后，复合 SiC 镀层尚能保持高硬度和耐磨性。

热处理温度与磨损体积和显微硬度的关系如图 3-4 所示。Ni－P 镀层的显微硬度并不是简单地影响镀层的耐磨性。显微硬度随着热处理温度升高而增加，磷原子扩散、迁移，引起晶格畸变，弹性能与位错交互作用，增加了位错运动阻力，所以磨损体积降低。达到一定温度时，固溶体脱溶分解，析出第二相 Ni_3P，均匀弥散分布，增加了镀层的塑变抗力，镀层得以强化，硬度提高，耐磨性上升。但是，温度超过 400℃后，Ni_3P 聚集粗化，畸变消失，镀层软化，硬度则下降，而磨损体积仍减小。由此可见，Ni－P 镀层硬度并非是控制耐磨性的决定因素，还受到诸如组织结构等的影响。虽然热处理温度高使镀层硬度下降，但镀层的延展性和韧性得到改善，结合加强，因此这种混合物组织具有较强的抗裂纹形核能力，降低了磨损的剧烈程度，耐磨性好。

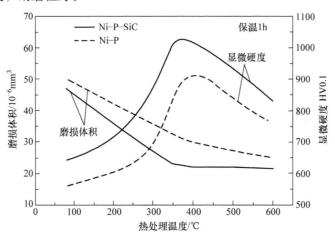

图 3-4　热处理温度与磨损体积和显微硬度的关系

对于 Ni－P－SiC 复合镀层来说，虽然其硬度随温度变化的特性类似 Ni－P 镀层，但硬度越高，耐磨性越好。在 350～400℃时，复合镀层硬度最高且磨损体积最小；400℃以后热处理的镀层虽然和低于 350℃热处理的硬度相近，但是前者的磨损体积更小。所以 SiC 复合镀层的高硬度在于 SiC 的分散强化, 故硬度成为决定耐磨性的主导因素。与 Ni – P 镀层相比, 复合镀层的耐磨性也具有同样的变化趋势, 但在沉淀硬化发生过程的前后, 就可以发现 SiC 的强化作用, 以至于在 600℃ 热处理后, Ni – P – SiC 复合镀层仍具有很好的耐磨性。经过较高温度热处理, 镀层的沉淀强化作用减弱, 硬度降低, 但是镀层的延展性和韧性提高, 再加上 SiC 粒子的分散强化, 所以复合镀层比单一镀层能耐更高的热处理温度。

在 Ni – P – SiC 复合镀层表面再镀一层 Ni – P, 可使复合镀层的表面光洁程度有所改善。在摩擦磨损过程中, Ni – P 镀层表面光滑, 有利于缩短跑合时间和减小磨损初始阶段的磨损量, 加上镀层处理后磷化物的出现, 具有一定的固体润滑效果, 起到减摩作用。即使镀层发生沉淀硬化, 但保持这个组织状态的范围窄, 尤其是经过较高的温度处理后, 耐磨性的提高就很有限。对于 Ni – P – SiC 复合镀层, 当其与对磨材料接触时, 由于 SiC 的加入, 增大了镀层的表面粗糙度, 表面嵌入 SiC 微粒的突起峰元先参与磨损, 复合镀层表面再镀一层 Ni – P, 延缓了 SiC 参与磨损接触的时间; 逐渐磨去包覆的 Ni – P 镀层, 显露的 SiC 粒子硬度高, 屈服强度大, 可支撑滑动面, 起到抗磨作用; 随着磨损的深入, Ni – P 基质也逐渐进入磨损状态, 于是硬度相对低的 Ni – P 基质上出现了磨粒磨损的犁沟。当 Ni – P 基质磨损量增大时, SiC 粒子受到剪切力的作用, 失去与基质的连接便脱落下去, 又开始进入新的磨损面进行摩擦磨损。Ni – P 基质与 SiC 的强化作用都同时发挥时, 更有利于提高复合镀层的耐磨性, 必然造成磨损表面光滑, 磨损程度轻微。就镀层的磨损体积量和磨损表面形态综合来看, 高硬度的 SiC 本身的耐磨性优于 Ni – P 基质, 起到抗磨作用; SiC 弥散分布强化了 Ni – P 基质, 增强了 Ni – P 基质的硬化效果, 使表面有效硬度提高。复合 SiC 镀层热处理后, 增加了微粒的体积分数, 减小了微粒间距, 阻碍了 Ni – P 基质的结晶和聚集, 因此复合镀层获得了更好的耐磨性。

邓宗钢等对 Ni – P – SiC 复合镀层的磨损机理进行了比较深入的分析, 结果显示, 在磨损初期, 首先是突起的胞状结构物被磨损, 并有明显的犁削痕迹。在磨损表面上, 除了存在一些空洞外, 还有 SiC 粒子存在, 这表明 SiC 和镀层基体具有很好的结合能力, 能起到抗磨作用。在磨面空洞周围具有明显的分界面, 这表明在磨损过程中, 在洞口边缘上无脆性剥落的情况发生。不论是镀态, 还是热处理态的复合镀层的摩擦表面, 都呈现出十分规则的磨削痕迹, 没有大块剥落, 它们都属于磨粒磨损机理。因此 Ni – P – SiC 的磨损形式为磨粒磨损。同时与电镀硬铬层的耐磨性对比显示, Ni – P – SiC 复合镀层比电镀硬铬层的耐磨性更加优异。电镀硬铬镀层没有沉淀硬化效应, 它不能通过热处理提高硬度。因此, 硬铬镀层在镀态下具有最高的硬度值, 随着加热温度提高, 硬度值急剧下降。而 Ni – P – SiC 复合镀层的高硬度值是沉淀硬化和弥散硬化两者的综合贡献。通过与硬铬镀层的磨痕对比可知, 在硬铬镀层的摩擦面上存在明显的剥落现象, 除了可观察到因块状剥落而遗留的坑穴外, 还可观察到磨粒磨损所留下的犁沟。这表明硬铬层的磨损形式是一种典型的剥层磨损, 由于存在高硬度的剥层磨屑而常伴有磨粒磨损。因此 Ni – P – SiC 复合镀层比 Ni – P 镀层和硬铬层的耐磨性更好。

研究发现, 在 Ni – P 中添加 SiC 粒子可以显著增强镀层的抗氧化性。SiC 化学复合镀层与不同磷含量的 Ni – P 基质的氧化增重数据见表 3-2。由表 3-2 可见, 随着加热温度提高和保温时间的延长, 复合镀层和基质合金的氧化增重加大, 但复合镀层比 Ni – P 合金的增重小, 增重速率慢, 故具有更好的抗氧化性能。

表 3-2　SiC 化学复合镀层与不同磷含量的氧化增重数据

镀层（质量分数）	加热温度/℃	增重/mg			
		2h	4h	6h	8h
Ni – 3.1%P	600	4.2	5.6	8.3	12.7
	700	5.9	7.8	14.7	28.3
	800	13.6	23.7	36.1	45.0
	900	24.9	38.7	46.0	52.4
Ni – 2.7%P – 2.2%SiC	600	2.8	3.6	3.9	5.6
	700	3.9	5.3	7.6	11.2
	800	8.2	10.9	14.5	29.3
	900	13.7	20.3	31.2	48.7
Ni – 4.9%P – 6.6%SiC	600	2.1	1.5	3.0	4.9
	700	2.9	3.2	6.3	7.8
	800	6.2	8.0	12.1	15.6
	900	9.7	14.8	18.9	29.6
Ni – 9.2%P	600	3.1	3.3	4.1	5.7
	700	4.3	5.2	6.7	11.4
	800	8.4	11.7	18.9	32.4
	900	16.3	22.1	31.8	15.6
Ni – 8.9%P – 2.8%SiC	600	2.4	3.0	3.8	4.4
	700	3.2	4.1	5.8	8.5
	800	7.4	9.2	13.3	14.6
	900	12.1	19.7	26.5	37.1
Ni – 10.1%P – 11.3%SiC	600	1.7	1.4	2.3	4.2
	700	2.9	2.5	5.1	6.7
	800	5.6	7.4	10.3	19.2
	900	8.3	12.3	14.7	25.5

　　对于基质 Ni – P 合金，在 600℃加热氧化增重缓慢增加，高磷合金要比低磷合金好，这在于高磷合金中 Ni_3P 体积分数高，超过 700℃，Ni – P 合金氧化加快。Ni – P 合金共晶点处磷的质量分数为 11.0%，温度为 880℃，随着 Ni – P 合金的加热温度升高（磷的质量分数小于 11.0%），离液相线的温度越来越近，镀层的抗氧化能力降低。而对于复合镀层来说，SiC 的加入使得复合镀层的磷含量降低，离液相线温度越远；同时 SiC 本身及其作用物具有极高的热稳定性，使复合镀层具有更强的抗氧化能力；并且，复合镀层中 SiC 含量增加，抗氧化性能也有明显的提高。

　　所以，选择 SiC 陶瓷复合镀层的加热温度在 900℃以内，可显著提高 Ni – P 合金基质的热稳定性和抗氧化性能，SiC 陶瓷复合镀层比单一的 Ni – P 合金具有更好的强化作用。

3.3.2　Ni – P – TiO$_2$

　　二氧化钛是一种由 [TiO_6] 八面体基本单位所构成的重要的无机功能材料，具有耐磨、耐腐蚀、化学物稳定性优良等优点，同时二氧化钛是一种宽禁带半导体材料，可以有效吸收太阳光中的紫外线，从而具有优异的光催化功能。微米颗粒化学复合镀具有比 Ni – P 镀层更高的硬度和耐磨性，但是其硬度和耐磨性随热处理温度的变化规律与 Ni – P 镀层相似。微米颗粒化学复合镀层比 Ni – P 镀层硬度提高约 200HV，虽然硬度有较大的提高，但在实际磨损环境中，涂层表面的微米颗粒易于脱落而使滑动副之间附加了一些磨料，从而带来不利影响。纳米材料科学的发展，给表面复合镀层技术带来了新的契机，以纳米量级的不溶微粒取代微米颗粒形成纳米颗粒复合镀层，从而使化学镀层复合了纳米材料的特异功能。黄新民等在 45 钢表面沉积了 Ni – P 分别与 TiO$_2$ 微米颗粒和纳米颗粒的复合镀层，研究了复合镀层的硬度、耐磨性及磁学性能，并将其与化学镀层、微米复合镀层进行了比较。

图 3-5 所示为工况条件对 Ni – P 镀层、微米颗粒复合镀层和纳米颗粒复合镀层耐磨性的影响。在较低的外加载荷下（ < 0.6kN），其中 Ni – P 镀层和微米颗粒复合镀层的耐磨性表现差别不大，纳米颗粒复合镀层的耐磨性较好，但是 3 种镀层的磨损体积与载荷之间都是呈近似线性的关系。在高载荷下，Ni – P 镀层和微米颗粒复合镀层的磨损体积随载荷增加而急剧上升，相对来说，微米颗粒复合镀层的耐磨性要优于 Ni – P 镀层。而纳米颗粒复合镀层的磨损体积与载荷之间仍然保持了线性关系，体现出优异的耐磨性，这主要还是由纳米微粒复合镀层的内部组织所决定的。

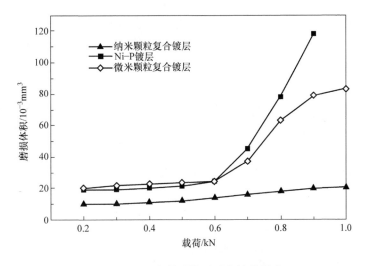

图 3-5 工况条件对镀层耐磨性的影响

将 3 种镀层在相同条件下进行热处理，镀层材料的硬度随热处理温度变化的曲线显示，纳米颗粒复合镀层有着与其他涂层截然不同的规律。微米颗粒复合镀层和 Ni – P 镀层在 400℃ 热处理后获得最高硬度，而纳米颗粒复合镀层在 500℃ 热处理后才获得最高硬度。微米颗粒复合镀层和 Ni – P 镀层的硬度随着热处理温度的进一步升高会开始降低，在 600℃ 热处理后微米颗粒复合镀层的硬度已经由最高的 1000HV 降到 800HV 左右，而纳米颗粒复合镀层的硬度依然保持在 1000HV 以上。这显示出纳米微粒复合镀层可以在高温下保持较高的硬度。这些镀层的性能表现是和其组织结构密切相关的。镀层中复合了 TiO$_2$ 纳米颗粒后，能够显著提升镀层抗局部变形的能力。此时，复合镀层所表现出的硬度不再是 TiO$_2$ 粒子硬度与 Ni – P 基体硬度的算术平均值，而是叠加了 TiO$_2$ 颗粒对 Ni – P 基体的强化作用。

　　如前文所述，Ni－P非晶态合金镀层在热处理过程中，微观组织会逐渐由非晶态合金向晶态镍基固溶体过渡，同时伴随着Ni₃P化合物的析出。在化学复合镀过程中，所添加的第二相纳米颗粒和微米颗粒虽然本身具有良好的热稳定性和化学稳定性，但是这些颗粒对Ni－P组织转变的影响却有所不同。微米颗粒尺寸较大，对Ni－P组织转变影响较小，因此微米颗粒复合镀层和Ni－P镀层显示出了类似的硬化规律。对于纳米颗粒复合镀层来说，在热处理过程中非晶态Ni－P镀层发生晶化时，在转变初期镍基固溶体与Ni₃P化合物尺寸相当，能有效地抑制镍基固溶体和Ni₃P化合物的析出与长大。当Ni₃P化合物从Ni－P镀层中析出时，颗粒尺寸大约只有几纳米。在不含复合粒子的Ni－P镀层中，Ni₃P晶粒会随着温度升高而聚集长大，在晶粒平均直径达到约40nm时镀层硬度会出现峰值。当TiO₂纳米颗粒复合到镀层中时，细小而弥散分布的纳米颗粒会有效地抑制Ni₃P相的聚集和长大。由于这种抑制作用，随着热处理温度的升高，纳米颗粒复合镀层的硬化非常缓慢，直到热处理温度升高到500℃时才出现硬度的峰值。

　　从另一个角度来说，纳米颗粒的复合和强化作用，可以使得镀层能够在更高的温度下保持高硬度。这种强化作用也可以从镀层的表面耐磨性体现出来。镀层摩擦系数随外加载荷的变化反映了镀层的表面耐磨状况。图3-6所示为镀层在不同工况条件下的摩擦系数对镀层耐磨性的影响。在3种镀层中，Ni－P镀层的耐磨性最差，在摩擦过程中会在表面形成犁沟和磨料，随外界载荷的增加摩擦系数呈近似线性增加，并在外加载荷超过0.7kN后迅速增加。当Ni－P镀层复合了微米颗粒后，由于微米颗粒较大使镀层表面粗糙度增加，使得微米颗粒复合镀层的摩擦系数在3种镀层中最大。随着载荷的增加，这种由表面粗糙度增加形成的表面凸起在摩擦过程中很容易成为摩擦副之间的磨料，使得摩擦系数显著增加。镀层中复合了纳米颗粒后，由于纳米颗粒尺寸小，对镀层的外延生长影响不大，同时又强化了镀层，所以纳米颗粒复合镀层的摩擦系数最低，而且与载荷呈近似线性关系，随载荷的增加稳定而缓慢地上升。由于摩擦系数稳定，因摩擦带来的热效应也不明显，加上纳米颗粒在高温下可以显著抑制合金镀层晶粒的长大而起到强化作用，因此纳米颗粒复合镀层在高载荷下仍然保持了优异的耐磨性。

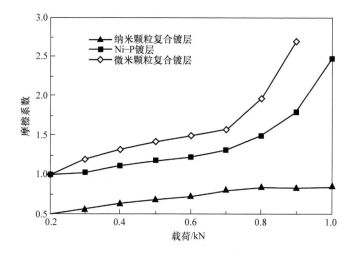

图3-6　镀层在不同工况条件的摩擦系数对镀层耐磨性的影响

纳米颗粒复合镀层的硬度峰值温度的提高，尤其是和微米颗粒镀层相比高出 100 多摄氏度，这对于化学镀层的工程应用具有重要意义。这意味着在保证镀层硬度的前提下，工程技术人员可以在更高的温度下处理镀层来增强镀层的韧性与结合力。用于摩擦副时，纳米颗粒复合镀层可以耐受更高的摩擦温度和更恶劣的摩擦工作条件，同时可以保证镀层的稳定性。图 3-7 比较了 Ni－P 镀层和 Ni－P－TiO$_2$ 纳米颗粒复合镀层的耐高温特性。图中显示，在 600℃ 的加热保温条件下，Ni－P 镀层的氧化增重

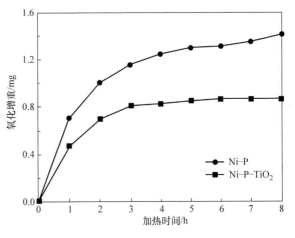

图 3-7　高温氧化曲线（600℃加热）

随加热时间的延长呈指数关系上升，在 3h 以后增重减缓，但仍然保持近似线性上升的趋势；而 Ni－P－TiO$_2$ 纳米颗粒复合镀层的增重明显低于 Ni－P 镀层，虽然在 3h 以内，氧化增重表现出和 Ni－P 镀层类似的趋势，但是 3h 后增重趋于饱和。这说明纳米颗粒复合镀层热处理后不仅可以获得高硬度，而且在高温下可以保持良好的抗氧化性。这是因为纳米颗粒复合镀层在高温下可以很快形成一层抗氧化层，分散于镀层表面的 TiO$_2$ 纳米粒子不仅可以减少氧化面积，还可以对形成的抗氧化层起到钉扎作用，从而使复合镀层获得良好的抗高温氧化性能。试验中还发现，将超声分散方法和表面活性剂相结合，可以使 TiO$_2$ 纳米颗粒获得更加均匀的分散，这也是 Ni－P－TiO$_2$ 纳米颗粒复合镀层的硬度、耐磨性和高温抗氧化能力远超过 Ni－P 镀层的原因之一。

另外，TiO$_2$ 纳米颗粒对 Ni－P 镀层的磁性也有显著的增强作用。由表 3-3 可知，无论 Ni－P 镀层，还是 Ni－P－TiO$_2$ 纳米颗粒复合镀层，在镀态下的磁学性能都较低。经过 400℃ 热处理后，两种镀层的磁学性能指标都获得了提高，Ni－P－TiO$_2$ 纳米颗粒复合镀层的性能提高更加显著。从镀膜表面水平方向进行磁化时，复合镀层饱和磁化强度 M_s 比镀态提高 10 倍以上，矫顽力则为镀态的 2 倍左右。垂直磁化时，饱和磁化强度 M_s 和矫顽力都提升到镀态的 10 倍以上。从镀层的磁性数据对比可知，虽然 TiO$_2$ 纳米颗粒可以提高镀态 Ni－P 的磁性，但是提升幅度有限。对复合镀层磁性起关键作用的是热处理工艺。由于 Ni－P－TiO$_2$ 纳米颗粒复合镀层具有高硬度、高耐磨性和良好的抗高温氧化性，结合其磁学特性，可以预期这种镀层在高温耐磨磁性材料领域有巨大的应用前景。

表 3-3　镀层磁性测试数据

镀层	状态	与镀层表面方向	饱和磁化强度 M_s/(A/cm)	剩余磁化强度 M_r/(A/cm)	矫顽力 Hc/Oe
Ni－P	镀态	//	140.6	18.6	31.5
		⊥	124.4	6.4	19.5
	400℃热处理后	//	2051.8	930.4	98.5
		⊥	1809.6	130.3	168.5
Ni－P－TiO$_2$	镀态	//	185.8	25.2	56.2
		⊥	171.4	10.3	32.6
	400℃热处理后	//	2117.8	868.8	101.6
		⊥	1975.1	234.2	235.3

TiO$_2$除了拥有良好的力学性能、耐蚀性和热稳定性以外，还是一种宽禁带半导体光催化材料。以对甲基橙的光催化降解为例，在太阳光照射下，价带上的电子受到紫外线激发能跃迁进入导带，价带上留下的光生空穴会向 TiO$_2$ 表面迁移，并被表面羟基所捕获而产生羟基自由基·OH，甲基橙中的有机自由基会与 O$_2$反应形成有机过氧化物自由基 O^{2-}，具有强氧化能力的·OH 和 O^{2-}能够使甲基橙发生氧化褪色，并且降解为无机离子和二氧化碳。

由表3-4数据可知，未添加 TiO$_2$ 微粒的 Ni－P 镀层对甲基橙几乎没有催化降解作用，而 Ni－P－TiO$_2$纳米颗粒复合镀层和 TiO$_2$纳米粉末的催化降解反应速率基本相近。由于将 TiO$_2$纳米粉末应用于催化降解时很难重复利用，通过将 TiO$_2$纳米颗粒与 Ni－P 镀层相复合，一方面可以对 TiO$_2$长期重复使用，另一方面也能够让 TiO$_2$充分分散，从而提高纳米颗粒的利用效率，以弥补由于纳米颗粒被镀层埋覆而造成的活性催化表面的损失。如果能进一步提高 TiO$_2$纳米颗粒在复合镀层表面的比例或在镀层中通过掺杂来增强光催化活性，那么纳米颗粒复合镀层的应用领域将会得到进一步拓展。

表 3-4　光催化降解对比试验结果（吸光度）

时间/h	Ni－P 镀层	Ni－P－TiO$_2$纳米颗粒复合镀层	TiO$_2$纳米粉末
0	0.085	0.085	0.085
1	0.085	0.076	0.075
2	0.083	0.068	0.066
3	0.082	0.059	0.057
4	0.080	0.046	0.043

由于 TiO$_2$具有优秀的化学稳定性，而 Ni－P 也具有良好的耐蚀性，因此将 TiO$_2$纳米颗粒与 Ni－P 相复合可以用在很多耐蚀性的场合。基于 TiO$_2$的化学稳定性和杀菌作用，黄新民等研究了 Ni－P－TiO$_2$纳米复合镀层对工作在污泥中的低碳钢的腐蚀防护效果。通常污泥的 pH＝6～9，污泥中氧浓差电池作用明显。污泥对碳钢的腐蚀主要是微生物腐蚀，属于一种电化学腐蚀。长年与污泥相接触的钢材由于泥中的硫酸盐还原菌（SRB）、中性硫化菌（SOB）等微生物对钢材的厌氧、好氧腐蚀作用，对钢材造成严重的微生物腐蚀损害。作者研究了污泥对低碳钢、低碳钢/Ni－P 镀层、低碳钢/Ni－P－TiO$_2$纳米颗粒复合镀层的腐蚀作用。镀层在污泥中的腐蚀增重如图 3-8 所示。纳米颗粒化学复合镀层在污泥中的耐蚀性远远高于碳钢，耐蚀性比 Ni－P 合金镀层也提高了几倍。这主要是因为在污泥腐蚀环境下，化学复合镀层中的 TiO$_2$纳米颗粒对微生物实现了有效的灭杀，有效隔断了微生物在纳米颗粒化学复合镀层表面的依附和生存，从而显示出优异的耐蚀性。图 3-9a、b、c 所示分别为低碳钢/Ni－P－TiO$_2$纳米颗粒复合镀层、低碳钢/Ni－P 镀层和低碳钢在污泥中腐蚀后的表面形貌。由图 3-9 可以看出，纳米颗粒复合镀层始终保持了平整的表面形貌，Ni－P 镀层在表面的局部区域出现较为严重腐蚀现象，而在低碳钢表面的各个区域都出现了严重的腐蚀。

3.3.3　Ni－P－Al$_2$O$_3$

非晶态 Ni－P 镀层的一个突出的优点是具有优异的耐蚀性，在材料表面耐蚀防护方面具有广泛的应用。其缺点是镀层表面耐磨性欠佳。这个缺点可以采用热处理的方法来改善，但如果为了保持镀层的非晶态特征，则可以基于分散强化原理添加第二相粒子来实现强化目的。α－Al$_2$O$_3$是一种常用的陶瓷材料，具有高硬度、高耐磨、抗氧化及成本低的优点，因

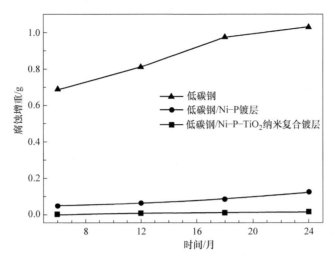

图 3-8　镀层在污泥中的腐蚀增重

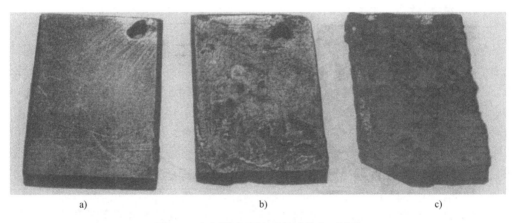

a)　　　　　　　　　　　　b)　　　　　　　　　　　　c)

图 3-9　经污泥中腐蚀后的试样表面形貌

a) 低碳钢/Ni – P – TiO₂ 纳米颗粒复合镀层　b) 低碳钢/Ni – P 镀层　c) 低碳钢

此将 α – Al_2O_3 和 Ni – P 非晶态化学镀层相复合，可以获得性能增强的化学镀复合镀层。

作者在材质为 Q235 的基底上，采用化学复合镀在 pH = 4.5 ~ 5.0 的酸性环境下制备了厚度为 30 ~ 40μm 的 Ni – P – Al_2O_3 镀层，Al_2O_3 粒子的直径为 5 ~ 7μm。从表 3-5 可以看出，增加 Al_2O_3 粒子的浓度会使得镀层中 Al_2O_3 的质量分数呈单调上升，Ni 的质量分数单调下降，但是镀层中磷的质量分数受到的影响不大。作者对镀层的硬度和耐磨性进行了测试，磨轮材料是硬度为 59HRC 的 GCr15，选用 L – AN22 全损耗系统用油润滑，转速为 400r/min，载荷为 29.4N。测试结果见表 3-6，从表 3-6 中可以看出，非晶态 Ni – P – Al_2O_3 复合材料的硬度和耐磨性比非晶态 Ni – P 明显要高，并且随着 Al_2O_3 添加量的增加而单调上升，但是受磷含量的影响不大。这是因为高硬度的 Al_2O_3 粒子在 Ni – P 基质中的弥散强化作用显著地增强了合金基质抵御塑性变形的能力。根据 J. B. Cahoon 的关系式可知

$$\sigma_0 = (\Delta H_v / 0.3)(0.1)^{n-2}$$

式中，σ_0 为粒子嵌入后镀层的流变应力提高值；ΔH_v 为复合材料与单一材料的硬度差，即硬质相粒子复合后的材料硬度提高值；n 为迈耶指数，指粒子复合后材料流变应力的提高值。

表 3-5　Ni－P－Al$_2$O$_3$ 复合材料的组成

材料号	Al$_2$O$_3$ 的浓度/ (g/L)	质量分数（%）		
		Ni	P	Al$_2$O$_3$
Ⅰ	1.0	80.6	8.5	10.9
Ⅱ	2.0	73.2	10.3	16.5
Ⅲ	5.0	71.4	8.9	19.7
Ⅳ	0	89.4	10.6	0

表 3-6　Ni－P－Al$_2$O$_3$ 复合材料的硬度与磨损体积

材料（质量分数）	硬度 HV	磨损体积/10^{-3} mm^3
Ni－8.5%P－10.9% Al$_2$O$_3$	574	9.34
Ni－10.3%P－16.5% Al$_2$O$_3$	621	7.26
Ni－8.9%P－19.7% Al$_2$O$_3$	647	5.48
Ni－16.5%P	508	14.23

从表 3-6 分析，当复合镀层中的 Al$_2$O$_3$ 粒子的质量分数从 10.9% 增加到 19.7% 时，非晶态复合镀层的硬度分别比非晶态 Ni－P 镀层提高了 13%、22.2% 和 27.4%，耐磨性则提高了 52.4%、96% 和 159.7%。这表明 Al$_2$O$_3$ 粒子的复合提高了镀层材料的流变应力，起到了显著的强化效果。在工件承受摩擦磨损的服役过程中，硬质相 Al$_2$O$_3$ 粒子可以起支撑作用，即使在很高的接触应力下也不易屈服，从而起到优异的抗磨作用。对于非晶态 Ni－P－Al$_2$O$_3$ 复合镀层来说，总的趋势是 Al$_2$O$_3$ 粒子的含量越高，镀层硬度越高且耐磨性越好；但是当添加的 Al$_2$O$_3$ 粒子过高时，磷含量的降低造成镀层由非晶态向晶态的转变，同时也会降低镀层的生长速率。因此，Al$_2$O$_3$ 粒子的添加量需要合理控制。

Ni－Cu－P 三元合金镀层通过 Cu 的共沉积可以提高导电特性并降低残磁性，在半导体元件、存储器和电磁屏蔽领域具有广泛的应用，但是 Cu 的共沉积使镀层的硬度有所降低。于是作者把 Al$_2$O$_3$ 粒子复合到 Ni－Cu－P 三元合金中，并研究了热处理对镀层组织结构的影响。作者采用 X 射线衍射分析了热处理对复合镀层的物相结构的影响。结果显示，在 400℃ 时，X 射线衍射花样上出现了析出相 Ni$_3$P 的衍射峰，但未发现新的生成相。这表明复合镀层的组织结构变化还是基于 Ni 和 P 之间的作用，Al$_2$O$_3$ 分散在 Ni－Cu－P 中并未参与反应，可以起到稳定的弥散强化相的作用。Ni－Cu－P 镀层复合了 Al$_2$O$_3$ 粒子后，复合镀层的硬度明显高于 Ni－Cu－P 镀层的硬度，并随着 Al$_2$O$_3$ 复合量的提高而增加。高硬度的 Al$_2$O$_3$ 粒子提高了镀层的流变应力进而增强了其抵抗塑性变形的能力。经过热处理后，Ni$_3$P 相的析出则起到了进一步的强化作用。虽然在更高的热处理温度下 Ni$_3$P 相会发生聚集粗化，但是由于 Al$_2$O$_3$ 的弥散强化作用，复合镀层仍然可以维持很高的硬度。

通常涂层会提高工件表面的硬度、耐磨性和耐蚀性，但是在承受冲击载荷的场合下，往往会发生更快的磨损和脱落。而作者研究发现 Ni－Cu－P 镀层在复合了 Al$_2$O$_3$ 粒子后，对工件的冲击性能不会减弱反而会有所增强。表 3-7 显示了 Ni－Cu－P－Al$_2$O$_3$ 复合镀层的冲击性能。由表 3-7 可以看出，沉积有复合镀层的 45 钢工件比未沉积镀层的工件的冲击性能有所提高，并且测试过程中发现镀层与基体同步断裂，显示了镀层和基底具有牢固的结合力。测试结果显示，当工件在较大冲击载荷下服役时，Ni－Cu－P－Al₂O₃复合镀层能够对工件起到强化和阻碍破坏的作用。通过对复合镀层的断口检查可以看出，弥散的 Al₂O₃ 粒子可以阻碍裂纹的扩展，增加了裂纹的扩展阻力，改变了镀层的断裂途径，从而起到了强化作用。研究结果显示，镀层在经过 400℃ 热处理后可以获得最优的强化效果。结合 Ni－P 镀层的组织结构变化规律可以看出，Ni_3P 的析出强化和 Al₂O₃ 的第二相粒子强化可以协同作用来提升镀层的强化效果。作者在 Q235 钢上沉积 Ni－W－Al₂O₃ 复合镀层的研究结果显示，Al₂O₃ 粒子的复合可以显著增强镀层的耐蚀性。

表 3-7　Ni－Cu－P－Al₂O₃ 复合镀层的冲击性能

材料与镀层	45 钢基底	Ni－Cu－P－15.7% Al₂O₃	Ni－Cu－P－15.7% Al₂O₃，400℃×1h
冲击吸收能量/J	102.5	108.6	114.8

图 3-10 所示为 Ni－Cu－P－Al₂O₃ 复合镀层的氧化增重曲线。随着温度的上升，氧化增重加大。对于复合材料来说，由于组成中存在 Al₂O₃ 粒子，稳定性高，抗氧化性能好，故 Ni－Cu－P 复合材料的氧化增重明显小于基质合金。在较高温度处理过程中，尽管复合材料的基质组成发生变化，但复合粒子仍保持较高的稳定性，从而阻碍基质合金的氧化。因此，Al₂O₃ 粒子的复合可以明显提高化学镀层的抗氧化能力。

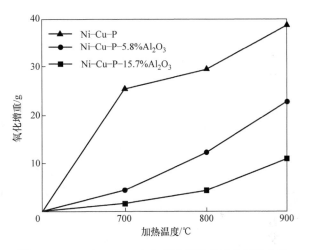

图 3-10　Ni－Cu－P－Al₂O₃ 复合镀层的氧化增重曲线

Ni－P－Al₂O₃ 复合镀层和 Ni－P－SiC 复合镀层相比，耐磨性稍弱，抗氧化性更强；Ni－P－Al₂O₃ 复合镀层和 Ni－P－TiO₂ 复合镀层相比，两者在硬度、耐磨性方面性能相当，但是 Ni－P－Al₂O₃ 复合镀层在冲击性能方面有较大优势。

3.3.4　Ni－Cu－P（α－Al₂O₃）

根据上一节可以知道，在 Ni－P 镀层中添加微米 α－Al₂O₃ 粒子能够提高镀层的硬度、耐磨性、抗氧化性及冲击性能。如果将 α－Al₂O₃ 粒子的尺寸减小到纳米量级，纳米粒子表现出来的独特性能则有望对 Ni－P 镀层进一步增强，所获得的化学复合镀层不仅具有普通化学镀层的优异特征，而且兼具纳米粒子分散相的特性。试验中所使用的 α－Al₂O₃ 纳米粒子（直径为 20～30nm）具有比表面积大、容易团聚的特点，与 Ni－P 共沉积的难度比较大。如果在 α－Al₂O₃ 纳米粒子表面进行功能化处理，一方面有助于纳米粒子的分散，另一方面在进行复合镀时会促进纳米粒子与基质合金的共沉积。作者通过在 α－Al₂O₃ 纳米粒子表面均匀施镀了一层薄铜，很好地解决了这个问题。由于 α－Al₂O₃ 纳米粒子表面呈惰性，无法直接进行化学镀，所以必须对 α－Al₂O₃ 纳米粒子进行敏化和活化预处理，目的是在 α－Al₂O₃ 纳米粒子表面形成具有还原能力的催化中心或活性位点，从而为后续的化学沉积提供形核位点。作者采用氯化亚锡作为敏化剂，采用硝酸银作为活化剂，将催化晶核引入到惰性的 $\alpha - Al_2O_3$ 纳米粒子表面，进而激发铜离子和还原剂之间的氧化还原作用，形成连续生长的金属铜薄层。

典型的敏化 - 活化处理步骤如下：

1）敏化处理：①将一定量的氯化亚锡完全溶解到稀盐酸溶液中获得敏化液；②在敏化液中溶入少量的表面活性剂（十二烷基硫酸钠）；③将 $\alpha - Al_2O_3$ 纳米粒子添加至敏化液中超声分散并搅拌 30min 左右；④过滤出 $\alpha - Al_2O_3$ 纳米粒子并用去离子水进行充分清洗，完成敏化过程。敏化的原理是在粒子表面吸附具有还原作用的金属离子，相对于其他金属离子，二价锡离子能够在很宽的浓度范围内在非金属材料的表面形成稳定的吸附，从而获得敏化的效果。在二价锡离子吸附在 $\alpha - Al_2O_3$ 纳米粒子表面后，通过水解可以形成具有还原特性的 $Sn(OH)Cl$ 微颗粒并吸附在 $\alpha - Al_2O_3$ 纳米粒子表面。

2）活化处理：①将适量硝酸银溶解在去离子水中，随后滴入氨水直至澄清；②将敏化处理后的 $\alpha - Al_2O_3$ 纳米粒子在去离子水中进行充分超声分散；③随后在搅拌的状态下滴入活化液并进行超声处理；④抽滤纳米粒子并用去离子水充分冲洗。活化的原理是利用敏化后形成的 $Sn(OH)Cl$ 微颗粒对银离子的还原作用，在 $\alpha - Al_2O_3$ 纳米粒子表面形成高度分散的活性位点。

在完成了敏化 - 活化处理以后就可以在 Al_2O_3 纳米粒子表面进行化学镀铜的步骤。首先是镀液的配制，可以按照下列的步骤进行：①将一定量的铜盐、络合剂、还原剂、稳定剂、pH 调节剂分别用去离子水完全溶解；②将溶解的铜盐和络合剂（酒石酸钾钠、EDTA - 2Na）溶液均匀混合；③在不断搅拌下缓慢加入所需量氢氧化钠溶液；④滴入稳定剂亚铁氰化钾；⑤用氢氧化钠溶液将 pH 值调到 12 ~ 13；⑥加入甲醛溶液。

典型的化学镀铜液的配方见表3-8。

表3-8　典型的化学镀铜液的配方　　　　　　　　　　（单位：g/L）

硫酸铜	酒石酸钾钠	EDTA - 2Na	氢氧化钠	甲醛	亚铁氰化钾
28	24	24	20	40	6 ~ 8

进行镀铜时，先将经过敏化活化的 $\alpha - Al_2O_3$ 纳米粒子置入适量去离子水中超声振荡 10min 获得悬浊液，随后将悬浊液缓慢注入镀铜液中，镀液的 pH 值调节至 12 ~ 13，温度控制在 20 ~ 30℃，在超声振荡与搅拌的条件下进行化学镀铜。施镀完毕后，将表面镀铜的 $\alpha - Al_2O_3$ 纳米粒子用去离子水充分清洗，最后在 120℃ 的真空烘箱中进行烘干处理。

$\alpha - Al_2O_3$ 纳米粒子化学镀铜的效果可以采用各种结构和成分的表征手段进行测试。X 射线衍射分析技术可以表征材料的物相结构。图 3-11 显示了 $Cu - (\alpha - Al_2O_3)$ 粉末的 X 射线衍射图谱，图中的衍射峰可以归结为 $\alpha - Al_2O_3$ 和面心立方 Cu 的物相。在 $2\theta = 45°$ 附近，Al_2O_3 和 Cu（111）的衍射峰重合。由于 $\alpha - Al_2O_3$ 纳米粒子为 Cu 所包覆，这说明 X 射线可穿过 Cu 层照射到 Al_2O_3 粒子上，这证明 Cu 镀层很薄。从 Cu 衍射峰的半高宽可以看出，相对于多晶块体 Cu 和微米铜粉尖锐的衍射，Cu 镀层的衍射峰具有明显的宽化特征，原因是铜镀层很薄。根据谢乐公式可知，此时散射 X 射线的相干性会有所减弱，从而引起衍射峰宽化。需要指出的是，除 Al_2O_3 和金属 Cu 的衍射峰以外，在 35° 附近还可观察到较弱的 Cu_2O

衍射峰，这可以归结于镀铜过程中的副反应产物。由于镀铜通常是在碱性环境下进行，Becl 和 Bindra 等学者认为镀液中存在游离的铜离子会生成 $Cu(OH)_2$，这为生成氧化亚铜提供了前提条件，并提出了如式（3-3）所示的反应方程式。Shacham 和 Matsuoka 等则认为在碱性溶液中，铜离子还原反应过程的不完全造成了 Cu_2O 的生成，如式（3-4）所示。

$$2Cu(OH)_2 + 2H^+ + 2e \rightarrow Cu_2O\downarrow + 3H_2O \tag{3-3}$$

$$2Cu^{2+} + 5OH^- + HCHO \rightarrow Cu_2O\downarrow + HCOO^- + 3H_2O \tag{3-4}$$

而铜镀层中含有 Cu_2O 对镀层的性能来说是不利的。Cu_2O 的存在一方面会导致镀层的电导下降，并且使得镀层和基底的结合强度减低；另一方面镀液中的有效成分会被无端消耗并造成镀液不稳定。因此在化学镀铜过程中，需要通过调整主盐、络合剂的种类，加入亚铜离子螯合剂或者添加氧化剂将 Cu^+ 氧化为 Cu^{2+}，或者通过加入合适稳定剂等方法来减少或者避免 Cu_2O 的形成。

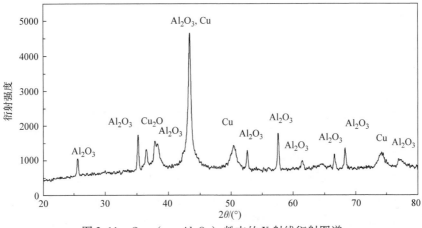

图 3-11　Cu-（α-Al₂O₃）粉末的 X 射线衍射图谱

复合粒子的成分可以采用 X 射线能量分散谱仪进行测试（见图 3-12）。表 3-9 及表 3-10 反映了镀液中含有不同浓度 α-Al₂O₃ 粒子时所获得的复合镀层的成分情况。表 3-9

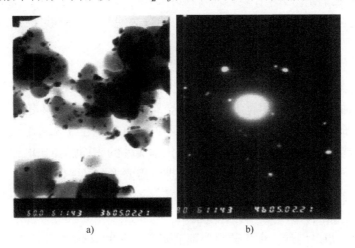

图 3-12　Cu-（α-Al₂O₃）粉末的 TEM（透射电子显微镜）图像

a）明场像　b）电子衍射花样

是主要元素成分表，包含有 O、Al、Cu 元素，其中 O、Al 峰来自于 $\alpha - Al_2O_3$ 纳米粒子，Cu 峰显示包覆在粒子表面的铜层。表 3-9 是 $\alpha - Al_2O_3$ 粒子浓度为 8g/L 时复合镀层的成分，O、Al、Cu 的质量分数各为 48.81%、43.69% 和 7.49%；表 3-10 为 $\alpha - Al_2O_3$ 粒子浓度为 6g/L 时复合镀层的成分，O、Al、Cu 的质量分数分别为 39.03%、30.94% 和 29.28%，并且还探测到了极少的 Ag。

表 3-9 $\alpha - Al_2O_3$ 粒子浓度为 8g/L 时复合镀层的成分

元素	质量分数（%）	摩尔分数（%）
O	48.81	63.72
Al	43.69	33.82
Cu	7.49	2.46

表 3-10 $\alpha - Al_2O_3$ 粒子浓度为 6g/L 时复合镀层的成分

元素	质量分数（%）	摩尔分数（%）
O	39.03	60.18
Al	30.94	28.29
Cu	29.28	11.37
Ag	0.75	0.17

从成分谱图可以看出，当 $\alpha - Al_2O_3$ 粒子浓度含量较低时，铜的成分比例较高，这一点在作者的系统试验中也得到了验证。一方面的原因是，镀液中纳米粒子含量较低时，粒子更易于分散从而有利于铜的沉积；另一方面可能是因为纳米粒子含量较低时，纳米颗粒在敏化活化阶段表面可以获得更多的具有催化活性的 Ag 晶核，从而促进了铜在纳米粒子表面的形核长大，获得较厚的铜镀层。这也从侧面说明，在 Sn - Ag 催化剂体系中，除了 Ag 的催化活化作用以外，Cu 对 Sn 的置换也是化学镀铜过程中需要考虑的重要因素。化学镀铜过程的生长初期，第二相粒子表面的组成主要为 Cu 和 Ag，而不是 Cu、Ag、Sn。制备了超薄 Cu 膜，随后将 Cu 包覆的纳米 Al_2O_3 均匀地分散到化学镀 Ni - P 的镀液中，获得了纳米 Ni - P - Cu - (Al_2O_3) 复合镀层。所获镀层中纳米颗粒的分散均匀，并能够增强镀层与基体的结合力，从而赋予了复合镀层优良的综合性能。

在完成了对 Al_2O_3 粒子表面的 Cu 镀覆后，作者在 45 钢基底上进行了化学复合镀 Ni - P - Cu - (Al_2O_3) 复合镀层的生长，采用增重法计算沉积速率，并对镀层的形貌、成分、结构和性能进行了评估。化学镀利用化学试剂还原金属离子，还原剂在具有催化活性的基底表面被氧化后释放电子，与电镀中电压驱动的电子不同，这种电子无法被加速，能量势能较低。为使得金属离子能够被顺利还原而获得镀层，化学镀件的表面需要比电镀件表面更加清洁，表面要具有高且均匀的活性。为了达到这种效果，需要采取必要的前处理工序来清洁镀件表面，有时候需要进行侵蚀或粗化处理，从而暴露出基底表面，获得质量良好的镀层。通常化学镀的前处理包括除油、除锈、活化等步骤。

（1）除油 是指采用碱性化学试剂处理液基于皂化和乳化作用消除工件表面油污的方法。除油的组分通常由氢氧化钠、碳酸钠、磷酸钠等碱性组分和一定种类的乳化剂和表面活性剂所组成。

（2）除锈　除锈目的是将工件表面的锈蚀层采用机械或者化学的方法去除，从而使得镀层和基底之间形成洁净且牢固的结合界面。机械除锈法比较常用，将工件依次在粗细不同的砂纸上打磨，去除氧化层，保证打磨后无明显划痕。

（3）活化　也叫弱侵蚀，目的是去除工件表面在前处理过程中产生的加工变形层或者极薄的氧化膜，从而将基底组织暴露出来以便镀层金属在其表面进行生长，从而在镀层和基底金属之间形成洁净且牢固的结合。具体做法是将工件在稀酸（3%～5%的硫酸或盐酸）溶液中浸泡 30s～1min 从而除去工件表面的极薄氧化膜，随后用水充分清洗。

具体的工艺流程可以由如下流程来表示：

金相砂纸打磨除锈→清水洗→碱液除油→热水洗→清水洗→活化→清水洗→去离子水洗→化学复合镀（2h）→清水洗→烘干。

施镀时，将 Cu-（α-Al_2O_3）纳米颗粒置于配置好的镀液中，采用超声波分散辅助以机械搅拌的方式使纳米颗粒均匀分散，同时也使得纳米颗粒的表面能够充分润湿，从而形成稳定的悬浮液。随后将镀液加热至规定温度，然后将经过前处理的工件充分浸入镀液中施镀。在工件表面获得了复合镀层以后，对于力学性能要求较高的镀层，通常需要进行热处理强化。对于 Ni-P 镀层来说，一般选择在氢气保护气氛中 400℃ 保温处理，保温时间一般为 1h。

以下是经过优化的化学复合镀工艺配方：$NiSO_4 \cdot 6H_2O$（浓度为 24g/L）、Cu-（α-Al_2O_3）（浓度为 6g/L），pH=5.0，温度为 90℃。

Ni-P-Cu-（α-Al_2O_3）化学复合镀和 Ni-P 化学镀的机理基本没有区别，但是在镀层的生长特点与组分变化的影响因素有所不同。镀液中硫酸镍作为主盐提供的镍离子与络合剂形成络合离子，与次磷酸钠还原剂发生氧化还原反应，在工件表面析出 Ni-P。由图 3-13 可以看出，当其他条件不变时，硫酸镍的浓度超过最优值时，镀速会缓慢降低，当超过一个临界值（28g/L）时，镀速迅速下降，并且镀液趋于不稳定，Ni-P 颗粒开始在溶液中析出。主要原因是高镍离子浓度会促进镍离子向工件表面的扩散，但是却在某种程度上阻碍了次磷

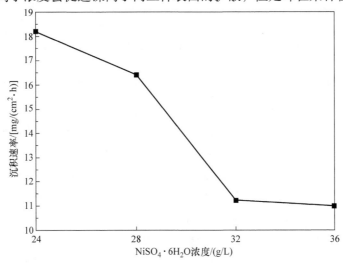

图 3-13　$NiSO_4 \cdot 6H_2O$ 浓度对沉积速率的影响

酸根离子向工件表面的传输，使得氧化还原反应不能充分进行，镀速降低。另外，由于镀液中悬浮着第二相纳米颗粒，过高的镍离子浓度会促使镀了铜的纳米粒子在未到达工件或未被 $Ni-P$ 基质包裹之前就已经在表面上沉积了 $Ni-P$，导致纳米粒子因增重而沉降，这既会导致镀速下降，也会改变镀层中第二相粒子的百分含量。

相对于 $Ni-P$ 化学镀来说，第二相 $Cu-(\alpha-Al_2O_3)$ 纳米粒子的加入可以明显提高镀层的生长速度。如图 3-14 所示，当镀液中纳米粒子加入量较少时，工件表面催化活性点也比较少，反应速率较低；随着 $Cu-(\alpha-Al_2O_3)$ 粒子加入量增加，活性点数量增加，反应速率增加；但是当纳米粒子含量过高时，工件表面对第二相纳米粒子的吸附却不能一直增加，而是存在一个吸附/脱附的平衡浓度。镀液中过高浓度的纳米粒子会对工件表面的活性位点产生屏蔽作用，会减少镀层生长的反应界面，反而阻碍 $Ni-P$ 的生长；另一方面高浓度纳米粒子之间的作用力容易使得粒子发生团聚，使得第二相粒子在镀液中的分散悬浮均匀性变差，粒子在镀液中的有效质量浓度降低，既不利于复合镀层的均匀性生长，也会降低镀液的稳定性。

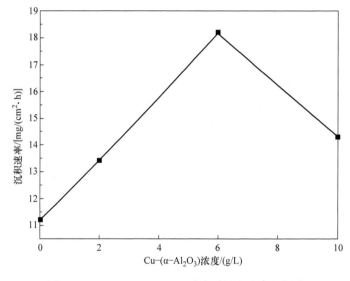

图 3-14 $Cu-(\alpha-Al_2O_3)$ 浓度对沉积速率的影响

如同常规化学镀合金一样，在化学复合镀中温度同样是影响化学反应动力学的重要参数。随着镀液的温度升高，纳米 $Cu-(\alpha-Al_2O_3)$ 粒子的运动速度变快，粒子对工件的表面冲击作用也增强，这种粒子对工件表面频繁的冲击会增加工件表面的催化活性位点，加速金属离子的还原，从而提升镀速。但是当镀液温度过高时（大于 90℃），虽然快速运动的纳米粒子对工件表面的冲击作用增强，但是粒子在工件表面的停留时间也变短，增加了纳米粒子吸附在工件表面的难度，不利于复合镀层的生长。温度升高也会导致镀层磷含量的降低，增加镀层应力和孔隙率，使得镀层质量下降。并且过高的温度也会使镀液稳定性降低。通常，$Ni-P-Cu-(\alpha-Al_2O_3)$ 化学复合镀的施镀温度控制在 80~90℃。

除了上述因素以外，搅拌作用对镀层的生长也起到了重要的作用。化学镀的优势在于，即使形状复杂的工件表面也能获得均匀的镀层。为了使工件的各个部位均能获得均匀的沉积，通常采用悬吊的方法将工件浸入镀液中。搅拌的目的一方面是增强镀液中的液相传质作用，另一方面使 $Cu-(\alpha-Al_2O_3)$ 微粒均匀地悬浮在镀液中。搅拌速度过低时，$Cu-(\alpha-Al_2O_3)$ 微粒容易产生沉降和积聚，镀液中第二相粒子的有效浓度就会降低，液相传质作用弱，反应速率慢。搅拌速度过高时，$Cu-(\alpha-Al_2O_3)$ 粒子对工件表面冲击力大并且在工件表面的停留时间短，不利于第二相粒子复合到镀层中，还容易造成 Al_2O_3 粒子表面铜的脱落并被吸附到工件表面，从而阻碍 $Ni-P-Cu-(\alpha-Al_2O_3)$ 复合镀层的生长积累。因此，合适的搅拌速度对于复合镀层的顺利生长也具有重要的影响作用。

在前述章节已经阐述磷含量对 $Ni-P$ 镀层的组织结构有重要的影响作用。在化学复合镀的研究中发现，磷含量和 $Cu-(\alpha-Al_2O_3)$ 第二相粒子对镀层的组织结构都有很大影响。X射线能谱分析结果显示，当其他条件都保持不变时，镀层中的磷含量随着 $Cu-(\alpha-Al_2O_3)$ 粒子含量的增高而降低。当镀层中磷的质量分数高于 10.05% 时，X射线衍射花样显示镀层为非晶态结构。当磷的质量分数降到 7.05% 时，衍射花样中开始出现明显的 Ni（111）晶面的衍射峰，表明镀层向晶态转变。当磷的质量分数降到 3.98% 时，Ni（111）晶面的衍射峰变得更尖锐，衍射花样中还出现了 Ni 的（200）、（220）晶面衍射峰。因此，$Cu-(\alpha-Al_2O_3)$ 粒子含量的变化也导致了镀层组织结构的变化。根据 Gutzeit 理论，第二相粒子表面会对镀液中的氢离子产生强烈的吸附。随着 $Cu-(\alpha-Al_2O_3)$ 粒子含量的升高，镀液的 pH 值上升，造成镀层中的磷含量下降，所以镀层晶化倾向增加，从而复合镀层发生由非晶态向晶态的转变。

图 3-15 显示了 $Ni-P-Cu-(\alpha-Al_2O_3)$ 晶态复合镀层在镀态下的 X 射线衍射图谱。通过对比可以看出，复合镀层的衍射图谱在镀态下与相同磷含量的 $Ni-P$ 化学镀层有相似的结构特征，同样在 45° 左右呈现 Ni（111）晶面的衍射峰。与 $Ni-P$ 镀层衍射图谱的区别在于，衍射峰有明显的弥散宽化，显示镀层中含有一定的非晶态组织，另外复合镀层中镶嵌着分散的晶态 $Cu-(\alpha-Al_2O_3)$ 粒子，因此在衍射图谱上观察到了小且尖锐的 Al_2O_3 和 Cu 的衍射峰。

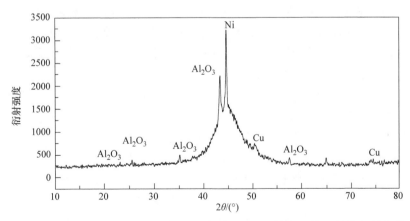

图 3-15　$Ni-P-Cu-(\alpha-Al_2O_3)$ 晶态复合镀层在镀态下的 X 射线衍射图谱

当对复合镀层进行热处理后，图 3-16 显示了 $Ni-P-Cu(\alpha-Al_2O_3)$ 复合镀层在 400℃ 热处理后的 X 射线衍射图谱。从图中可以看出，原本镀态下 45° 左右的弥散宽化的衍射峰变窄，Ni、Cu 的衍射峰变得尖锐，同时观察到了 Ni_3P 和 Cu_3P 的衍射峰。这表明热处理使得镀层发生晶化，并析出了第二相 Ni_3P，同时磷与第二相粒子表面包裹的铜也发生了反应。

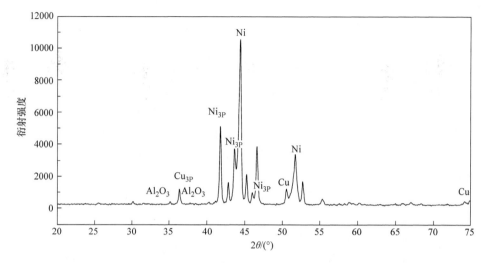

图 3-16　$Ni-P-Cu-(\alpha-Al_2O_3)$ 复合镀层在 400℃热处理后的 X 射线衍射图谱

　　图 3-17 显示了镀态下复合镀层的金相显微组织，可以看到白灰色部分为 $Ni-P$，黑灰色颗粒为 $Cu-(\alpha-Al_2O_3)$ 粒子。图 3-17a 图是优化条件下 $Cu-(\alpha-Al_2O_3)$ 的浓度为 6g/L、pH = 5.0 时镀层的金相显微组织，可以看到基体上的颗粒分布均匀，界面结合紧密，无孔隙裂纹等缺陷且镀层平整。当其他条件不变，$Cu-(\alpha-Al_2O_3)$ 的浓度增加到 10g/L 时，如图 3-17b 所示，基体上分布的第二相粒子开始发生团聚，表明 $Cu-(\alpha-Al_2O_3)$ 粒子含量过高时，在共沉积前不能充分分散，容易以聚集态吸附在试样上发生共沉积。这样一方面会使得生成的镀层表面粗糙度增加，第二相粒子发生聚集，会削弱在镀层中的弥散强化作用，降低镀层的显微硬度和耐蚀性；另一方面也容易引起镀液的不稳定。另外，由于第二相粒子的加入会对镀液中的氢离子浓度产生影响，所以 pH 值是影响镀层生长的重要因素。图 3-17c 和 d 是在与前述镀液相同配方下不同 pH 值下得到的镀层，可以看出 pH = 5.0 时所获得的镀层比 pH = 5.5 时所获得的镀层更加平整。主要是因为第二相会吸附相当数量的氢离子，当 pH 值过高时会使得镀液产生分解。

　　图 3-18 显示了图 3-17a、b 样品经 400℃热处理后的金相显微组织。从图 3-18a 可以看出，经过热处理后晶粒细小弥散，这和热处理后沉淀相 Ni_3P、Cu_3P 等的析出有关。在这些弥散析出相和 $Cu-(\alpha-Al_2O_3)$ 粒子的共同作用下，镀层的硬度可以获得显著提升。图 3-18b 显示出当 $Cu-(\alpha-Al_2O_3)$ 的浓度过高时，虽然晶粒进一步细化，也有弥散的沉淀相生成，但镀态下形成的粗大颗粒明显对热处理后的显微组织结构产生重要影响，热处理后仍然有大颗粒的存在，从而限制了镀层显微硬度的提高。

　　扫描电子显微镜和 X 射线能量分散谱仪可以进一步考察第二相粒子对复合镀层形貌和成分的影响。图 3-19 所示为不同 $Cu-(\alpha-Al_2O_3)$ 浓度下复合镀层的微观表面形貌，由图可见当 $Cu-(\alpha-Al_2O_3)$ 浓度合适时，镶嵌着的颗粒致密分散，镀层表面平整，如图 3-19a 所示。但是当 $Cu-(\alpha-Al_2O_3)$ 浓度过高时，微观不平整度明显上升，如图 3-19b 所示。

图 3-17　镀态下复合镀层的金相显微组织（×500）

a）Cu–（α–Al$_2$O$_3$）的浓度为 6g/L　b）Cu–（α–Al$_2$O$_3$）的浓度为 10g/L　c）pH=5.5　d）pH=5.0

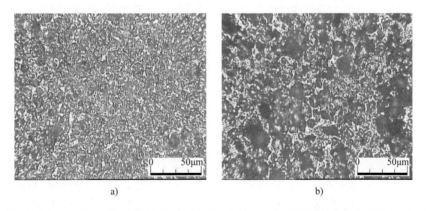

图 3-18　不同 Cu–（α–Al$_2$O$_3$）浓度时经 400℃热处理后复合镀层的金相显微组织（×500）

a）6g/L　b）10g/L

而这种生长特征的不同所带来的成分差异则可以从 X 射线能量分散谱显示出来，表 3-11 和表 3-12 所示分别是 Cu–（α–Al$_2$O$_3$）的浓度为 2g/L 和 10g/L 时镀层的能谱分析。表 3-11

的镀层中 $w(\text{Al}) = 1.56\%$、$w(\text{Cu}) = 4.69\%$，相比于表 3-12 的镀层中 $w(\text{Al}) = 5.74\%$ 及 $w(\text{Cu}) = 7.92\%$ 要少得多，但 P 的质量分数增加了（各为 8.23%、5.26%）。

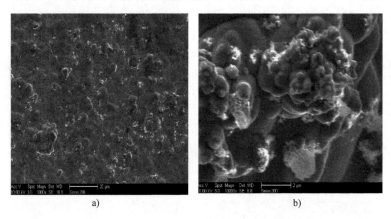

图 3-19 不同 $\text{Cu} - (\alpha - \text{Al}_2\text{O}_3)$ 浓度下复合镀层的微观表面形貌

a) 2g/L b) 10g/L

表 3-11 $\text{Cu} - (\alpha - \text{Al}_2\text{O}_3)$ 的浓度为 2g/L 时镀层的能谱分析

元素	质量分数（%）	摩尔分数（%）
C	8.08	26.18
O	3.94	9.58
Al	1.56	2.25
P	8.23	10.34
Fe	0.63	0.44
Ni	72.88	48.33
Cu	4.69	2.88

表 3-12 $\text{Cu} - (\alpha - \text{Al}_2\text{O}_3)$ 的浓度为 10g/L 时镀层的能谱分析

元素	质量分数（%）	摩尔分数（%）
C	3.87	13.32
O	6.06	15.65
Al	5.74	8.79
P	5.26	7.02
Ni	71.15	50.08
Cu	7.92	5.15

在试样上，$\text{Cu} - (\alpha - \text{Al}_2\text{O}_3)$ 微粒会对纯 Ni-P 的胞状结构产生干扰，使得 Ni-P 颗粒细化为球状堆砌状。图 3-19b 因 $\text{Cu} - (\alpha - \text{Al}_2\text{O}_3)$ 的浓度过高导致颗粒在镀液中团聚呈团块状沉积到镀层中，使镀层表面变得凹凸不平，这将影响镀层的硬度及耐蚀性等。这也证实了前文所述的关于 $\text{Cu} - (\alpha - \text{Al}_2\text{O}_3)$ 的浓度对镀层的影响的分析。另外少量 C、Fe 的出现可能是由基体（为 45 钢）中 C、Fe 原子扩散到表面所致。

这些形貌和成分的差异对镀层的硬度都会产生影响。图 3-20a 所示为镀态下镀层硬度随 $\text{Cu} - (\alpha - \text{Al}_2\text{O}_3)$ 浓度的变化关系，由图可见，镀层硬度随加入的 $\text{Cu} - (\alpha - \text{Al}_2\text{O}_3)$ 浓度的增加而上升，当浓度达到 6g/L 时，镀层硬度达到最大值。之后 Cu–(α–Al$_2$O$_3$) 浓度的增加，硬度开始下降。这说明当 Cu–(α–Al$_2$O$_3$) 浓度较低时在镀液中分散比较均匀，随 Cu–(α–Al$_2$O$_3$) 浓度的增加，沉积速率也增加，有效地吸附在试样表面的粒子也增加。由于镀层中的纳米 Al$_2$O$_3$ 含量增多了，纳米 Al$_2$O$_3$ 粒子作为一种硬质颗粒强化基体的作用加强，因而硬度上升。

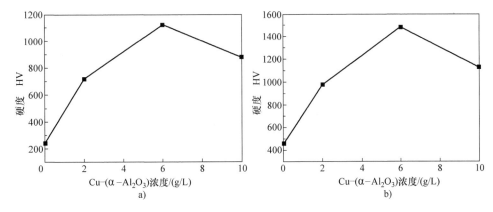

图 3-20　镀层硬度随 Cu–(α–Al$_2$O$_3$) 浓度的变化关系

a) 镀态下　b) 400℃热处理后

但是当 Cu–(α–Al$_2$O$_3$) 浓度过高时，由于分散的不均匀性增加，沉降粒子比例增大，工件表面粒子的吸附量也下降，而随着基质合金沉积到镀层中的 Cu–(α–Al$_2$O$_3$) 粒子也有很大概率发生团聚，这些情况会导致镀层硬度下降。

当复合镀层在氢气保护下 400℃热处理后，由图 3-20b 可以看出随着 Cu–(α–Al$_2$O$_3$) 浓度的变化，复合镀层的硬度变化规律与镀态下相似，但在相同 Cu–(α–Al$_2$O$_3$) 浓度时，对应的硬度比镀态下的高很多。当 Cu–(α–Al$_2$O$_3$) 的浓度为 6g/L 时，镀态下硬度高达 1100HV；而经 400℃热处理后最高硬度则上升到 1500HV。一方面这是由于在镀态下，复合镀层中的 Ni–P 仍然有很多非晶态组织，热处理过程中会发生晶化，在晶化过程中 Cu–(α–Al$_2$O$_3$) 粒子作为一种硬质相可以起到弥散强化的作用。另一方面 Ni–P 基质可以在 290℃左右析出 Ni$_3$P 相等，与镍形成共格相，共格相可以起到沉淀强化的作用。随热处理温度的提高，共格相析出量增加，镀层硬度提高。一般在 400℃左右，共格相可以获得较为完全的析出，晶粒也最细，镀层硬度达到最大值。但是当 Cu–(α–Al$_2$O$_3$) 浓度进一步增加时，由于粒子的团聚和沉降作用，镀层硬度反而下降，并且粒子与基质金属的结合力也开始减弱。

作为镀液中的主盐，金属镍盐浓度对复合镀层的硬度和质量都有重要影响。图 3-21 显示了镀层硬度随 NiSO$_4$·6H$_2$O 浓度的变化关系，无论是镀态还是热处理工艺下，整体趋势是随镍盐浓度的增加，硬度呈现先增后降的特点。镍盐浓度的提高会促使镀层晶态组织增多，镀层硬度增加，但是镍盐浓度过高时，镀速会下降，不利于第二相粒子的复合，同时也会引起镀液质量下降、容易分解，导致了硬度的下降。经过热处理后的镀层硬度随镍盐浓度增加的变化趋势和镀态相似，只是硬度比镀态下高得多，硬度的变化相对比较稳定，几乎都在 1100HV 以上，最高的硬度达到 1550HV 左右。

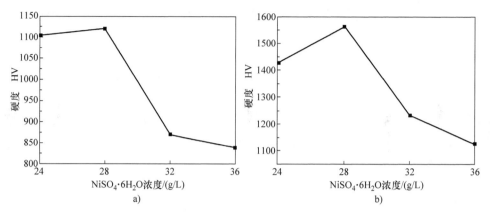

图 3-21　镀层硬度随 $NiSO_4 \cdot 6H_2O$ 浓度的变化关系

a）镀态下　b）400℃热处理后

3.3.5　Ni 基 ZrO_2

氧化锆（ZrO_2）由于良好的韧性、耐磨性、耐酸碱性、抗氧化还原性、热稳定性和独特的物理功能，在复合材料中获得了广泛的应用。研究显示将 ZrO_2 粒子复合到 Ni 镀层中可以显著提高 Ni 镀层的析氢电催化活性，并且远远超过 Ni 与 ZrO_2 各自性能的线性叠加。黄新民等在制备 Ni – P – ZrO_2 化学复合镀层时发现 ZrO_2 纳米粒子的加入可以有效抑制镀层晶粒在热处理过程中的粗化。研究发现，在镀态下，复合镀层是由非晶态的 Ni – P 基质与弥散其中的 ZrO_2 纳米粒子所组成。热处理时，与单一的非晶态 Ni – P 相似，非晶态组织晶化为 Ni 和 Ni_3P 两相。镀层硬度与时效温度的关系如图 3-22 所示，硬度明显上升。通过扫描电子显微镜观察，400℃热处理时，两相颗粒平均直径均在 20nm 左右，显微硬度超过了 800HV。600℃热处理后，两相颗粒平均直径增大到 100nm 左右。而 ZrO_2 颗粒在热处理过程中保持了良好的热稳定性，颗粒尺寸保持不变。

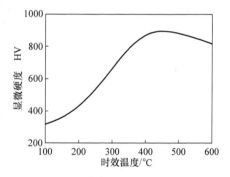

图 3-22　镀层硬度与时效温度的关系

对比相同工艺条件下单纯的 Ni – P 在热处理过程中的变化可以得知，在 600℃热处理后，Ni 和 Ni_3P 两相颗粒平均直径远远大于 100nm。因此，ZrO_2 纳米粒子的存在可以有效抑制在热处理过程中 Ni 和 Ni_3P 两相的长大。在一定范围内，镀液中的第二相粒子浓度提高有利于增加镀层中粒子的复合量。但是与其他第二相粒子不同的是，ZrO_2 纳米粒子的表面活性很强，试验中发现镀液中 ZrO_2 纳米粒子的浓度达到 10g/L 时就会引发镀液的分解。通过对镀液中过滤出来的纳米颗粒进行表面分析，可以发现 ZrO_2 纳米粒子表面已经形成了一层 Ni – P。这显示出 ZrO_2 纳米粒子在被嵌入 Ni – P 基质之前就已经镀上了 Ni – P。因此，包裹了 Ni – P 镀层的 ZrO_2 纳米粒子的共沉积会对镀层的生长模式产生影响。研究发现有 ZrO_2 粒子参与的化学复合镀层的质量与粒子尺寸、添加量、热处理温度、pH 值等因素有明显的关联。

3.3.6　Ni 基 PTFE

　　除了增强镀层的硬度以外，化学镀复合镀层的重要功用之一是改善摩擦学性能。一般关注比较多的对象是耐磨涂层，复合硬质相如碳化物（WC、SiC）、氧化物（Al$_2$O$_3$、TiO$_2$、ZrO$_2$）和氮化物（Si$_3$N$_4$、BN）等，而对减摩镀层的探讨相对少些。减摩镀层可以在一些有表面摩擦接触的场合起到固体润滑的作用，优化金属和金属、金属与塑料之间的摩擦。由于聚四氟乙烯（PTFE）被称为塑料王，具有极好的化学稳定性和固体润滑特性，在酸、碱乃至王水中都具有很好的耐蚀性，此外摩擦系数极低，因此在很多应用中被作为第二相添加到 Ni – P 中获得 Ni – P – PTFE 复合镀层，在工程领域获得了广泛应用。Ni – P – PTFE 复合镀层的显微硬度与时效温度的关系如图 3-23 所示。

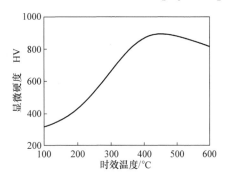

图 3-23　Ni – P – PTFE 复合镀层的显微硬度与时效温度的关系

　　作者采用化学镀制备了 Ni – Cu – P – PTFE复合镀层，系统地研究了 PTFE 含量、热处理温度等因素对复合镀层的硬度、磨损量和摩擦系数的影响。由图 3-24 中 PTFE 含量、热处理温度对复合镀层的硬度影响可以看出，复合了 PTFE 后，复合镀层的硬度相对于复合前有所降低。在一定范围内 PTFE 复合量越多，显微硬度越低，主要是因为 PTFE 相当于软质点相，会降低复合镀层的表面硬度，并且在摩擦过程中镀层的磨损量随 PTFE 的复合有所上升。可以看出，尽管 Ni – Cu – P – PTFE 复合涂层硬度较低和磨损体积较大，但是获得了较低的摩擦系数。总的趋势是 PTFE

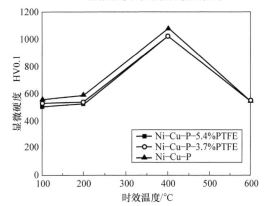

图 3-24　Ni – Cu – P – PTFE 复合镀层的显微硬度与时效温度的关系

含量越高，减摩性能越好。经过热处理后，复合镀层由于基质合金的相变而强化，在硬度上升的同时磨耗量显著降低，并且仍然可以保持较低的摩擦系数。经过 400℃ ×1h 的热处理后，由于析出的金属间化合物 Ni$_3$P 的沉淀硬化作用，使得复合镀层的显微硬度主要受到基质合金的控制。热处理温度达到 600℃时，Ni$_3$P 聚集粗化，故镀层硬度又下降，但是复合镀层的耐磨性降低幅度则较小。作者通过差热分析发现，PTFE 在 500℃ 左右开始气化，但是由于镀层的封闭气体无法外溢，这种气态 PTFE 具有明显的减摩作用，所以此时复合镀层仍然显示了良好的强化效果和摩擦学性能。另一方面，镀层中由于热处理析出的磷化物也具有减摩效果，使得复合镀层在高温时仍然保持了较低的摩擦系数。这种既耐磨又减摩的功能，来自于 Ni – Cu – P 基质和 PTFE 双方面的贡献，发挥了复合材料功能变化多的特点，也正符合该复合材料设计的思路和要求。

　　作者还研究了另外一种典型的 Ni – Cu – P – SiC 强化镀层（见图 3-25 和图 3-26）。PTFE 浓度的增加会降低镀层的硬度，SiC 浓度的提高则会提升镀层硬度。如图 3-25 所示，SiC 的复合对镀层起到强化作用，这种强化可以对由于 PTFE 引起的镀层硬度的降低起到补偿作用。热处理对镀层硬度的影响和 Ni–Cu–P–SiC 相类似，400℃处理后，镀层的硬度大幅度提高，主要由于 Ni₃P 和 Cu₃P 相的沉淀强化与 SiC 的弥散强化的综合作用。虽然复合 PTFE 后镀层硬度降低，但是能够显著减小摩擦系数，即使有 SiC 存在，也具有较低的摩擦系数，这是由于 PTFE 的固体润滑特性产生较好的减摩性能，如图 3-26a 所示。而 SiC 的共沉积使复合镀层得到强化，保证其耐磨性。从图 3-26b 可以看出，400℃及600℃热处理后 Ni–Cu–P–SiC–PTFE 复合

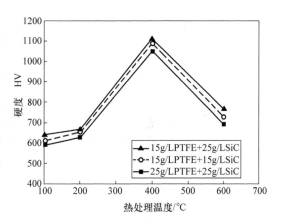

图 3-25　Ni–Cu–P–SiC–PTFE 复合镀层的
硬度随热处理温度变化的曲线

镀层的磨损体积明显低于 Ni–Cu–P 基质，说明复合镀层具有更好的摩擦学性能。经过时效处理，Ni–Cu–P–SiC–PTFE 复合镀层的摩擦系数降低一些，在 400℃处理时析出的 Ni₃P 也有减摩效果，磨损体积则大大降低，经 400℃处理，镀层硬度达到最高，耐磨性最佳。经过 600℃处理后，虽然镀层硬度下降，但是磨损体积比 200℃处理后的样品和镀态样品都要低，显然时效处理有益于提高复合镀层的减摩、耐磨性能。所以 Ni–Cu–P–SiC–PTFE 复合镀层在保持强化的同时，磨损量降低，且产生良好的减摩性能。

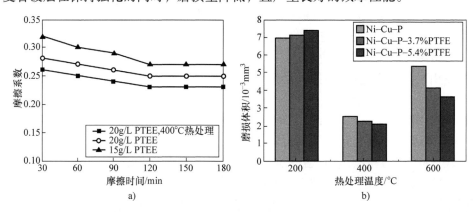

图 3-26　复合镀层的摩擦系数变化和磨损体积变化
a）复合镀层的摩擦系数与摩擦时间的关系　b）复合镀层的磨损体积与热处理温度的关系

3.3.7　Ni–Cu–P–CNTs（碳纳米管）

碳纳米管是一种兼具高强度和高柔韧性的材料。其杨氏模量和剪切模量与金刚石相同，抗拉强度则是钢的 100 倍。可以通过在化学镀层中添加碳纳米管来大幅度提高镀层的机械强度。同时，碳纳米管的导热系数可以与金刚石相媲美。碳纳米管的这些独特性能使其应用范围越来越广泛。由于碳纳米管具有形状各向异性、比表面积高、轻质的特点，将碳纳米管与化学镀技术相结合可以充分发挥碳纳米管的奇异特性，为化学复合镀层性能的提升和拓展提供了新的契机。

　　由于碳纳米管具有很高的比表面积、容易团聚，并且表面呈化学惰性、在镀液中浸润性等原因，作者首先在碳纳米管表面包覆了一层薄铜层，在镀铜前要对碳纳米管进行预处理，然后进行化学复合镀。

1. 碳纳米管的纯化

　　试验所用的碳纳米管采用了化学气相沉积法制得，碳纳米管直径为 10 ~ 30nm。首先在100℃下使用4mol/L的硝酸对碳纳米管进行 5h 的纯化处理，一方面可以去除碳纳米管中残存的杂质，另一方面可以对碳纳米管的表面起到氧化修饰作用。之后将所得的黑色粉末状碳纳米管进行过滤并用去离子水彻底清洗，最后在100℃下烘干。通过透射电子显微镜观察对比，可以看出纯化前后碳纳米管的形貌特征差异（见图3-27）。

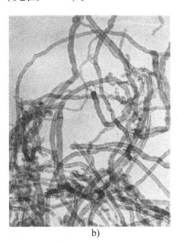

a)　　　　　　　　　　　　　　　　　b)

图3-27　碳纳米管纯化前后的 TEM（透射电子显微镜）形貌图片

a）纯化前　b）纯化后

　　由图3-27可以看出，纯化后，无定型碳、碳颗粒和杂质金属颗粒可以得到很好的去除，碳纳米管变得比较纯净。碳纳米管直径为 10 ~ 30nm，长径比大于100。硝酸纯化碳纳米管的机理可以由下面的反应方程式表示

$$C + 4HNO_3 = CO_2 \uparrow + 4NO_2 \uparrow + 2H_2O$$

2. 碳纳米管的分散

　　由于碳纳米管具有很高的长径比，纯化后互相缠绕，在使用前需要进行切割与充分分散处理，作者采用的是球磨后辅助以超声波分散方法。将纯化后的碳纳米管在添加了有机酯的球磨罐中球磨 10 ~ 15h，烘干后以十二烷基硫酸钠为表面活性剂在水溶液中进行超声波分散。

　　图3-28所示为球磨和超声波分散前后碳纳米管的 TEM 形貌图片，可以明显看出球磨后碳纳米管长径比变小，辅助以超声波处理后获得了比较好的分散性。

3. 碳纳米管表面镀铜

　　由于碳纳米管表面呈化学惰性并且容易团聚，为了改善碳纳米管的表面状态、分散性以及共沉积时与基质金属的结合性，作者采用在碳纳米管表面镀铜的表面修饰方法，赋予碳纳米管新的物理、化学和机械特性。具体步骤是先将纯化和分散后的碳纳米管敏化后再活化，最后化学镀铜。在敏化、活化及化学镀之前都将碳纳米管用超声波分散 10min，方法与超声

 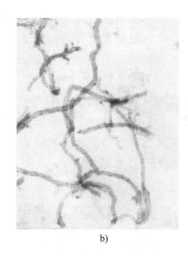

a)　　　　　　　　　　　　　　　b)

图 3-28　球磨和超声波分散前后碳纳米管的 TEM 形貌图片

a）分散前　b）分散后

波分散碳纳米管相同。其工艺流程如下：

超声波分散→敏化→水洗→超声波分散→活化→水洗→超声波分散→镀覆→水洗→真空烘干

敏化目的是使碳纳米管表面吸附一层容易氧化的物质，以便在活化时形成氧化层或催化膜，缩短化学镀诱导期，保证化学镀的顺利进行，原理和前述的纳米粒子敏化过程相同。事实上，敏化反应不是在敏化液中进行，而是在水洗时进行。当碳纳米管从氯化亚锡的敏化液中取出进行过滤清洗时，由于去离子水的 pH 值远高于敏化液的 pH 值，此时会发生二价锡的水解反应

$$SnCl_2 + H_2O = Sn(OH)Cl\downarrow + HCl$$

$$SnCl_2 + 2H_2O = Sn(OH)_2Cl\downarrow + 2HCl$$

反应后的产物又生成微溶于水的凝胶物质 $Sn(OH)_3Cl$

$$Sn(OH)Cl + Sn(OH)_2 = Sn_2(OH)_3Cl$$

生成的凝胶物质会吸附在惰性的碳纳米管表面形成一层薄膜。因此从敏化液中过滤出的碳纳米管需要充分清洗以免污染活化液，但冲洗强度和时间需要精细控制，以保证凝胶物质的顺利形成和均匀分布。另外，需要在酸性环境下配制敏化液，因为氯化亚锡在中性水中极易水解生成碱性氯化亚锡，如下式所示

$$SnCl_2 + H_2O = Sn(OH)Cl\downarrow + HCl$$

这样会使得敏化效果大大减弱，也不利于铜镀层与碳纳米管的结合。

碳纳米管在经过敏化后还需要在活化液中进行活化处理。具体是使用含有银离子的银氨络合溶液进行活化处理，目的是在碳纳米管表面沉积微小的银颗粒膜作为镀铜的催化剂。当经过敏化后的碳纳米管浸入活化液时，银离子立即被二价锡还原，生成银沉积在碳纳米管表面

$$2Ag^+ + Sn^{2+} = Sn^{4+} + 2Ag\downarrow$$

在配制活化液时需要对银离子的存在状态进行精确控制，既要保证一定的银离子含量以延长使用寿命也要获得合适的反应速率，这可以采用络合的方法来实现。通过在硝酸银溶液中加入氨水配制成银氨络合溶液，在活化过程中建立银离子反应的动态平衡。这一步骤需要

严格控制氨水的加入量，氨水量过大时，强烈的络合作用会造成银离子难以被还原。所以配制溶液时应进行充分搅拌，随着氨水的加入溶液会经历一个先变为褐色然后变透明的过程。活化后，碳纳米管要进行彻底冲洗，否则碳纳米管上残存少量的活化液也会容易引起后续化学镀铜液的分解，缩短化学镀液的寿命。

随后就可以进行碳纳米管的表面镀铜。下面是一个在碳纳米管表面化学镀铜的典型工艺：①镀前超声波分散；②将主盐、络合剂、缓冲剂和稳定剂分别用去离子水溶解并按照碱性镀液的配制方法混合、过滤；③用滴定管缓慢加入一定量的甲醛还原剂；④将分散好的碳纳米管连同分散溶液一起加入镀液中；⑤于超声波中振荡处理，完成镀覆过程；⑥过滤并冲洗至中性；⑦120℃下真空烘干。

使用透射电子显微镜进行包覆铜后的碳纳米管能谱分析。能谱分析物质的质量分数和摩尔分数见表 3-13。

表 3-13　能谱分析物质的质量分数和摩尔分数

元素	质量分数（%）	摩尔分数（%）
C	12.03	40.30
O	1.49	3.74
Al	1.84	2.74
Cu	83.09	52.63
Ag	1.56	0.58

由表 3-13 可以看到主要物质为 Cu 和 C，Ag 的质量分数很少，说明碳纳米管的活化处理很充分，Al 元素的信号可以归因于铝质试样台，O 可归因于试样台和镀层表面少量的氧化层及吸附氧。采用透射电子显微镜对包覆了铜层的碳纳米管形貌进行了观察（见图 3-29）。图 3-29 所示为不同镀液配方和不同反应时间包覆后的碳纳米管的 TEM 图片，其中图 3-29a 是 pH 值为 12、甲醛浓度为 20mL/L、包覆时间为 20min 的碳纳米管形态，可以看出碳纳米管表面并未完全被铜所覆盖；在此配方基础上，把 pH 值调整到 13，包覆时间增加 10min 后得到图 3-29b，与图 3-29a 相比，碳纳米管表面包覆的铜量明显增加；如果把 pH 值保持在 13 不变，甲醛浓度增加到 28mL/L，得到图 3-29c，可以看到碳纳米管完全被铜层所覆盖，并且仍然保持了管状形貌特征，说明铜层的形核生长是依照碳纳米管的外形较为均匀生长的结果，甲醛浓度增加对铜层的生长起到了主要作用；图 3-29d 的样品和图 3-29c 工艺相同，只是球磨的时间更长，所以尺寸和分散性有所不同。综合判断，对碳纳米管表面化学镀铜的主要影响因素是镀液 pH 值、甲醛浓度和包覆时间，但是反应速率需要精确地控制，以免镀层的厚度不均匀。

采用扫描电子显微镜分析的方法对包覆铜后的碳纳米管进行观察，得到图 3-30 所示 SEM 图片。

图 3-30a 是超声波分散的碳纳米管在 pH 值为 12、甲醛浓度为 20mL/L、包覆时间为 20min 的条件下包覆铜后的碳纳米管 SEM 图片，与图 3-29a 对应；图 3-30b 为球磨后超声波分散的碳纳米管在 pH 值为 13、甲醛浓度为 28mL/L、包覆时间为 40min 的条件下包覆铜后的碳纳米管 SEM 图片，与图 3-29d 对应，所以关于碳纳米管分散性和铜包覆量的影响因素与上文结论相同。另外可以看到碳纳米管表面包覆了光滑的铜层，尤其是图 3-30b 所示碳纳米管表面包覆了一层连续光滑的铜层，但也有少量的碳纳米管表面包覆的铜呈球形，说明铜

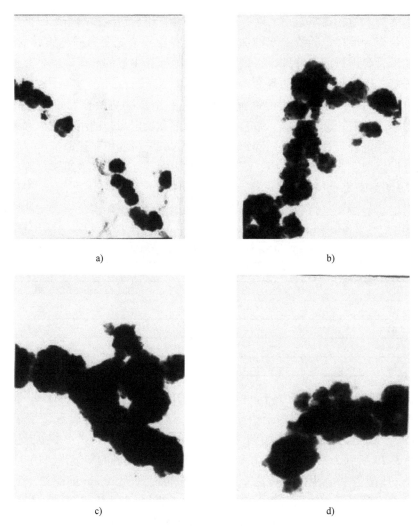

a)   b)

c)   d)

图 3-29　不同镀液配合和不同反应时间包覆后的碳纳米管的 TEM 图片

在碳纳米管表面包覆的整体效果很好，碳纳米管表面上的球形铜镀层可能是由于碳纳米管敏化或活化导致少量的碳纳米管的表面曲率较大，引起包覆的铜在碳纳米管的表面有收缩的趋势，所以才出现此现象。

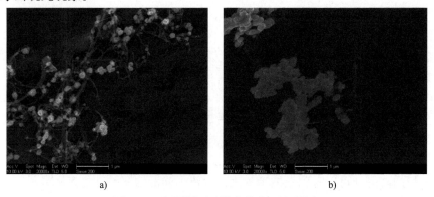

a)   b)

图 3-30　包覆铜后碳纳米管的 SEM 图片

采用 X 射线衍射方法对包覆铜后的碳纳米管的物相进行了分析，碳纳米管表面镀铜前后的 XRD 图谱如图 3-31 所示。根据 XRD 衍射峰可以判定包覆到碳纳米管表面上的为 Cu 单质：首先，包覆后的 XRD 图谱显示组成相为碳纳米管和单质铜；其次，由于铜的出现引起碳纳米管的衍射强度衰减，只有铜将碳纳米管表面包覆才会产生碳纳米管衍射峰衰减现象。

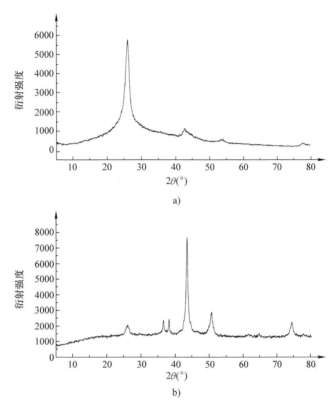

图 3-31　碳纳米管表面镀铜前后的 XRD 图谱
a) 包覆前　b) 包覆后

随后以包覆了铜的碳纳米管作为基体增强相，45 钢片表面获得 Ni – Cu – P/CNTs 复合镀层，再对复合镀层进行成分、结构特征及性能等的测试分析。

下面我们将列举一个典型的工艺优化过程。在 Ni – Cu – P 三元镀液的基础上调整镀液的成分及工艺，根据影响因素及其水平制定正交试验表，然后根据正交试验表规定的碳纳米管量加入碳纳米管，并使碳纳米管悬浮在镀液中，以实现分散的碳纳米管与基质合金共沉积，从而制备出 Ni – Cu – P – CNTs 复合镀层。检测镀层性能，然后热处理，再检测镀层性能，找出影响因素之间的关系和规律，选出各影响因素的一个水平来组成最优化试验方案。按照试验的先后顺序制定试验流程图（见图 3-32）。

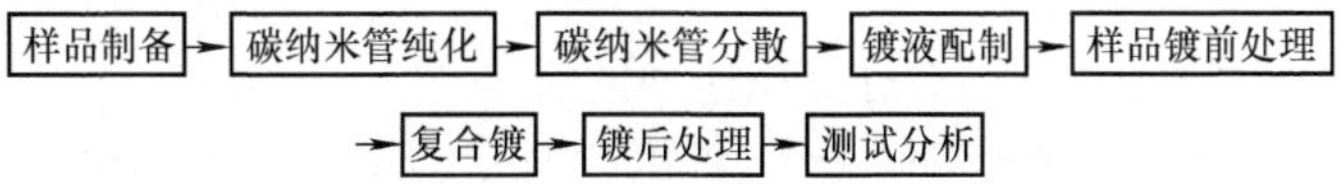

样品制备 → 碳纳米管纯化 → 碳纳米管分散 → 镀液配制 → 样品镀前处理 → 复合镀 → 镀后处理 → 测试分析

图 3-32　Ni – Cu – P – CNTs 化学复合镀的试验流程图

结果显示镀液和镀层的性能受到很多因素的影响，其中 $CuSO_4 \cdot 5H_2O$ 的浓度、碳纳米管的浓度、施镀温度和镀液的 pH 值为比较重要的影响因素，各因素及水平值见表3-14。

表3-14 各因素及水平值

因素	$CuSO_4 \cdot 5H_2O$ 的浓度/（g/L）	碳纳米管的浓度/（g/L）	pH 值	温度/℃
序号	A	B	C	D
1	2.0	0.8	6	70
2	3.2	1.6	7	75
3	4.4	2.4	8	80

以镀液的稳定性和镀层性能为考核指标，制定了四因素三水平的正交试验分析表，各试验条件及结果列于表3-15中，配制镀液依据镀液配制原则。

表3-15 Ni–Cu–P–CNTs 共沉积正交试验分析表

因素	$Cu_2SO_4 \cdot 5H_2O$ 的浓度/（g/L）	碳纳米管的浓度/（g/L）	pH 值	温度/℃	沉积速率/
序号	A	B	C	D	$[mg/(cm^2 \cdot h)]$
1	1 （2.0）	1 （0.8）	3 （8）	3 （80）	1.9
2	1 （2.0）	2 （1.6）	1 （6）	1 （70）	15.2
3	1 （2.0）	3 （2.4）	2 （7）	2 （75）	14
4	2 （3.2）	1 （0.8）	1 （6）	2 （75）	14.2
5	2 （3.2）	2 （1.6）	2 （7）	3 （80）	10.7
6	2 （3.2）	3 （2.4）	3 （8）	1 （70）	4.4
7	3 （4.4）	1 （0.8）	2 （7）	1 （70）	13.1
8	3 （4.4）	2 （1.6）	3 （8）	2 （75）	12.0
9	3 （4.4）	3 （2.4）	1 （6）	3 （80）	2.6
K_1	31.1	29.2	32	32.7	
K_2	29.3	37.9	37.8	40.2	
K_3	27.7	21.0	18.3	15.2	
k_1	10.4	9.7	10.7	10.9	沉积速率
k_2	9.8	12.6	12.6	13.4	总和 =88.1
k_3	9.2	7.0	6.1	5.1	
R	1.2	5.6	6.5	8.3	
较优方案	A_1 （2.0）	B_2 （1.6）	C_2 （7）	D_2 （75）	

在沉积稳定的情况下，为了获得较高的沉积速率，采用正交试验法 L_9 （3^4）优化沉积液配方，试验指标为沉积速率。由表3-15的9组数据可以基本上反映出 Ni–Cu–P–CNTs 的沉积速率的变化规律，通过极差法处理后可以看出极差最大的因素是 D（温度）高达 8.3，然后依次是 C（pH 值）6.5、B（碳纳米管的浓度）5.6、A（$Cu_2SO_4 \cdot 5H_2O$ 的浓度）1.2。

图3-33 ~ 图3-37 表征了各因素对沉积速率的影响。

由表3-15可以看出，较优水平组合为 $A_1B_2C_2D_2$，所以经过优化的工艺配方如下：$CuSO_4 \cdot 5H_2O$（浓度为 2.0g/L）、碳纳米管（浓度为 1.6g/L）、$NiSO_4 \cdot 6H_2O$（浓度为 32g/L）、$NaH_2PO_2 \cdot H_2O$（浓度为 16g/L）、柠檬酸三钠（浓度为 16g/L）、酒石酸钾钠（浓度为

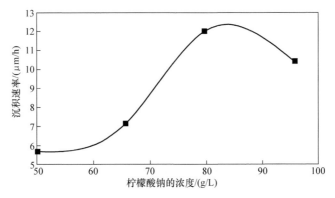

图 3-33　柠檬酸钠的浓度对沉积速率的影响

4g/L）、乙酸钠（浓度为 16g/L），pH 值为 7，施镀温度为 75℃。

在沉积过程中，硫酸铜提供铜离子，铜离子与柠檬酸根离子和酒石酸根离子形成络合离子，在次磷酸钠的还原作用下，在试样表面发生氧化还原反应，共析出 Ni - Cu - P - CNTs 沉积在试样表面。

图 3-34 所示为硫酸铜对沉积速率的影响。

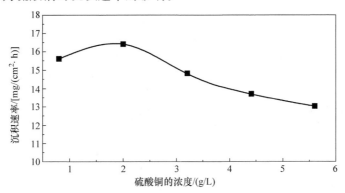

图 3-34　硫酸铜的浓度对沉积速率的影响

从图 3-34 可以看到，当其他条件不变时，随着硫酸铜浓度的增加沉积速率先增加后降低，其沉积速率最大值时的硫酸铜浓度为 2g/L。铜和镍具有不同的氧化还原性，当镍铜比达到一定值，沉积速率达到峰值，可见沉积速率随着硫酸铜浓度的增加先升高后降低，在硫酸铜浓度小于 2.0g/L 时，随着铜离子浓度的增加，总的氧化还原电位升高，反应自由度能变化更向负值方向增大，从而表现为随着硫酸铜浓度的增加沉积速率增加；当浓度继续增加时，铜盐的加入具有稳定剂的作用，抑制了沉积反应的进行，所以沉积速率随着硫酸铜的浓度增加而降低。所以硫酸铜的浓度应该选在 1.8～2.2g/L。

在沉积过程中，碳纳米管随着 Ni - Cu - P 的共析而附着在试样表面，这时由于沉积过程中位于试样表面的碳纳米管被 Ni - Cu - P 所覆盖，提高了碳纳米管与共析合金和镀件表面的浸润性，共同沉积在试样表面而获得 Ni - Cu - P - CNTs 复合镀层。

由图 3-35 可以看出，随着碳纳米管在镀液中的浓度增加，沉积速率增加，当碳纳米管的浓度达到 1.6g/L 时，沉积速率达到峰值，碳纳米管的浓度继续增加，沉积速率下降。这有两方面的原因：一方面，碳纳米管加入镀液，做布朗运动，对镀件表面产生冲刷和刮磨作

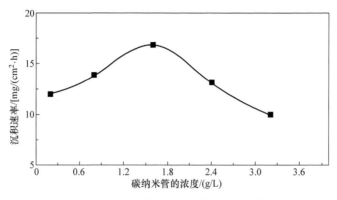

图 3-35　碳纳米管的浓度对沉积速率的影响

用，增加了镀件表面的活性点，使金属离子的还原速率加快，所以沉积速率加快；另一方面，当碳纳米管在镀液中的浓度过大时，它们吸附在镀件表面的数量增加，占据表面的概率增大，使部分催化活性点被覆盖而失去，因而沉积速率降低。当碳纳米管的浓度较低时，第1个原因起主导作用，所以表现为沉积速率升高；当碳纳米管的浓度达到一定值后，第2个原因起主导作用，因而沉积速率会随着碳纳米管浓度的增加而降低。考虑到碳纳米管成本较高，应该把浓度选在 1.4~1.6g/L。

在试验中使用氢氧化钠溶液调整溶液的 pH 值发现，适当提高 pH 值能够提高沉积速率，但是 pH 值过高后沉积速率开始降低。图 3-36 所示为 pH 值对沉积速率的影响。

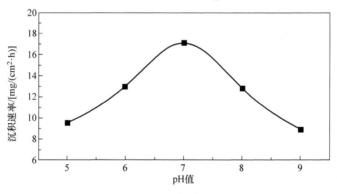

图 3-36　pH 值对沉积速率的影响

由图 3-36 可以看出，沉积速率随着 pH 值的增加而增加，当 pH 值达到 7 时沉积速率的变化趋势改变，随着 pH 值的增加而降低。pH 值越高，氢离子浓度越低，反应速率越剧烈，沉积速率加快，因此镀速随着 pH 值升高而加快；但是 pH 值超过 7 以后，镀速又随着 pH 值的升高呈下降趋势，原因在于碳纳米管的加入和双络合剂的使用使得镀液的沉积速率在 pH 值大于 7 时出现不稳定现象，当 pH 值达到 9 时，沉积速率下降到很低的程度，这是由于镀液在该条件下出现严重的分解现象。所以考虑到沉积速率的稳定性、镀液的质量以及镀层的质量，pH 值的选择范围定在 6.5~7.5。

图 3-37 所示是施镀温度和沉积速率的影响。可以看到，沉积速率随着温度的升高而加快，当温度达到 75℃时沉积速率改变变化方向，温度继续升高，沉积速率开始下降，并且增加和下降的变化都较快，可见该反应对温度变化比较敏感，在温度达到 75℃时沉积速率

最快。分析其原因：随着施镀温度的增加，碳纳米管的布朗运动更为剧烈，从而对镀件表面的冲刷和刮磨作用增强，使镀件表面催化活性点的数目增加，这样就促进了金属离子的沉积速率，带动碳纳米管的沉积速率同步加快，因而共沉积速率加快；温度大于 75℃后继续升高，粒子运动速率进一步加快，粒子在镀件表面的停留时间反而缩短，因而不利于 Ni – Cu – P – CNTs 的沉积以及与基体的结合，易从基体脱落下来，成为溶液中的沉淀物；在温度达到 85℃时，沉积速率下降到很小值，这是由于温度过高，在镀件表面以外产生了新的反应中心，引起镀液分解。所以施镀温度的选择范围最好在 73～76℃。

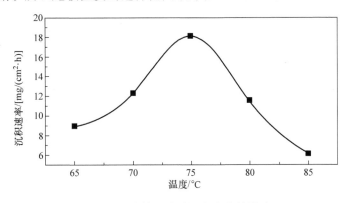

图 3-37　施镀温度对沉积速率的影响

综上所述，Ni – Cu – P – CNTs 复合镀的较优配方参数为：$CuSO_4 \cdot 5H_2O$（1.8～2.2g/L）、碳纳米管（浓度为 1.4～1.6g/L）、$NiSO_4 \cdot 6H_2O$（浓度为 32g/L）、$NaH_2PO_2 \cdot H_2O$（浓度为 16g/L）、柠檬酸三钠（浓度为 16g/L）、酒石酸钾钠（浓度为 4g/L）、乙酸钠（浓度为 16g/L），pH 值为 6.5～7.5，施镀温度为 73～76℃。

用显微硬度计测定 Ni – Cu – P – CNTs 复合镀层的显微硬度，测试分为两个阶段：镀态硬度测定、400℃氢气保护气氛热处理（保温 2h，炉冷）后硬度测定。对 Ni – Cu – P – CNTs 复合镀层的显微硬度分析，主要考虑 $CuSO_4 \cdot 5H_2O$ 的浓度和碳纳米管的浓度两个因素。图 3-38、图 3-39 所示是碳纳米管的浓度与镀层硬度的关系曲线，图 3-39 为 400℃氢气保护气氛热处理后的硬度变化曲线。

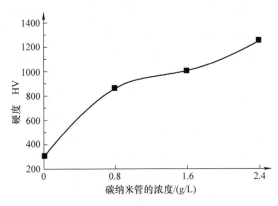

图 3-38　碳纳米管的浓度与
镀层硬度的关系曲线

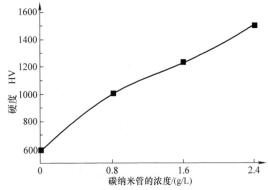

图 3-39　碳纳米管的浓度与镀层硬度的
关系曲线（400℃氢气保护）

　　从图 3-38 可以看到镀层硬度随着碳纳米管的浓度增加而升高,且硬度比未加入碳纳米管的单一 Ni–Cu–P 镀层硬度更高。这是由于碳纳米管的加入改变了单一 Ni–Cu–P 镀层的表面形态,碳纳米管一部分被包裹在镀层中,一部分裸露在镀层表面,而碳纳米管为硬质纳米材料,作为纳米增强材料能大幅提高镀层硬度。

　　图 3-39 与图 3-38 比较,可以看到镀层硬度提高且变化趋于平缓。原因在于 400℃氢气保护气氛热处理后,镀层中形成 Ni_3P 和 Cu_3P,其原子结合力更强、硬度更高,镀层的孔隙率降低、致密度提高,碳纳米管均匀分布在镀层中,更加均匀的镀层组织使镀层上不同点的硬度差减小,硬度测定误差概率降低,不再出现硬度陡降陡升现象,硬度变化趋于平缓。图 3-40 和图 3-41 所示为 $CuSO_4 \cdot 5H_2O$ 的浓度与镀层硬度的关系曲线,图 3-41 为 400℃氢气保护气氛热处理后的硬度变化曲线。

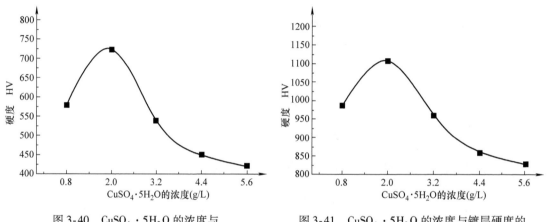

图 3-40　$CuSO_4 \cdot 5H_2O$ 的浓度与　　　　　　图 3-41　$CuSO_4 \cdot 5H_2O$ 的浓度与镀层硬度的
　　　　镀层硬度的关系曲线　　　　　　　　　　　　　关系曲线 (400℃氢气保护)

　　从图 3-40 可以看出,随 $CuSO_4 \cdot 5H_2O$ 浓度的增加镀层硬度先增加后降低,且当 $CuSO_4 \cdot 5H_2O$ 的浓度达到 2.0g/L 时,硬度最大。镀层硬度和沉积速率与 $CuSO_4 \cdot 5H_2O$ 的浓度密切相关,由 $CuSO_4 \cdot 5H_2O$ 浓度对沉积速率的影响可以知道,在 $CuSO_4 \cdot 5H_2O$ 浓度小于 2.0g/L 时,沉积速率随着 $CuSO_4 \cdot 5H_2O$ 浓度的增加而加快,则镀层中的铜含量和碳纳米管含量同步增加,当 $CuSO_4 \cdot 5H_2O$ 浓度大于 2.0g/L 后,$CuSO_4 \cdot 5H_2O$ 浓度增加,沉积速率下降。在 $CuSO_4 \cdot 5H_2O$ 的浓度小于 2.0g/L 时,镀层中的铜含量和碳纳米管含量增加,铜会起到细化晶粒的作用;另外,从镀层结构分析表明,铜能促进磷与镍形成一种新的化合物相 Ni_5P_2,使磷在镍中以过饱和置换状态存在。因此,$CuSO_4 \cdot 5H_2O$ 的浓度增加,镀层铜含量增加,镀层硬度提高。同时由于碳纳米管为硬质纳米材料,碳纳米管含量的增加也提高了镀层硬度。在 $CuSO_4 \cdot 5H_2O$ 的浓度大于 2.0g/L 时,沉积速率下降,导致镀层中的铜含量和碳纳米管含量减少,则硬度下降,且沉积速率下降得越来越慢,所以硬度下降也趋于平缓。

　　与图 3-40 相比,从图 3-41 可以看到镀层硬度相对大幅度提高且变化趋于平缓。400℃氢气保护气氛热处理后,镀层中形成 Ni_3P 和 Cu_3P,其原子结合力更强、硬度更高,镀层的孔隙率降低、致密度提高,碳纳米管均匀分布在镀层中,更加均匀的镀层组织使镀层上不同点的硬度差减小,硬度测定误差概率降低,不再出现硬度陡降陡升现象,硬度变化趋于平缓。

　　使用电子金相显微镜进行镀层的金相分析,得到图 3-42 所示的金相图片 (×500)。

图 3-42a 为镀态金相图片，图 3-42b 是 400℃ 氢气保护气氛热处理 2h 后的金相图片。

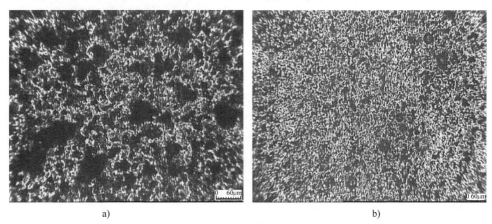

a)　　　　　　　　　　　　　　　　b)

图 3-42　镀层的金相图片 （×500）

a）镀态　b）热处理

图 3-42a 表面呈明显的黑白相间分布状态，因为碳纳米管为黑色，所以可以清晰地看到有些碳纳米管连成一片，再通过明暗对比可以知道表面具有一定的粗糙度。这是因为在沉积过程中，粒子对镀件表面的冲刷强度有所不同，当冲刷强度适中时，镀件表面催化活性点的数目增加，这样就促进金属离子的沉积速率加快，与碳纳米管的共沉积速率同步加快，这些部位的镀层相对较厚；当冲刷强度过小时，镀件表面活性点较少，沉积速率小，镀层相对薄一点；当冲刷强度过大时，反而会使粒子在镀件表面的停留时间缩短，因而不利于 Ni－Cu－P－CNTs 的沉积以及与基体的结合，易从基体脱落下来，成为溶液中的沉淀物。除此之外还有碳纳米管分散时的效果欠佳，使得沉积过程中少量碳纳米管发生轻微的团聚现象，与 Ni－Cu－P 共沉积在镀件表面也会使镀件表面呈明显的明暗相间分布状态。

图 3-42b 为热处理后的表面形貌图，从图中可以看到，与图 3-42a 明显不同的是明暗对比度显著降低，这是由于热处理过程中析出 Cu_3P 和 Ni_3P 中间相，使得晶粒之间连成一片，碳纳米管更为均匀地分散在基体表面，表面孔隙率降低、致密度提高，组织的均匀程度提高。

图 3-43 所示为镀态下镀层表面的 SEM 组织形貌图 （×1000），图 3-44 所示是 400℃ 氢气保护气氛热处理后镀层表面 SEM 组织形貌图 （×1000）。

a)　　　　　　　　　　　　　　　　b)

图 3-43　镀态下镀层表面的 SEM 组织形貌图 （×1000）

从图 3-43 可以明显地看到碳纳米管比较均
匀分布于镀层中，但是孔隙率和致密度还不太理
想，主要因为碳纳米管在沉积过程中不可避免地
发生了轻微的缠绕团聚现象。

与图 3-43 尤其是图 3-43b 比较，从图 3-44
能够明显看到镀层孔隙率降低，致密度提高，这
与热处理有关。在 400℃氢气保护气氛热处理
后，镀层出现液相，填充孔隙并带动碳纳米管使
其均匀分布，降低孔隙率、提高致密度。
图 3-45 和图 3-46 分别为镀态下镀层表面的 SEM
组织形貌图 （×10000） 和 400℃氢气保护气氛
热处理后镀层表面的 SEM 组织形貌图 （×10000）。

图 3-44　400℃氢气保护气氛热处理后镀层
表面的 SEM 组织形貌图 （×1000）

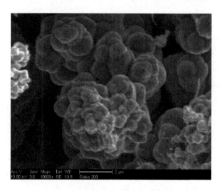

图 3-45　镀态下镀层表面的
SEM 组织形貌图 （×10000）

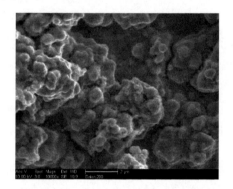

图 3-46　400℃氢气保护气氛热处理后镀层表面的
SEM 组织形貌图 （×10000）

从图 3-45 看到，镀层存在孔隙，但是孔隙率很低，碳纳米管轻微团聚，但是总体较均
匀地分散在镀层中，一部分包覆于镀层中，一部分裸露在镀层表面，进一步证明了金相组织
分析的正确性。根据图 3-45 与图 3-46 的比较，从图 3-46 可以看到，经过 400℃氢气保护气
氛热处理后孔隙率降低、致密度提高，碳纳米管半包覆在镀层中的现象更加清晰可见，可以
很明显地看到这是由于热处理时的液相流动填充孔隙起到的作用。

3.3.8　其他化学复合镀层

由于化学复合镀层具有分散粒子和基体金属的共同特性，加入不同特性的颗粒可以得到
性质多样的复合镀层。比如对于 Ni－P－CeO₂ 纳米复合化学镀，适当的工艺条件下，所得的
Ni－P－CeO₂ 复合镀层表面光亮、均匀，耐 10% NaCl 溶液和 1% H₂S 气体腐蚀能力比 Ni－P－
SiC 镀层有成倍提高，比空白钢片有几十倍的提高。用纳米 TiO₂、SiO₂ 等制得的复合镀层比
普通锌镀层的耐蚀性提高 2~5 倍，外观也得到稳定和改善。近年来，飞速发展的缎面镍就
是分别含有高岭土、玻璃粉、滑石粉或 BaSO₄、Al₂O₃ 等的镍基复合镀层，其结晶细致、内
应力低、耐蚀性好、外观柔和舒适，如果用相应的纳米粉那么其性能会更好。将载镍型抗菌
剂复合到 Ni－P 镀层可得到纳米抗菌复合镀层。抗菌检验试验表明，该镀层对绿脓杆菌有

100% 的杀菌性能，对大肠杆菌的杀菌率约为 90%。主要机理为：以硫酸镍为抗菌有效成分，以纳米级白炭黑为载体，形成抗菌复合镀层。白炭黑表面的 Si – OH 具有很强的吸附活性，很容易和负电性的原子氧、氮发生氢键吸附，而 Ni^{2+} 在 $NH_3 \cdot H_2O$ 白炭黑悬浮液中，以 $[Ni(H_2O)_2(NH_3)_4]^{2+}$ 和 $[Ni(NH_3)_6]^{2+}$ 的形式存在，白炭黑表面的 Si – OH 能与这两种络离子中的氧、氮原子发生氢键吸附，从而把它们吸附在表面。这种载镍的白炭黑在镀液中以疏松多孔的二次粒子形式被复合到镀层上，当细菌与镀层接触时，由于镀层表面的白炭黑中有 Ni^{2+} 溶出，并与细菌发生作用，从而导致细菌死亡。纳米陶瓷颗粒具有较好的耐高温和抗氧化性能，将其应用到镍磷化学镀可以有效地提高镀层的抗高温性能。与微米级颗粒相比、纳米级颗粒的加入可以显著改善镀层的微观组织、提高镀层的耐高温性能。Ni – W – B 非晶态复合镀层中加入纳米 ZrO_2 可以提高镀层在 550～850℃ 时的抗高温氧化性，使镀层耐磨性提高 2～3 倍。燃气轮机和航天航空的某些部件工作温度在 850℃ 以上，而镀镍、镍磷和铬只能在低于 400℃ 时工作，采用钴基纳米金刚石复合镀层则大大提高了其耐高温性能。

目前，微米复合镀层的研究已有几十年的历史，并已制备出各种性能优异的镀层，在航空、航天、汽车、电子等领域获得了广泛的应用。而纳米复合镀层的研究尚处于探索阶段，存在以下几个问题：

1）纳米颗粒分散这一关键问题现在还存在着许多不足。选择不同分散剂虽然是目前研究比较活跃的一个方向，但由于国内合成多种功能团的分散剂跟不上时代的步伐，理论研究不够，分子设计水平较低，这些因素限制了人们对分散剂的选择，从而阻碍了纳米颗粒分散这一关键技术的发展。因此，纳米颗粒分散的发展方向应是合成性能优异的分散剂、设计高效分散方法，提高分散后纳米颗粒的稳定性和均匀性。

2）目前对纳米颗粒化学复合镀层的性能表征方面主要集中在镀层的硬度、耐磨性、减摩性、抗高温氧化性以及耐蚀性等性能，对镀层的磁学、电学、医用和光催化等性能研究虽然也有报道，但是总的来讲研究较少。

3）纳米复合镀层中纳米颗粒与金属离子的共沉积机理尚无完善的理论解释。

4）纳米复合镀层的制备尚无完善的工艺，基本处于经验配方阶段，纳米颗粒在镀液及镀层中的分散尚未得到圆满的解决。

纳米颗粒的加入能显著提高复合镀层的性能，因此纳米复合镀层的研究及应用具有很好的发展前景。但由于纳米复合镀层存在以上几个问题，使得纳米复合镀层的制备和应用受到限制。因此有关纳米复合镀层的工作尚待进一步研究，但从发展的角度来看，纳米复合镀层具有广阔的研究和应用前景。然而纳米颗粒化学复合镀技术尚处在发展阶段，工艺设备还需要进一步完善，理论研究还不够深入，必须做进一步的研究工作，以逐渐开发出具有独特功能的纳米化学复合镀层。化学复合镀的工艺在不断地完善和提高，性能优良的复合镀层不断推出。由于被镀材料范围广、所需设备简单、操作方便、不需高温度、不影响基体金属的组织结构，又能获得性能良好的沉积层，因此化学沉积及其复合镀层已成为一门新型的表面技术学科，特别是作为一种新型的表面强化技术在机械、航空、化工、采矿、船舶以及原子能等领域中得到了广泛应用。为此，必须加强对这一学科的研究与开发，以适应日益发展的工业需要。

3.4　化学复合镀层的典型用途

总而言之，根据复合镀层的性能和用途，可将复合镀层分为：装饰与防护性镀层、耐磨性镀层、自润滑减摩性镀层、热处理分散强化合金镀层、耐高温镀层和其他性能镀层等，从中可发现复合镀层具有广泛变化的特性。

1. 装饰与防护性镀层

以镍为基质，复合 Al_2O_3、TiO_2 等微粒，利用这些微粒吸附密胺脂荧光颜料，可得到与颜料相同色调的荧光复合镀层。复合镀层在紫外线照射下，发出的荧光可应用于交通信号设备、汽车尾灯等。改变颜料的色彩，可制备出彩色镀层。

在镀镍溶液中加入 Al_2O_3、$BaSO_4$ 等粒子，得到的复合镀层光泽柔和，可用于室内装饰及汽车的外装饰件，这就是现在广泛应用的缎状镍。提高耐蚀性的"镍封"普遍采用 Cu - Ni - Cr 体系，在铬与镍层间复合镀镍，粒子可用 SiO_2、$BaSO_4$、Al_2O_3 等，粒子直径小于 $1\mu m$。如果复合层的厚度在 $1\mu m$ 以下，那么在这大量非导电的粒子上镀不上铬，形成微孔数为 $1 \times 10^{-4} \sim 8 \times 10^{-4}/cm^2$ 的微孔铬层。微孔消除了铬层较大的内应力，电化学腐蚀电流降低、复合镀层的耐蚀性大大增强。

2. 耐磨性镀层

耐磨性镀层是复合镀层应用最广泛的一种。通常以 Ni - P、Ni - B 作为基质，复合硬质相，形成的复合镀层以高硬度、耐磨及耐高温为特点。

复合镀层之所以耐磨，是因为复合的微粒硬度高、耐磨；粒子屈服强度大，可以弥散强化基质，增强基质的抗塑性变形能力。在磨损过程中，分散相粒子充当第一滑动面，起到抗磨作用，另外一层粒子支撑基质作为第二滑动面，因此，复合镀层具有优秀的耐磨性。

3. 自润滑减摩性镀层

主要以铜、镍为基质，复合一些具有润滑性的粒子，如 MoS_2、WS_2、石墨、氟化石墨、云母和聚四氟乙烯（PTFE），形成的复合镀层具有良好的自润滑性，产生减摩效果。

在这类复合镀层中，过去研究较多的是 MoS_2 复合镀层，复合镀层的摩擦系数低，且受到粒子的析出量、载荷等因素影响，MoS_2 的共析量在 24% ~60% 范围内变化，镀层的摩擦系数极低。但是，这类复合镀层不一定具有很好的耐磨性。这要取决于基质镀层的磨损特性。在设计这类复合镀层时，选择好基质与分散粒子，最好既减摩又耐磨，但要注意只能用于低负荷场合，让复合镀层与单一镀层或复合镀层配对，效果会更佳。

化学复合镀 PTFE 是一类比较常见的自润滑镀层，PTFE 是一种非常好的固体润滑剂，化学镀 PTFE 复合镀层具有低的摩擦系数，抗黏附及擦伤性能好且耐腐蚀。化学镀 Ni - P - PTFE 中，PTFE 的共析量一般在 25% ~30%，复合镀层的硬度为 500 ~600HV，连续使用温度可达 290℃，结合强度接近镍镀层，耐蚀性比镍镀层好，耐磨、减摩性能优于硬铬镀层，和硬度为 27 ~33HRC 的钢对磨，PTFE 复合镀层的磨损量仅为镍镀层的六十分之一，为硬铬层的十五分之一。

4. 热处理分散强化合金镀层

在镀镍溶液中，加入 Al_2O_3、ZrO_2、MoS_2 或 SiO_2 等，经过热处理，可产生分散强化作用，复合镀层的强度、韧性等力学性能都较镀镍层有大幅度的提高。

5. 耐高温镀层

复合一些硬度高、熔点高的化合物，复合镀层不仅耐磨，而且具备良好的高温性能。Ni – SiC 复合镀层在高温下应用，能保证镀层与基材的结合；与镀镍层相比，Ni – Al_2O_3 复合镀层在高温下增重很少，抗氧化性能好；Ni – ZrO_2 复合镀层的耐热性好，抗氧化能力强，抗氧化性是镍镀层的 10 倍。用镍合金镀层代替镍镀层作为基质，复合镀层的耐高温性能更好。

6. 其他性能镀层

Ni – VO_2、Ni – ThO_2 复合镀层可制成核燃料元件、控制材料等，应用到原子能反应堆燃烧室的设备及零件。在 Ni – Fe 中复合 EuO_2 微粒（直径为 $0.5 \sim 0.8 \mu m$），用来制造磁性薄膜，可提高记忆密度。还有电接触功能复合镀层，Ni – 氟化树脂脱模复合镀层、改善有机物与金属基体结合的复合镀层等。

第4章　不同基底对化学镀层的影响

化学镀合金可镀覆在钢铁、铝及其合金、塑料等材料表面，附着力强，但是不同的基底材料对镀层的生长以及性能和用途都有不同的影响，同时也要经过不同的预先处理，才能保证得到良好的镀层。

4.1　金属基底

Ⅷ族的金属包括铁、钴、镍、铂、铑、钯等金属，这些金属基底对化学镀过程中的还原反应具有比较高的催化活性。在进行施镀前只需要进行常规的表面预处理即可进行镀覆工作。以低碳钢基底为例，试样镀前的预处理工艺为：打磨→冷水冲洗→热碱溶液除油→热水洗→冷水洗→稀酸溶液除锈→冷水洗→热水洗→晾干。对于表面较粗糙的试样可以先进行表面打磨，再放在稀盐酸中浸泡，去除表面锈蚀部分，然后在氧化镁水浆中反复擦拭试样，清除表面污垢。接着在碱性溶液中除油，典型除油溶液组成：氢氧化钠（浓度为25g/L）、磷酸钠（浓度为35g/L）、水玻璃（浓度为5g/L），温度为80℃，时间为5~10min。清洗完毕后在稀盐酸中浸蚀活化2~4min。

有些基体材料在沉积镍磷合金之前需进行表面活化才能保证沉积层与基体良好结合，对于低碳钢可以在基体表面进行浸蚀活化，从而获得良好的催化表面。

由于化学镀层的应用领域很广，金属基底材料的类型也多种多样，对于不同类型的基底的处理方法以及获得的性能要求也有所不同。

4.1.1　铝基底

铝及其合金密度小、比强度高，是一种广泛应用的轻金属结构材料，表面容易氧化，但铝及其合金屈服强度低、抵抗塑性变形能力差、硬度较低、耐磨性不足，不适合用作承受较大载荷的结构件。有的铝合金虽然强度较高，但耐蚀性较差。在许多场合，铝及其合金常作为基体，比如纺织机械中的零部件有的用铝合金材料，在纤维加工过程中引起摩擦磨损，进而影响到零件的寿命和纤维质量。为进一步提高铝及其合金的性能和扩大应用领域，可对铝及铝合金进行表面处理。铝合金的表面处理方法很多，有电镀、阳极氧化等，但阳极氧化和电镀工作环境恶劣，镀层结合状况欠佳。通过在铝合金表面修饰化学镀层，可以有效地提高铝合金的耐磨性以及耐各种酸、碱、盐、卤化物和海水等介质的腐蚀性能。

以铝基底为代表的铝及其合金、不锈钢、钛、钼、钨等金属基底具有自催化活性，但是表面会形成一层十分致密的氧化膜，氧化膜与基体结合力很强，能够阻止氧的扩散，起到保护作用，因此具有良好的抗氧化性及耐蚀性。但是铝合金电极电位较负，而且容易迅速形成氧化膜，在实施化学镀时常常被镀液浸蚀而置换出被镀金属，这样会造成镀层与基体的结合力减弱，同时对镀液的稳定性也会造成影响。为了改善结合状况，需要将氧化膜去除并进行表面预处理。

铝基底的预处理通常采用以下步骤：对镀件进行清洗，使表面无油（脂）污染物，为镀覆提供良好的沾性表面。除油脂的方法有很多，可用电化学法、化学法和有机溶剂除油。铝及其合金的化学除油液组成：碳酸钠（浓度为 25g/L）、磷酸钠（浓度为 30g/L），温度为 60～65℃，时间为 4～6min。通常除油温度要尽可能低，除油时间要尽可能短。经过必要的清洗之后，采用酸蚀方法，除去原有的钝化膜，替换为更薄、更均匀的膜，除去可能影响效果的不必要的显微组分。如铝硅合金，在稀硝酸中酸蚀，表面的铝被部分溶解，硅则不溶。这样，化合物及其他元素存在于表面，原来易氧化的表面转变成抗氧化的表面。随后需要在铝基底和镀层之间形成一种特殊结构来提高结合力，通常采用的是浸锌活化法，具体步骤是将铝件清洗、酸蚀后放入碱性锌溶液中（氧化锌的浓度为 100g/L，苛性碱的浓度为 525g/L），表面的钝化膜溶解，其下的铝基体露出来，被锌所置换，从而在表面形成一层很薄的锌层，提高了镀层与基体的结合力。如此既可以防止氧化，又不妨碍镀覆其他金属。浸锌层要求尽可能薄而均匀，表面呈暗灰色。当表面出现斑块或黑灰时，应在稀硝酸中酸蚀退锌，再补充一次浸锌处理。另外，浸锌所用的挂具要避免使用铜及其合金挂具，目的是防止铜铝产生接触置换。

预处理工艺流程图如图 4-1 所示。

施镀后为了改善镀层与铝及其合金基体的结合状况、消除氢气、提高硬度，可以采用 170～190℃ 加热 1h 的方法，以改进结合力。高强度铝合金至少在 140℃ 加热 2h；时效铝合金可结合时效温度一起进行。但热处理温度不宜过高，以免损害基体的力学性能。

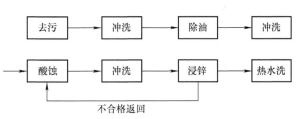

图 4-1 预处理工艺流程图

作者在酸性条件下使某纺纱机厂家的铝硅合金锭翼表面获得了厚度为 20～30μm、磷的质量分数分别为 4.0% 和 6.0% 的镍磷合金，并在 175℃ 热处理 7h。该铝硅合金的化学成分见表 4-1。

铸造铝合金除要求一定的使用性能外，还要求具有良好的铸造工艺性能，成分处于共晶点（$w(\text{Si}) = 11.7\%$）的合金具有最好的铸造性能，但由于组织中的化合物而使合金脆性增大，该锭翼是亚共晶铝硅合金，与 ZL101 铝合金比较接近。在铝硅合金中加入镁能形成 Mg_2Si 相，淬火时镁溶入 α 固溶体，经时效处理产生显著的强化作用。但该铝合金的硅、镁含量偏低，铁是杂质元素，对合金性能不利，含量则超过 ZL101 铝合金。经过 553℃ 淬火 + 180℃ 时效处理 7h，其显微组织为 α – Al + Si，没有 Mg_2Si，这与镁含量偏低和处理工艺有关。硅在铝中的固溶度变化不大，而且硅在铝中的扩散速率很快，极易从固溶体中析出并聚集长大，时效处理起不到强化作用，因此，该铝合金的强度、硬度都不太高。

表 4-1 铝硅合金的化学成分 （质量分数,%）

元素	Si	Mg	Mn	Cu	Fe	Al
某厂铝硅合金锭翼	6.30	0.24	微量	<0.04	0.36	余量
ZL101 铝合金	6.0～8.0	0.2～0.4	—	<0.2	<0.1	余量

施镀之前的铝硅合金表面硬度很低，仅有 49HBW，镀态下，磷的质量分数分别为 4.0% 和 6.0% 的合金层的硬度分别提高到了 491HV0.1 和 520HV0.1，高磷镀层的固溶体饱和度高、晶格畸变大、晶粒更加细化，因此，镀层能够承受更大的塑性变形，硬度高。经过 175℃热处理 7h 后，两种合金镀层的硬度分别升高至 646HV0.1 和 702HV0.1。

图 4-2 显示了锭翼在线磨损试验机上的纤维磨损曲线，试验参数：线速率为 7.4m/s、静载荷为 19.6N、干态。当纤维在试样表面快速滑过时发生摩擦，产生磨损。可以看到，该锭翼用铝硅合金硬度低，没有达到 ZL101 铝合金的强化效果，加上过量铁的脆化作用，使屈服强度进一步降低，抗塑性变形能力差。镍磷合金镀层的线磨损体积明显小于铝硅合金，可以发现，镀层的硬度高于铝硅合金，所以磨损体积小。经过热处理的镀层，不仅硬度提高，而且镀层内氢气逸出，延展性获得改善，与基体结合力增强，所以耐磨性更好。硬度是控制这种形式磨损的关键因素。从磨损表面的微观分析来看，铝硅合金硬度较

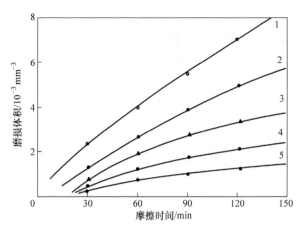

图 4-2　锭翼在线磨损试验机上的纤维磨损曲线
1—铝硅合金　2—镍磷合金镀层，$w(P)=4.0\%$
3—镍磷合金镀层，$w(P)=6.0\%$
4—镍磷合金镀层，$w(P)=4.0\%$，175℃×7h
5—镍磷合金镀层，$w(P)=6.0\%$，175℃×7h

低，容易发生塑性变形，在磨损过程中，基体表面磨损时，硅粒子尚能起到一些强化作用；磨损加剧时，硅粒子便显露出来，纤维纱线便在硅粒子间穿过。随着磨损时间的延长，硅粒子脱落，与外来质点一起参与磨损，加剧磨损程度。对于铝硅锭翼来说，会使磨损加重，硅粒子显露与脱粘，摩擦表面粗糙，影响纤维纱线的质量，引起纱线挂花，断头。也就是说，锭翼不仅要求耐磨性好，还要具备一个良好的耐磨表面。镍磷合金镀层均匀平整，屈服强度高，具有较大的抗塑性变形能力。其组织为单一的固溶体，磨损表面平整，在这种轻载荷、高速率的磨损条件下，镀层与铝合金基体结合好，能够保持力学相容性，不至于磨损时剥落；经过热处理后的镍磷合金，镀层内残留的氢气逸出，韧性增加，硬度提高，故抗纤维磨损能力更高，磨损表面光滑平整，对纤维质量提高有益。

铝上化学镀镍磷合金可以在航天航空、电子电器、汽车、石油化学、机械、纺织等领域获得广泛应用。通常分为以下几方面：

1）耐磨性。铝化学镀镍磷合金，经过适当的热处理，硬度和耐磨性都提高。如应用在飞行器上的起落装置，既保持了一定的强度，又具有很高的耐磨性，使用寿命延长，可靠性增加。气泵内的铝活塞，采用镍磷合金表面强化，重量轻，表面耐磨，摩擦系数低，可减少缸壁的擦伤，而且提高燃料燃烧时的耐蚀能力。纺织中用的绕线筒、导杆，经表面强化处理后，更加耐磨、耐热，可以提高纱线质量，改善抗静电性能。

2）耐蚀性。镍磷合金镀层均匀，孔隙率低，耐蚀性好，镀层中磷含量越高，耐蚀性越好。铝上化学镀镍磷合金，经过低温热处理，使镀层内氢气逸出，耐蚀性有所提高。如反应热交换器，其整体材料强度要求不高，若采用镀镍磷合金，可起到耐腐蚀、耐高温作用，从

而使热交换器服役时间大大延长。

3）成形。对于许多形状复杂、尺寸很小的零件，可用镍磷合金镀层制造。先用铝按零件尺寸加工成形，在其上镀覆一层镍磷合金，然后在碱性溶液中把铝腐蚀掉，获得零件的外形，按技术要求进行热处理，可满足所需性能。如小型波纹管或模盒，可采用该工艺加工成形。

4）焊接性。镍磷合金镀层中由于含有磷，降低了熔点，焊接性好，可进行铜焊或锡焊。铝合金的焊接性差，采用镀覆镍磷合金可改善其焊接性，可以进行铝及其合金和钢铁等的焊接。

5）磁性能。镍磷合金镀层中的磷元素是反磁性的，使镀层磁性降低。随着磷含量的提高，磁性下降，当磷的质量分数大于 9% 时，镀层几乎无磁性。热处理会增加磁性。对于计算机记忆元件，在铝基体表面镀镍磷合金 $5 \sim 10\mu m$，然后镀一层记忆介质，会使记忆密度得到大幅度提高，可在通信、仪表和计算机行业进行广泛应用。

4.1.2　锌基底

锌合金的特点是密度比较大、铸造性能好，可以采用压铸法获得形状复杂、薄壁的精密件，并且可以获得光滑的铸件表面。因此压铸法是精密加工数量大、形状复杂且尺寸要求严格的金属零件的一种重要加工方法，并且成本低、操作方便。压铸锌合金的成本低于其他金属和合金，而且容易进行电镀和其他表面涂覆。压铸锌合金含一定量的铝、镁和铜，通过控制铁、铅和镉等杂质含量可以防止产生晶间腐蚀。锌合金压铸件通常镀铜、镍和铬，起到防腐和装饰作用。然而，不恰当的模具设计或铸造工艺会使得锌合金压铸件表面层产生缺陷，如缝隙、皮下起泡、气孔和裂纹，这些部位易于受酸和碱侵蚀，在低凹处难于获得均匀的沉积层，因此对于组合镀层会起到不良效果。例如，用锌合金压铸件生产的电子连接器，其部件就很难采用传统的工艺来施镀，还有汽化器和油泵等部件要求镀层具有高硬度、高耐磨性和优良的耐蚀性，但在低凹和粗糙部位就满足不了这些要求。在锌合金压铸件上采用化学镀的方法则能够提供优良的结合力、外观和防护性能。

在压铸件表面经常会存在着裂纹或者疏松等表面缺陷，这些缺陷的存在容易使铸件过早地引起腐蚀。有些表面缺陷可通过机械整平方法，如磨料抛光等来磨削去除，深度局限于 $50\mu m$ 以下（绝大多数表面缺陷深度都小于 $25\mu m$），由此增加了预处理代价。一些压铸件采用超精度加工，使表面粗糙度值低于 $0.25\mu m$，可以降低机械（人工）抛光的代价。锌合金压铸件表面疏松将影响镀层的耐蚀性，且锌本身容易被酸、碱腐蚀，从而限制了镀前的清洗规范。表面清洗的目的在于：①表面的油脂、污物必须清除，以免在后续处理时产生浸蚀或浮灰；②保证镀层的结合力；③碱清洗后必须浸酸，除去锌的氧化物、氢氧化物及其他碱性化合物。但是，在中等碱性溶液中去除污物，间或使用溶剂除油，都有其缺点。首先，二者适用于油腻的基体清洗，但容易在表面残留有胶状物，这是不希望发生的。再者，采用如三氯乙烯或氯乙烯之类的含氯离子溶剂除油，长期操作容易中毒，要控制使用量。因此，中等碱液适合初步清洗，油污过重则采用碱液压力喷洗。表 4-2 所示为锌合金压铸件的碱性清洗剂的典型配方。铸件经碱液完全清洗后，在稀酸（如 0.5% H_2SO_4）溶液中短时（$20 \sim 30s$）浸泡。按照传统工艺，紧接着就是氰化物冲击镀铜，然后氰化物镀铜或硫酸镀铜。镀层厚度足以能封住表面疏松，防止过多的铜、锌扩散，避免扩散导致镀层多孔、起泡和其他合金的形成（温度高于室温都会加快扩散）。

氰化物冲击镀铜，在于增强锌合金基体和铜层的结合力，以免形成铜的浸镀层而影响结合强度。锌合金压铸件表面有缺陷，减少疏松等表面缺陷将为镀层提供良好的腐蚀防护性能。氰化物镀铜存在诸多不足，首先，有废水处理问题，氰化物剧毒给生态环保带来了很大问题，且铜也是有害金属；其次，金属铜本身容易锈蚀，对锌合金压铸件无法提供可靠的保护，故还要镀一定厚度（>20μm）的镍层来保护。若需要装饰，最外层还要镀铬，以防镀镍层氧化。可是，镀铬使问题变得复杂化，丧失了喷涂、焊接、钎焊和其他镀前处理的可能性。

表4-2 锌合金压铸件的碱性清洗剂的典型配方

组成和工艺条件	浸泡	喷洗	阳极除油
氢氧化钠/(g/L)	—	1.5	2
碳酸钠/(g/L)	—	3.5	18
磷酸钠/(g/L)	35	1.0	5
硅酸钠/(g/L)	—	4.0	30
表面活性剂/(g/L)	0.5	—	0.5
温度/℃	82	77	71~82
电流密度/(A/dm^2)	—	—	1.4~2.3
时间/min	1~2	1~2	0.5

化学镀镍虽然能镀在电镀镍层上，但也可以直接镀覆在锌合金压铸件表面。化学镀工艺可按照普通表面清洗方法，不需氰化物冲击镀铜和硫酸镀铜，可弥补上述缺陷，提供更好的腐蚀防护功能。化学镀均镀性好，仅依靠镀件表面与溶液接触，镀层厚度均匀，保留了基体外形轮廓，降低了表面粗糙度值。而电镀需要辅助阳极，在尖端电流密度过大，存在尖角或边缘突出部位过分增厚的尖角效应问题，远离阳极的部位和盲孔等甚至镀不上，造成厚度不均，镀层致密性也比化学镀层差。所以，化学镀特别适合形状复杂的锌合金压铸件中的深孔和盲孔难以施镀的问题。另外，先化学镀镍硼，容易焊接，在锌合金压铸件表面预处理也方便。锌具有高导电性和优良的屏蔽防护性能，化学镀镍则不会损害这些性能。在连接器上采用化学镀可以使镀层质量高并且成本低。原先在锌合金压铸件上直接化学镀镍，需要预镀铜才能获得满意的化学镀层和电镀层。新的化学镀镍工艺不涉及电镀问题，可以直接在锌合金压铸件上进行。

金属锌具有相当大的化学活性，是两性金属，既能溶于酸又能溶于碱，会受二者侵蚀。因此，在锌合金压铸件镀覆前，要充分准备，务必注意选择每一步采用的工艺和材料。例如锌基底不能直接在酸性溶液中施镀，因为酸性环境下镀锌温度需要在85~95℃进行，这会造成锌基底的溶解，也会毒化酸性镀液。首先需要在中等碱性溶液中浸洗，去除油垢（脂）等污染物。碱性清洗液浓度为30~45g/L，温度为60~70℃，取决于油污程度，时间可以控制在5~10min。接着在酸性溶液中处理，化学抛光和整平锌合金压铸件表面，去除杂质和缺陷。在浸泡处理过程中，表面疏松会慢慢扩展开来而消除。硫酸溶液浓度为10%，温度为60~65℃，时间为5~10min，反复一次。第二次浸酸处理是为了去除在前面工序中留下或形成的污物，为表面化学镀镍创造条件。采用浓度为30g/L的无机酸，温度为30~40℃，时间为60~90s。镀覆的第一步是冲击化学镀镍，镀液不侵害锌合金压铸件，但允许在表面和疏松处镀层很薄。镀液温度为50~60℃，pH值为8.5~10，施镀时间为3~5min。在冲击镀后和第二次施镀前，无须再清洗零件。第二次施镀液的典型组成：氯化镍（浓度为30g/L）、次磷酸钠（浓度为10g/L）、氯化铵（浓度为50g/L）、柠檬酸钠（浓度为80g/L），pH 值为 8～10，镀液温度为80～90℃。低磷（质量分数为2%～4%）镀层起到封底作用，为保证得到良好的耐蚀性奠定了基础。第一次冲击镀主要是可以沉积在疏松处，为第二步封住疏松奠定了基础，同时给最后的化学镀创造了条件。冲洗后，进行酸性化学镀镍，镀液是典型的酸性化学镀镍溶液，镀层中磷的质量分数可以达到8%～10%（甚至更高），表面光亮，高磷镀层（厚度约为2μm）和低磷镀层的组合，是耐蚀性优良的重要保证。如果是为了提高镀层的焊接性，则可以在镍磷镀层的基础上再进行化学镀镍硼合金。

4.1.3　铜和不锈钢基底

铜及铜合金、不锈钢等材料表面不具有催化活性，通常需要在表面进行诱发催化处理才能使得镀层持续生长。诱发催化生长法可分为两类，一类是直接电流诱发法，这种方法通过在基底上施加瞬间的直流电，使得镍离子获得电子在基体表面沉积，由于镍具有自催化效应，从而诱发化学镀镍磷反应。为了获得厚度均匀和结合力良好的镀层，诱发时间需要进行严格控制。另一类方法是接触诱发法，即在镀液中将具有自催化活性的金属与无自催化活性的铜或者不锈钢以导线的形式相接触，使得基体的稳定电位负移，结果使得吸附在他们表面的金属离子得到电子而被还原沉积在基底表面上，进而诱发自催化反应。

以铜基底为例，在进行施镀前的预处理过程如下：

化学处理液清洁表面→热水洗→冷水洗→10%氢氧化钠溶液去除钝化膜→水洗→1∶3（体积比）硫酸溶液去除氧化膜→1∶3（体积比）硝酸溶液酸蚀→热水洗→冷水洗→蒸馏水洗→沉积操作→热水洗→冷水洗→蒸馏水洗→烘干。

经过诱发催化沉积的化学镀层和基底金属通常都具有很好的结合强度，是活化无催化活性金属进而实施化学镀层生长的有效途径。目前铜和不锈钢基底上的化学镀层的工艺较为成熟并且已经获得了广泛的应用。

4.2　非金属基底

在航空航天、电子和化工等领域，采用表面金属化的方法可以使得非金属基底表面具有金属特性，从而获得重量轻、导热性好、焊接性优良、镀层基底结合力好的结构，并且可以根据镀层与基底的匹配来获得功能性复合材料。在一些情况下，表面金属修饰层还可以弥补基体表面的微缺陷，从而保证结构的完整性。但是大部分非金属不具有导电特性，如果采用电镀或者电刷镀等技术则需要进行比较复杂的预镀处理，同时还存在很多环保问题。如果采用化学镀的方法在非金属基底表面施镀则是一个比较合适的选择。对于一些非金属基底，比如粉煤灰、碳纳米管、石墨烯、碳纤维等，其表面没有催化活性，通常需要对基体表面进行纯化、敏化和活化处理。

4.2.1　粉末基底

粉煤灰空心微珠重量轻、中空、粒径小、耐磨性强、导热系数低、抗压强度好、分散性流动性好、化学性能稳定。空心微珠可作为填料来改变基材的性质，能使复合材料获得优异性能。将空心微珠与树脂、金属、陶瓷等多种基材组配结合，可获得各种按生产要求制成的具有特殊性能的复合材料，在军事（比如隐身）和民用领域都有广泛的应用。因此在此节我们将以空心微珠为典型基底在工艺、结构和性能上进行重点阐述。

漂珠和沉珠统称为空心微珠，在数量上约占粉煤灰总量的 50% ~ 70%；空心微珠是一种陶瓷绝缘介质，主要化学成分为二氧化硅和氧化铝，占总量的 90% 左右，其次为氧化铁、氧化钙、氧化镁、氧化钾、氧化钛等。粉煤灰这种无机粉体与金属粉相比，密度较小（漂珠的密度一般为 $0.4 ~ 0.8 \text{g/cm}^3$），比表面积大（为 $2516 \text{cm}^2/\text{g}$），常温下的化学性质较稳定，其水浸液的 pH 值为 7.65 左右。如果对其表面进行金属化处理改性，则有可能部分取代金属微粉用于电磁波吸收或电磁屏蔽材料的制备。空心微珠作为一种陶瓷绝缘介质，其本身并不具备吸收电磁波的特性，但其为球形中空粒子，重量轻，粒度小于 $100 \mu \text{m}$，具备了作为吸收剂的基础，而需要改进的是其表面性质，关键是如何使金属均匀附着在微珠的表面。相对于其他如物理、化学气相沉积、真空溅射、离子镀方法，表面化学镀改性简单易行。金属钴本身是一种磁性材料，具有一定的电导率和磁导率，在高频电磁场作用下，由于材料的涡流损耗和磁损耗，使得材料对电磁波具有一定的吸收损耗作用。空心微珠与金属钴的复合恰好能够充分发挥两种材料的优势。空心微珠表面附着一定厚度的金属钴，将会改变其表面特性，使得空心微珠粒子成为导电导磁的小球，当这些小球在涂料中的填充量达到较高的比例时，与颗粒接触的概率增大，有利于材料微观导电网络的形成，使材料在宏观上的电导率增加，在吸波材料中形成传导电流。传导电流引起的电磁场能量的损耗就是材料所吸收的电磁波能量，材料的吸波性能随着传导电流的增加而提高。另一方面，在 8 ~ 18GHz 范围内，电磁波波长为 $3.75 \times 10^{-2} ~ 1.67 \times 10^{-2} \text{m}$，远远大于空心微珠颗粒的尺寸。由于改性的空心微珠颗粒与电磁波的波长相比很小，电磁波与颗粒作用会产生瑞利散射，因此电磁波在空心微珠表面的散射作用也会损耗掉部分电磁波能量。上述综合效应使得改性后的空心微珠对电磁波具有较好的吸收特性。利用此种方法对空心微珠表面进行改性，能够使其成为一种性能较好的吸波材料，从而为粉煤灰资源的有效利用找到一条切实可行的途径。

另外，粉煤灰空心微珠以其优异的性能在各个领域都有着广泛的应用，比如耐火材料、塑料、橡胶的优质填料。在建筑工业中，空心微珠不但可制成人造大理石、消音材料、陶瓷材料，还可作为油漆、涂料的填充剂，并可以用来制作良好的防水涂料；在石油工业中，沉珠可作为石油精炼过程的一种裂化催化剂，用漂珠制成的低密度水泥可用于固井；在化学工业中，空心微珠可作为某些化学反应的催化剂；在冶金工业中，空心微珠可用于浇铸隔板填充料，或用作沙芯的原料；在航海、航天领域中，空心微珠可用作深水潜艇、航天工具的隔热绝缘材料，在民用运输飞机中，用微珠作原料可生产一种轻质、强度高、收缩性低的材料；在汽车制造工业中，磁珠和沉珠可用于生产耐磨性良好的汽车制动片和塑料活塞环、汽车发动机净化器等；在军事应用上，可以制成打捞潜艇的浮力材料。磁珠还可以作为炼铁原料、海底管道或电缆护层混凝土的配料、高铁水泥的填充材料。

吴玉程等采用化学镀法在粉煤灰空心微珠表面镀覆了一层金属钴膜，通过正交试验法系统地研究了各种因素对镀层成膜性及镀层均匀性的影响。由于空心微珠表面不具备催化活性，必须通过在它表面沉积具有本征催化活性的金属，使其表面具有催化活性之后才能引发化学沉积，其工艺如下：

（1）粗化　粗化是用合适的化学试剂将空心微珠表面的组分部分溶解掉，使微珠表面凹凸不平而具有抛锚作用，同时在其表面引入亲水基团如羟基、羧基等使其表面由憎水变为亲水。常用粗化液的组成见表4-3。利用正交试验系统地研究了粗化液的成分、浓度、粗化时间及粗化温度对粗化后空心微珠表面质量的影响。结果表明：室温下，5%的氢氟酸粗化3min的粗化工艺的粗化效果最佳。取粗化液200mL，空心微珠适量，将粉末加入溶液之后，使用超声波振荡（打破粉末颗粒之间的团聚）。粗化时间约3min。粗化后用去离子水清洗，过滤后得粗化粉。空心微珠粗化前、后的表面形貌分别如图4-3和图4-4所示。粗化液的选择及粗化时间对粗化效果有重要影响。因为空心微珠中空、壁薄，如果粗化液选择不当、浓度过大或粗化时间过长，都会造成空心微珠珠壁的碎裂（见图4-5）。

表4-3　粗化液的组成

粗化液的成分	浓度（%）	粗化温度/℃	粗化时间/min
NaOH	3~5	20~40	2~4
HF	3~5	20~30	3~5

（2）水洗　两个前处理工序之间的水洗工序，目的在于防止上道工序带出的溶液对下道工序溶液的污染，以及从微珠表面清除污垢和金属离子污染，以保证镀层结合力合格。

（3）敏化　敏化处理是使空心微珠表面吸附一层易氧化的物质，在活化处理时，活化剂被还原形成催化晶核，留在空心微珠的表面，使以后的化学镀可以在这些表面上进行。本研究采用的是浓度为20g/L的氯化亚锡和浓度为40g/L的盐酸配制成的敏化液。

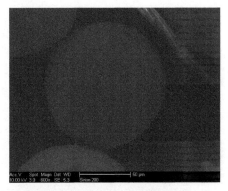

图4-3　空心微珠粗化前的表面形貌（SEM）

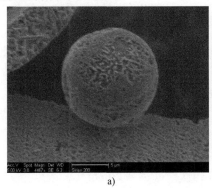
a)

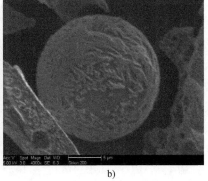
b)

图4-4　空心微珠粗化后的表面形貌（SEM）

（4）活化　活化处理是将经过敏化处理后的空心微珠浸入含有催化活性的金属（如银、钯）化合物的溶液中，进行再处理。活化的实质是在空心微珠表面植入对次磷酸氧化和钴离子还原具有催化活性的金属离子，目前应用最为广泛的是氯化钯活化法。试验中我们使用浓度为0.5g/L的氯化钯、浓度为20g/L的硼酸以及浓度为7.3g/L盐酸配制成活化液，进行20min左右的活化处理。反应方程式为

$$Sn^{2+} + Pd^{2+} = Sn^{4+} + Pd$$

（5）还原　将经过活化处理的空心微珠浸入浓度为 10～30g/L 的次亚磷酸钠溶液（5%）中，室温搅拌 1min 即可。还原处理的目的是将经过活化处理后残留在表面的氯化钯还原，防止其带入镀液，导致镀液不稳定。

以上各预处理工序的粉体加入量均为 10g/L，并且采用空气搅拌加机械搅拌的方式使反应均匀充分地进行，同时整个预处理工艺都使用超声波分散器进行分散。还原后具有催化活性的空心微珠即可进行化学镀。

图 4-5　粗化不当后空心微珠的形貌（SEM）

具体的样品的制备流程如下：

1）精确计算 200mL 镀液所需各组分的质量。

2）使用天平准确称量各药品，分别倒入已清洗待用的 300mL 烧杯中，加入少量蒸馏水溶解。

3）将已溶解的硫酸钴、氯化钴溶液，在不断搅拌下倒入络合剂溶液中。

4）将完全溶解的次磷酸钠溶液，在剧烈搅拌下，倒入按 3）已配制好的溶液中。

5）分别将缓冲剂溶液、稳定剂溶液在充分搅拌作用下倒入 4）溶液中。

6）用蒸馏水稀释至 180mL 后，使用氢氧化钠溶液或 1∶1 氨水调整 pH 值至规定值。

7）仔细过滤镀液后将盛有镀液的烧杯放入规定温度的恒温水浴中预热 5min，以备加粉施镀。

8）加入 2g 预处理后的空心微珠开始化学镀覆，并用空气搅拌器和玻璃棒同时搅拌。

9）一定时间后抽滤、洗涤、烘箱干燥、称量，计算出化学镀前后空心微珠的增重，用试样袋装样。

镀液的 pH 值、施镀的温度及时间是影响化学镀钴的重要因素。采用正交试验法比较三者对化学镀的影响程度。取温度分别为 85℃、90℃、95℃；pH 值分别为 9.0、9.5、10.5；时间分别为 20min、25min、30min。正交试验表见表 4-4。

根据前文的叙述，我们采用了不同的主盐、络合剂、还原剂等，分别用正交法试验，严格按照施镀要求进行试验，比较包覆率、镀层均匀性、施镀时间及成本等，得到了两个较好的配方，分别为：

配方一：硫酸钴 0.05mol/L，浓度为 14g/L；次磷酸钠 0.20mol/L，浓度为 21g/L；酒石酸钾钠 0.50mol/L，浓度为 141g/L；硫酸铵 0.5mol/L，浓度为 66g/L；pH 值为 11.0；温度为 90℃。

把预处理后的粉加入镀液后，应不断搅拌镀液，并且注意观察反应现象。此试验过程中前 3min 反应不剧烈，几乎看不到反应的进行。3min 后反应剧烈，此时应加大搅拌力度，反应进行一段时间后又恢复缓慢。为充分利用镀液，应让反应进行得比较充分。反应结束后，抽滤并清洗、烘干，贴标签后待检测。

配方二：氯化钴浓度为 25g/L；次氯酸钠浓度为 20g/L；柠檬酸钠浓度为 90g/L；氯化

铵浓度为 45g/L；pH 值为 10.0；温度为 90℃。

表 4-4　正交试验表

试样	温度/℃	pH 值	时间/min
1	85	9.0	20
2	85	9.5	25
3	85	10.5	30
4	90	9.0	25
5	90	10.5	20
6	90	9.5	30
7	95	9.0	30
8	95	10.5	25
9	95	9.5	20

把预处理后的粉加入镀液后，应不断搅拌镀液，并且注意观察反应现象。反应开始时速率较慢，后来变快，反应速率介于 pH = 9.0 ~ 11.0 对应的速率之间，30min 后反应不再进行。反应结束后，抽滤并清洗、烘干、贴标签后待检测。

经过 150 目标准筛筛选后没有经过任何处理之前的空心微珠样品的 X 射线衍射图像可知空心微珠以结晶相出现的有莫来石和石英，矿物组成中主要物相为非晶体质玻璃体（主要成分是二氧化硅和氧化铝）。图 4-6 所示是化学镀钴后空心微珠的 X 射线衍射图谱，显示空心微珠化学镀钴后的钴磷合金以微晶态出现，所

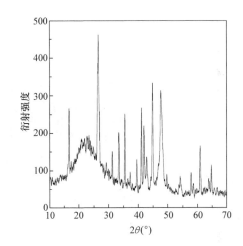

图 4-6　化学镀钴后空心微珠的 X 射线衍射图谱

以在 40° ~ 55°之间出现了一个微晶峰，峰型不够平滑，夹杂有一些锐峰。

取清洗干净的载玻片，将少量镀后的粉均匀覆盖在双面胶上。采用西德 MM6 型号的金相显微镜对制备好的金相样品进行观察，可以看出化学镀前预处理的空心微珠呈灰白色（见图 4-7），经过化学镀钴改性后的空心微珠表面呈现亮白色金属光泽，这是由于在其表面均匀包覆了一层钴磷合金（见图 4-8）。

图 4-7　预处理后空心微珠的
金相显微照片（×300）

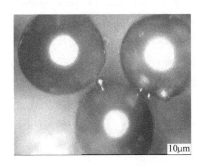

图 4-8　化学镀后空心微珠的
金相显微照片（×400）

使用镶嵌机将空心微珠化学镀钴后的样品与环氧树脂进行镶嵌，然后使用抛光机抛光，目的是使镶嵌块表面的化学镀钴后的空心微珠被部分抛去，利用金相显微镜（西德 MM6型）观测其截面镀层形貌（见图4-9）。

化学镀钴后空心微珠被抛去一个球冠，截面金相显微照片表明空心微珠是中空的，中间灰白色物质即为粉煤灰空心微珠的珠壁，表面是呈银白色的钴磷合金层，两层的交界处呈现凹凸不平状，这就是化学镀前预处理工艺中粗化的结果。

此外，由于镀速太快、pH 值过高等原因导致镀液部分分解，金属钴未能均匀镀覆于颗粒表面，而是成团或以絮状物形式黏结在颗粒上，其形貌图如图4-10所示。

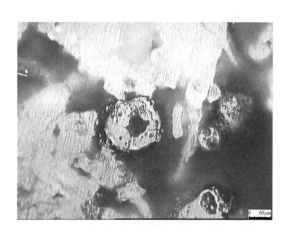

图4-9　化学镀钴后空心微珠截面抛光后的
金相显微照片（×300）

图4-10　金属钴黏结在颗粒表面的
形貌图（×300）

为防止以上现象的出现，作者做了大量试验，不断地调整工艺，使镀液浓度、还原剂量、温度、pH 值、镀速等达到最佳配比，得到较理想的镀钴层。理想的镀层形貌图如图4-11所示。图中颗粒就是镀层均匀的颗粒，可以看到镀层表面泛着美丽的金属光泽。

作者考察了不同反应时间空心微珠表面金属化的情况，来观察金属钴在空心微珠表面的生长情况，图4-12 所示为不同反应时间空心微珠表面金属化的 SEM 图片。

从图4-12 中可以看出空心微珠表面化学

图4-11　理想的镀层形貌图（×300）

镀覆钴磷合金层，是先以若干活性点为中心形成若干小的金属突起，然后逐渐长大，最终由球状突起紧密相连而连成一片，得到具有一定厚度的完整光滑的金属层，因此要获得完整的化学镀层，必须有足够的反应时间。

化学镀是一个氧化还原过程，从施镀一开始就存在着在自然分解、pH 值变化、主盐浓度减少、还原剂浓度减少等诸多问题，随时影响化学镀液的稳定性。而粉末基底悬浮在镀液

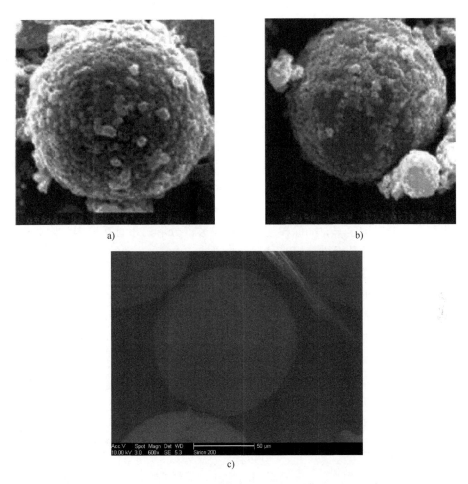

图 4-12　不同反应时间空心微珠表面金属化的 SEM 图片

a）5min　b）15min　c）30min

中就相当于一个个活性位点，这无疑更加容易引发化学镀液的分解，这也可以说是在粉末上实施化学镀工艺的难点所在。在粉末上施镀主要有以下的影响因素：

（1）粉体比表面积的影响　　碱性条件下的化学镀钴温度一般为 $85 \sim 95℃$。由于粉体具有极大的比表面积，使镀液不稳定。这种不稳定性对温度和粉体粒度最为敏感（见表 4-5）。

表 4-5　粉末粒度与镀液温度对镀液稳定性的影响

温度/℃	微珠粒度/μm			温度/℃	微珠粒度/μm		
	200	100	10		200	100	10
95	易涂覆	镀液分解	镀液分解	50	几乎无反应	涂覆缓慢	涂覆较好
80	涂覆较慢	易涂覆	镀液不稳				

粉体的比表面积与其粒径成反比，粉体越细，比表面积越大，使镀液越发不稳定。粉体粒度越小，镀液分解温度越低，也只能在越低的温度下才能施镀成功。因为相对于块体材料，粉体由于具有巨大的比表面积，能使镀液的自催化反应的驱动力增大，化学反应更易发生。在镀液与粒子间极薄的二维平面区域里发生的主要化学反应首先是次磷酸根歧化反应

$$(H_2PO_2)^- + H_2O \rightarrow H^+ + (HPO_3)^{2-} + 2H_{吸}$$

反应生成的氢原子吸附在粒子表面形成吸附原子 $H_{吸}$。被吸附的具有高活性的 $H_{吸}$ 在粒子表面活性原子（活化处理上的钯原子或先沉积上去的金属原子）催化下将镀液中的 Co^{2+} 还原成钴原子

$$Co^{2+} + 2H_{吸} \rightarrow Co + 2H^+$$

生成的单个钴原子从液-固分界面处向粒子表面沉积。由于镀液中液-固反应界面比块体高出几个数量级，容易导致钴原子在沉积到固相表面前因自身碰撞而聚合在一起，并形核长大，最终导致镀液分解。陶瓷粉体越细，镀液温度越高，被吸附原子还原出来的钴原子自身聚合的驱动力越大，镀液也就越易分解。同时施镀过程中的搅拌过激，会阻碍钴原子向粒子表面沉积，反而促进其自身聚合而加剧镀液的不稳定性。温度、粉体粒度以及镀液各组元浓度的变化都会改变涂覆速率，而涂覆速率过快是镀液分解的最直接原因。因而可以通过调整工艺参数来控制镀速，从而维持镀液稳定。

（2）粉体粒度对化学钴的影响　表4-6所示为不同粒度的微珠粒子在75℃、pH值为10的条件下的涂覆效果。由此可见，粉体粒度不仅影响镀液稳定性，还影响钴的化学沉积速率及沉积效果。200μm粗粉镀层的颜色为银白色，和块体镀层颜色相同，粉体越细，色泽也越黯淡。在此工艺条件下，粒度越小，镀速越快，这是由于粉体越细，同等质量微珠粉体的表面积越大，化学沉积反应的液-固界面面积越大。

表4-6　不同粒度的微珠粒子的镀层涂覆效果

微珠粒度/μm	镀层颜色	增重	微珠粒度/μm	镀层颜色	增重
200	银白色	52%	40	灰色	71%
100	亮灰色	63%	10	暗灰色	78%

（3）镀液的pH值对镀层磷含量的影响　微珠粒子镀层磷含量对pH值极为敏感，化学反应式为

$$(H_2PO_2)^- + H \rightarrow H_2O + OH^- + P$$

可见磷的生成速率不仅与 $(H_2PO_2)^-$ 浓度有关，还与 OH^- 浓度有关。当镀液pH值降低时，OH^- 浓度也随之降低，化学反应向右移动，磷的生成量便增加，离子扩散快、反应活性加强，所以是对化学镀钴速率影响最大的因素（见图4-13）。化学镀钴的催化反应一般只能在加热条件下实现，试验发现许多化学镀钴的单个反应步骤只有在50℃以上才有明显的反应速率，在80℃以上沉积反应才能正常进行。

（4）操作工艺方法的影响　施镀过程中应充分搅拌，避免局部过热。化学镀钴槽如果采用电炉、蒸汽直接加热，就会使镀液局部过热（温度超过96℃），且当pH值偏高时，很容易引起镀液自然分解，所以我们在施镀过程中采用恒温水浴槽加热以保持温度均匀稳定。

另外，作者还采用次磷酸钠作还原剂在粉煤灰空心球表面沉积了镍磷合金，因为此种镀浴用得最广泛，它与氨碱型镀浴相比具有溶液稳定、镀浴温度高、沉积速率快、易于控制、镀层性能好等优点。这类溶液一般 Ni^{2+} 的浓度为 5～7g/L、次磷酸钠的浓度为 20～40g/L、温度为 85～95℃、沉积速率为 5～15μm/h、镀层中磷的质量分数为 5%～14%。以次磷酸钠作还原剂的标准镀液的具体组成与操作条件见表4-7。

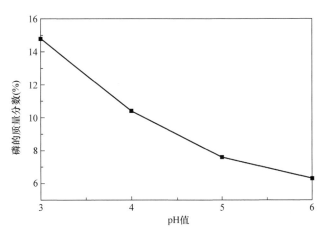

图 4-13　pH 值对微珠镀层磷含量的影响

表 4-7　以次磷酸钠作还原剂的标准镀液的组成与操作条件

镀液组成	硫酸镍 （主盐）	次磷酸钠 （还原剂）	柠檬酸钠 （络合剂）	乙酸钠 （缓冲剂）	硫脲 （稳定剂）
组分浓度/（g/L）	25 ~ 28	20 ~ 24	4 ~ 6	4 ~ 6	0 ~ 1.5mg/L
操作条件	温度/℃	pH 值	镀覆时间/min	搅拌方式	沉积速率/（μm/h）
	75 ~ 95	8.0 ~ 9.5 或 4.0 ~ 5.5	40 ~ 60 或 20 ~ 30	空气 + 机械	3 ~ 15

在没有经过热处理的情况下，用以上数据施镀的空心微珠所镀上的镍层为非晶态的，而经过后期热处理的空心微珠上的镍层则为晶态粉末。配制以上溶液时，要严格按照标准配制，操作温度不能变化太大，pH 值调整要用 1:1 比例的氨水调整，所用药品均为分析纯；加入预处理后的空心微珠开始化学镀覆时要用搅拌器和玻璃棒同时搅拌。

化学镀 Ni-Co-P 兼具了化学镀钴磷和化学镀镍磷的优点，具有良好的耐磨性、耐蚀性和软硬磁性。目前国外已广泛地应用在高质量、高密度的记忆元件和电子计算机储存装置的高速开关元件上。

虽然钴和镍的标准电位相近，满足金属共沉积的基本条件，具有形成 Ni-Co-P 三元合金的有利因素。但化学镀 Ni-Co-P 镀液稳定性差，形成的镀层质量差甚至无法形成镀层，不能用于工业化生产。作者对粉煤灰空心微珠的化学镀 Ni-Co-P 的工艺进行了设计、筛选和优化，在正交试验的基础上，对温度、pH 值不断调整，得到了稳定性好、镀液使用寿命长、镀层质量好、成本低及适用于工业化生产的化学镀 Ni-Co-P 镀液。

经过表层处理的空心微珠加入酸性氯化亚锡敏化液中，并不停地搅拌，则锡被吸附在微珠表面，形成一层敏化膜，使空心微珠敏化。经过过滤后将其加入氯化铅的盐酸溶液中活化，发生如下反应

$$Pb^{2+} + Sn^{2+} = Pb + Sn^{4+}$$

生成的 Pb 沉积在空心微珠表面，并作为化学镀 Ni-Co-P 活化中心，从而使 Ni-Co-P 能沉积在微珠表面。Ni-Co-P 镀层的沉积反应如下

$$Ni^{2+} + 2e = Ni$$
$$Co^{2+} + 2e = Co$$
$$H_2PO_2^- + OH^- = HPO_2^{2-} + H_2$$
$$H_2PO_2^- + 2H^+ + e = 2H_2O + P$$

从以上反应可看出，在镍、钴金属析出的同时，也伴随着磷的共沉积，从而在空心微珠表面形成一层 Ni – Co – P 包覆层。

采用次磷酸钠作还原剂的化学镀镍钴溶液，因为此种镀浴用得最广泛，它与氨碱型镀浴相比具有溶液稳定、镀浴温度高、沉积速率快、易于控制、镀层性能好等优点。这类溶液中一般硫酸镍的浓度为 5～7g/L、硫酸钴的浓度为 4～6g/L、次磷酸钠的浓度为 20～40g/L，pH 值为 9.0～11，温度为 85～95℃，沉积速率为 5～15μm/h，镀层中磷的质量分数为5%～14%。以次磷酸钠作还原剂标准镀液的组成与操作条件见表 4-8。

表 4-8　以次磷酸钠作还原剂标准镀液的组成与操作条件

镀液组成	硫酸镍（主盐）	硫酸钴（主盐）	次磷酸钠（还原剂）	柠檬酸钠（络合剂）	乙酸钠（缓冲剂）	硫脲（稳定剂）
组分浓度/(g/L)	25～28	20～25	20～24	4～6	4～6	0～1.5mg/L
操作条件	温度/℃	温度/℃	pH 值	镀覆时间/min	搅拌条件	镀速/(μm/h)
	85～95	85～95	9.0～11	20～30	空气 + 机械	3～10

注：配制以上镀液时，要严格按照标准配制，操作温度不能变化太大，pH 值调整要用1:1 比例的氨水调整，所用药品均为分析纯的。

下面是典型的样品制备工艺：

1）精确计算 200mL 镀液所需各组分的质量。

2）使用天平准确称量各药品，分别倒入已清洗待用的 300mL 烧杯中，加入少量蒸馏水溶解。

3）将已溶解的硫酸镍、氯化钴混合溶液在不断搅拌下倒入柠檬酸钠溶液中。

4）将完全溶解的次磷酸钠溶液在剧烈搅拌下倒入按 3）已配制好的溶液中。

5）分别将缓冲剂溶液、稳定剂溶液在充分搅拌下倒入 4）溶液中。

6）用蒸馏水稀释至 180mL 后，使用稀硫酸或 1:1 氨水调整 pH 值至规定值。

7）仔细过滤溶液后将盛有镀液的烧杯放入规定温度的恒温水浴中预热 5min，以备加粉施镀。

8）加入 2g 预处理后的空心微珠开始化学镀覆，并用空气搅拌器和玻棒同时搅拌。

9）20min 后抽滤、洗涤、烘箱干燥、称量、计算出化学镀前后空心微珠的增重，用试样袋装样。

经过 150 目标准筛筛选后没有经过任何处理之前的空心微珠样品的 X 射线衍射图像显示空心微珠以结晶相出现的有莫来石［PDF 卡片（标准衍射卡片）：15 – 776］和石英（PDF 卡片：33 –1161），矿物组成中主要物相为非晶体质玻璃体（主要成分是二氧化硅和氧化铝），图 4-14 所示是化学镀镍后空心微珠样品的 XRD 图谱。空心微珠化学镀镍后的 Ni – Co – P 以非晶态出现，所以以 42°～55°之间出现了一个非晶态的馒头峰。

空心微珠经过化学镀 Ni – Co – P 后表面含有镍元素、钴元素和磷元素，其中镍的质量分数为 22.93%，钴的质量分数为 16.77%，磷的质量分数为 2.28%。化学镀前预处理的空

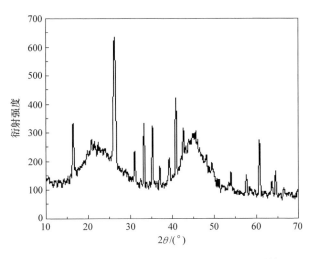

图 4-14　化学镀镍后空心微珠样品的 XRD 图谱

心微珠呈灰白色，经过化学镀 Ni – Co – P 改性后的空心微珠表面呈现银白色金属光泽，这是由于在其表面均匀包覆了一层 Ni – Co – P。使用镶嵌机将空心微珠化学镀镍钴后的样品与环氧树脂进行镶嵌，然后使用抛光机抛光，目的是使镶嵌块表面的化学镀镍钴后的空心微珠被部分抛去，利用金相显微镜（西德 MM6 型）观测其截面镀层形貌（见图 4-15）。

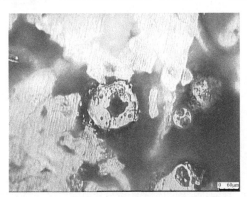

图 4-15　化学镀后空心微珠截面抛光金相显微照片

图 4-15 中镀镍钴后空心微珠被抛去一个球冠，截面金相显微照片表明空心微珠是中空的，中间灰白色物质即为粉煤灰空心微珠的珠壁，表面是呈银白色的 Ni – Co – P 镀层，两层的交界处呈现凹凸不平状，这就是化学镀前预处理工艺中粗化的结果。

在实际的反应中，每沉积 1mol 的金属镍和钴，就会产生 3mol 的 H^+，同时产生 1mol 的 H_2。化学镀 Ni – Co – P 的总反应化学式如下

$$(2Ni^{2+} + mL^{n-}) + 4H_2PO_2^- + H_2O \rightarrow 2Ni + P + 3HPO_3^{2-} + 6H^+ + mL^{n-} \frac{1}{2}H_2$$

$$(2Co^{2+} + mL^{n-}) + 4H_2PO_2^- + H_2O \rightarrow 2Co + P + 3HPO_3^{2-} + 6H^+ + mL^{n-} + \frac{1}{2}H_2$$

式中，L^{n-} 表示"游离的"络合剂。由上式可以看出：反应物 Ni^{2+}、Co^{2+}、$H_2PO_2^-$，产物

H^+ 和 $H_2PO_3^-$ 都是影响化学镀沉积速率的参数。此外温度、稳定剂的种类等也影响其沉积速率。化学镀时间与空心微珠质量增重的关系图 4-16 所示，可以看出随着化学镀时间的增加，镀速先是比较缓慢，然后逐渐增大，约 20min 后镀速又逐渐缩小，因此镀层厚度和质量增加的速率也不是恒定的。

采用硫酸镍和硫酸钴的结晶水合物作为 Co^{2+}、Ni^{2+} 供给源，当金属离子浓度较低时，沉积速率较低；主盐浓度增加，向试样表面迁移，还原的 Ni^{2+} 和 Co^{2+} 浓度增加，沉积速率提高；当金属离子的离解速率和还原速率基本平衡时，沉积速率变化不大，镀层光滑均匀；主盐浓度过高时，Ni^{2+} 和 Co^{2+} 浓度大大增加，烧杯底和烧杯壁也会出现沉积物，镀液自发分解趋势加大，镀层呈毛刺状，并且没有光泽。镀层的影响因素主要有以下几个方面：

1. 主盐离子浓度的影响

钴和镍的标准电极电位相近，符合金属共沉积的基本条件，可以形成 $Ni-Co-P$。由于钴的电位比镍的更负，所以比镍的还原更为困难，特别是在还原能力较小的次磷酸钠还原剂镀液中，含钴镀层形成比较缓慢。因此，镀液中 Ni^{2+} 与 Co^{2+} 浓度的比值对沉积速率有明显的影响。当 $c_{Ni^{2+}}/c_{Co^{2+}}$ 较小时，Co^{2+} 较多，控制了沉积过程，沉积速率较低；随 $c_{Ni^{2+}}/c_{Co^{2+}}$ 的提高，易于还原的 Ni^{2+} 增加，沉积速率提高很快；继续提高 $c_{Ni^{2+}}/c_{Co^{2+}}$，金属离子离解、沉积速率趋于平衡（见图 4-17）。

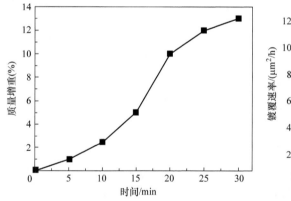 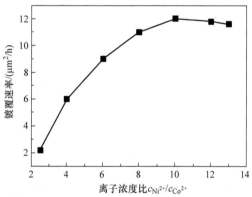

图 4-16　化学镀时间与空心微珠质量增重的关系　　图 4-17　镍与钴离子浓度比对镀覆速率的影响

2. 还原剂浓度的影响

化学镀是一自催化反应过程，还原剂是化学镀 $Ni-Co-P$ 的主要成分，它能提供 Ni^{2+} 和 Co^{2+} 所需要的电子，试验中我们采用的还原剂为次磷酸钠。次磷酸钠作为还原剂，在化学镀 $Co-Ni-P$ 中的作用与在镀 $Ni-P$ 和 $Co-P$ 中的作用相似。在一定的条件下，次磷酸钠催化脱氢，同时氢化物转移到催化表面，然后与 Ni^{2+}、Co^{2+} 反应产生共沉积，得到 $Co-Ni-P$ 镀层。

还原剂浓度较低时，还原能力较弱，沉积速率缓慢；随还原剂浓度提高，沉积速率加快；浓度过高时，虽沉积速率有所加快，但镀液稳定性下降、反应激烈、控制困难。沉积速率受 $c_{Ni^{2+}}/c_{Co^{2+}}$ 的影响较为明显。

3. 稳定剂浓度的影响

采用硫脲作为稳定剂以降低镀液的反应速率，硫脲的含量为 $0 \sim 1.5mg/L$，当硫脲含量更高时，会使镀液出现沉淀。结果表明：硫脲对改善镀液的自分解有一定的作用，但是当稳定剂的量较高时，空心微珠镀后表面会出现空隙、不致密（见图 4-18）。这主要是由于硫脲过多时，空心微珠表面的某些活性点被硫脲覆盖和抑制，所以被覆盖的部位不可能形核、长大，结果形成了空隙。

 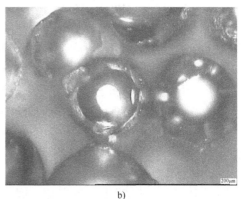

a)　　　　　　　　　　　　　　　　　　　　b)

图 4-18　硫脲浓度对镀层形貌的影响

a）硫脲浓度较高时的镀层形貌　b）硫脲浓度适中时的镀层形貌

4. pH 值的影响

由于每沉积 1mol 金属镍和钴，就会生成 3mol 的 H^+，因此在化学镀过程中，镀液的 pH 值是不断下降的，同时沉积速率也随之下降。在化学镀 Ni – Co – P 中，pH 值既影响镀层的磁性又影响沉积速率。当 pH < 7 时，镀液在加热过程中就会分解。在碱性较低时，沉积速率对 $c_{Ni^{2+}}/c_{Co^{2+}}$ 不敏感，比较缓慢；pH 值增加，沉积速率增快，$c_{Ni^{2+}}/c_{Co^{2+}}$ 越大，沉积速率提高越快。在研究中还发现镀层中磷的质量分数也随镀液的 pH 值变化而变化（见图 4-19）。

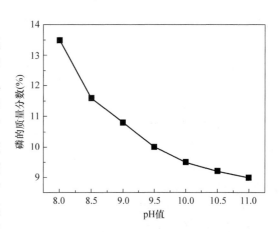

图 4-19　镀层中磷的质量分数随镀液 pH 值的变化

5. 温度的影响

温度是影响化学镀 Ni – Co – P 的重要因素之一，温度较低时，金属离子的活动能力较弱，向催化表面迁移、还原的能力较小，此时不管 $c_{Ni^{2+}}/c_{Co^{2+}}$ 如何，沉积速率都不太高。随温度升高，沉积速率提高，而且 $c_{Ni^{2+}}/c_{Co^{2+}}$ 越大，沉积速率增幅越大。温度过高时，镀液自发分解趋势加大，镀层发暗，表面有许多粉末。

4.2.2　碳纳米管基底

碳纳米管是由单层或多层石墨层卷曲而成的管状结构，属于晶态碳，其管壁与石墨结构一样，具有很好的轴向强度，且密度较小，结构稳定，是一种极其理想的复合材料增强体。通过在碳纳米管表面包覆金属元素，不仅可以提升其自身的导电、润滑、电磁屏蔽等性能，还可以改善纳米管同金属基底之间的界面结合强度，从而改善复合材料的性能。由于碳纳米管表面呈惰性和疏水特性，因此表面需要进行预处理。作者在碳纳米管上化学沉积了 Ni - Co - P 薄层，预处理过程如下：

纯化 I（2mol/L 氢氧化钠溶液，85℃，2h）→纯化 II（25g 重铬酸钾 + 50mL 水 + 450mL 硫酸，室温，24h）→敏化（10g/L 氯化亚锡 + 40g/L 盐酸，pH = 1，45min）→活化（0.5g/L 二氯化钯 + 0.2mol/L 盐酸 + 20g/L 硼酸，pH = 1，45min）→水洗→干燥→施镀→烘干。

纯化中，纯化 I （碱预处理）的目的是使碳纳米管能充分分散，纯化 II （酸预处理即氧化处理）是为了去除碳纳米管中的无定形碳和催化剂颗粒。敏化处理是使碳纳米管表面吸附一层易于氧化的金属离子，以保证下一步活化时碳纳米管表面发生还原反应。活化处理是为了使碳纳米管表面吸附一层催化金属钯，以其作为活化中心，使被镀元素的原子沉积在活化中心周围，从而形成镀层。

钴和镍的标准电极电位十分接近，可以共沉积而形成合金镀层。但是由于钴的电位比镍的电位稍低，所以钴比镍难还原。因此，镀液中 Ni^{2+} 与 Co^{2+} 的浓度比对沉积速率的影响十分明显。当镀液 pH = 8.5、温度为 20℃、镀液中离子总浓度为 0.1mol/L 时，随着 Co^{2+} 浓度的增大，沉积速率会逐渐增大；当 Co^{2+} 与 Ni^{2+} 的浓度比为 1：1 时，沉积速率最大；继续增大 Co^{2+} 浓度，沉积速率则开始下降。碳纳米管表面 Ni - Co - P 镀层的沉积速率随镀液 pH 值的变化如图 4-20 所示。整个体系在酸性条件下的沉积速率非常缓慢，当 pH < 6.5 时几乎不发生反应。随着

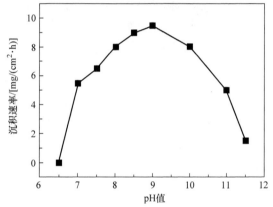

图 4-20　碳纳米管表面 Ni - Co - P 镀层的
沉积速率随镀液 pH 值的变化

pH 的增大，沉积速率开始增大。pH > 7 后，随着 pH 的升高，次磷酸钠的还原能力逐渐增强，使镀层沉积速率迅速增大。在 pH ≈ 9 的时候，沉积速率最大。但随着 pH 值的继续升高，沉积速率开始降低。到 pH > 11 时，镀液易析出白色的 Co（OH）$_2$ 沉淀，使镀液报废。因此，体系的 pH 值应控制在 8.5 ~ 8.8。

4.2.3　石墨烯基底

作为一种典型的准二维材料，单层或少层石墨烯是由一层或者几层碳原子层所构成，具有优异的电学、光学和热学特性。其中单层石墨烯是已知强度最高的材料之一，同时具有韧性高的特点，可以任意弯曲，被广泛用于润滑、防腐、散热等领域，被誉为"新材料之王"。通过将石墨烯表面进行化学镀修饰，可以获得性能灵活可调的石墨烯 - 金属复合结构，从而在新能源和柔性可穿戴器件等功能材料领域获得广泛的应用前景。

王宏勋等在 pH 值为 12 的碱性环境下采用次磷酸钠体系在三维石墨烯表面进行了化学镀铜的改性处理，铜沉积层可将三维石墨烯表面均匀包覆。其中主盐硫酸铜、催化剂硫酸镍以及缓冲剂硼酸的浓度和 pH 值的提高可以加快铜的沉积速率，络合剂柠檬酸钠浓度的提高则会降低铜的沉积速率，但可以改善铜层的表面质量。

龚文照等在室温弱碱环境下（pH = 8.75），以超声辅助 - 化学镀法在热膨胀还原所制的石

墨烯表面制备了载镍纳米复合材料,并研究了石墨烯表面化学镀镍的反应机理。发现敏化所用的锡成核和生长所需的活性位能较低,可以均匀分布在石墨烯表面;而活化所用的钯元素结晶的活性位能要求高,大多集中在石墨烯的边缘或褶皱区域,以至于有部分锡颗粒并未成为钯成核的中心。镍以钯纳米颗粒为催化结晶的中心,钯晶粒会随着镍晶粒的形核、长大而逐渐被紧密包裹并最终消失,锡则由于在化学镀镍过程中不具有催化活性而残留于镀层中。

方建军等用化学还原氧化石墨法制备了石墨烯,经亲水处理后利用化学镀镍法在其表面镀上均匀的镍颗粒层,考察了其形貌、元素成分和吸波性能,同时模拟出不同厚度材料的微波衰减性能。结果显示,材料的微波吸收峰随着样品厚度的增加向低频移动,其电磁损耗机制主要为电损耗。镀镍石墨烯的吸波层厚度为 1.5mm 时,在 9.5~14.6GHz 的频带内反射损耗小于 -10dB。可见化学镀镍可以明显提升石墨烯的吸波性能。

此外,对于其他的非金属基底(比如陶瓷、高分子等)材料,这些材料表面不具有导电性,也没有催化活性,这时则需要对基体表面进行敏化和活化处理。比如正温度系数热敏电阻(PTCR),PTCR 具有独特的电阻温度特性、电流电压特性和电流时间特性,是一种电阻随温度上升而显著增大的半导体陶瓷,在电器行业获得广泛应用。特别是家用电器等行业的发展对 PTCR 元件的需求日益增加。PTCR 陶瓷常用的电极制作方法有烧覆银法和喷镀熔态金属铜、锡、铝等形成电极,这些方法对设备和工艺的要求都比较复杂,因此选择化学镀的方法是一个比较理想的选择。朱绍峰等采用化学镀镍的方法制作了 PTCR 陶瓷电极。

陶瓷基体选用的是钛酸钡系半导体陶瓷,工艺流程包括:打磨→水洗→清洗→敏化→水洗→活化→水洗→还原→化学镀→后处理。

(1) 打磨　陶瓷烧结后,表面比较粗糙,为获得平整的电极面,采用水砂纸对待镀平面打磨,打磨时在砂纸上洒一些水。

(2) 清洗　采用超声波清洗机清洗,主要去除陶瓷表面因打磨而产生的颗粒,清洁陶瓷表面。

(3) 敏化　为了使陶瓷表面吸附一层易于氧化的金属颗粒,合适的金属有锡、银,例如选用锡,其工艺条件为:10g/L 氯化亚锡 +5ml/L 盐酸,温度为 35℃,时间为 5min。

(4) 活化　使敏化工序中在陶瓷表面形成的金属颗粒氧化,同时使贵金属离子发生还原,即 $Pd^{2+} \rightarrow Pd$。从而在陶瓷表面形成众多晶核利于镍层沉积。工艺条件为:0.05g/L 氯化亚锡 +1ml/L 盐酸,温度为 50℃,时间为 5min。

(5) 还原　其目的是保持化学镀液稳定,延长镀液使用寿命,还原时间一般控制在 30s,工艺条件为:4% 次磷酸钠水溶液,室温。

(6) 化学镀　通过控制施镀时间来控制金属膜的厚度。化学镀液有酸性镀液和碱性镀液,经试验碱性镀液效果较好。工艺条件为:20g/L 硫酸镍 +10g/L 次磷酸钠 +30g/L 柠檬酸三钠 +20g/L 硫酸铵 +2mg/L 稳定剂,pH 值为 9(氨水调节),温度为 90℃,经 2h 镀后,镀层厚度为 30μm,化学镀后用水清洗样品,热风吹干。

(7) 后处理　为去除镀层的内应力,提高镀层与陶瓷基体的结合强度,需对样品进行热处理,热处理温度为 150℃,时间为 1h。用刻划法对镀态样品和热处理样品的结合力进行评价,结果表明镀态下出现少量剥落,而经热处理后,镀层无剥落和起皮现象。

因此在实施化学镀时,需要根据基底的类型和表面初始状态来对基底实施表面预处理和后处理工艺,并对镀液的类型和配方进行选用与调整,从而获得性能优化的镀层。

第 5 章　镀液成分与工艺参数对化学镀的影响

化学镀的实施不需要使用外加电源，当施镀温度确定时，化学镀层的结构与性能主要取决于镀液配方的设计与工艺控制。在还原剂作用下通过化学还原方法把金属离子还原沉积到基底表面。一旦开始沉积，由于镀层的自催化作用，这种化学还原反应就在工件的各个部位源源不断地进行下去，因此金属主盐和还原剂是化学镀层产生与生长的基本组成。而实际上，为了保持镀层的质量和槽液的稳定性，根据实际情况还需要在槽液中加入络合剂、缓冲剂、稳定剂、促进剂、改性剂和 pH 值调节剂等，每种组分起到一定作用。因此，镀液的成分和工艺参数对化学镀层的生长与质量起到主要作用。

5.1　金属主盐的影响

从阳离子的角度，金属主盐包括镍盐、钴盐、铜盐等可溶性金属盐，主要作用是为溶液提供金属离子，是金属沉积膜赖以形成的基础。从阴离子的角度，金属主盐主要包括硫酸盐、氯化物盐、醋酸盐、酒石酸盐、磺酸盐等。

通常提高主盐离子浓度会使得氧化还原电位正移、反应自由能减小，从动力学角度会加快沉积速率，但是如果主盐浓度过高，镀液中的络合剂不足以络合主盐离子形成稳定的络合物，则会引起镀液浑浊甚至分解的情况。因此，提高镀速不能依赖于金属主盐浓度的提高，当主盐浓度增加时还原剂的浓度也要增加，同时要加入适量的络合剂与稳定剂，并且保持 pH 值的稳定，否则会造成镀液的不稳定。研究发现主盐与还原剂的浓度比对镀速起到主导作用。当主盐浓度过高时，镀层容易发暗，并且色泽不均匀。

当镀层为三元或者多元合金时，情况就会更加复杂一些。比如对于 Ni – Cu – P，镍和铜具有不同的氧化还原性，因此硫酸铜的加入会影响镀层的沉积速率。由于铜的氧化性比镍、磷强，从而在沉积过程中会优先析出。硫酸铜浓度对沉积速率的影响如图 5-1 所示。可以看

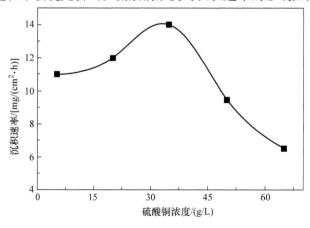

图 5-1　硫酸铜浓度对沉积速率的影响

出，镀层沉积速率随硫酸铜含量的增加先增加后降低。这是因为在其他条件不变的情况下，随着硫酸铜浓度的增加，镀液总的氧化还原电位提高，故沉积速率增大。但当硫酸铜浓度超过 35g/L 时，沉积速率下降。这是由于金属铜对次磷酸根离子脱氢缺乏催化活性，当镀液中硫酸铜的浓度增加时，镀件表面铜的沉积含量将增加，这就增加了镀层表面非催化活性部分的比例，能够被表面吸附且能够脱氢的次磷酸根离子减少，使得沉积速率下降。

但是有些合金元素的加入则对沉积过程起到抑制作用。比如 Ni – Zn – P 三元合金的施镀过程中，随着锌离子浓度的增加，镀速迅速下降，表明镀液中锌离子对沉积产生阻碍作用（见图 5-2）。

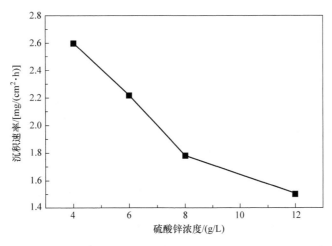

图 5-2　硫酸锌浓度对沉积速率的影响

随着锌离子浓度的增加，镀层中的锌含量缓慢增加，而磷含量逐渐减少（见图 5-3）。一方面的原因是锌的氧化还原标准电位比镍更负，更不容易被还原；另一方面的原因是具有催化活性的一般是第Ⅷ族 d 轨道上具有空位的金属，故镍具有催化作用，而锌没有催化作用。在具有催化活性的样品表面上，镍、锌分别可以在能量高的地方成核，锌自身没有催化活性，锌成核后不能继续长大；镍有催化活性，镍成核后可继续长大，锌需要在镍的诱导下

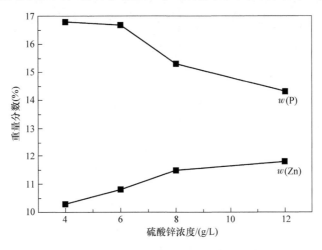

图 5-3　硫酸锌浓度对镀层组成的影响

实现沉积。因此，锌对反应过程有抑制作用。

5.2 还原剂的影响

化学镀中还原剂的主要作用是提供还原金属离子所需的电子，使金属得以在试件表面沉积。还原剂在结构上的特点是含有两个或者多个活性氢，通过催化脱氢使金属离子获得还原，对于含磷或者硼等类金属元素的还原剂来说，类金属原子则会与金属原子产生共沉积，从而获得合金镀层。但需要指出的是，Gould 和 Marshall 的研究发现化学镀层的沉积并不是个简单的化学反应过程，而是受控于电化学机制。混合电位理论认为，化学镀过程中的全反应可以用阴极和阳极的电化学反应过程来解释。常用的还原剂主要有次磷酸钠、甲醛、硼氢化钠、二甲基胺硼烷、二乙基胺硼烷、肼和弗尔马林等。

对于含磷还原剂来说，最常用的是次磷酸钠，特点是能保持镀液稳定并且成本经济，所获得的合金镀层性能优良并且可以通过改变磷含量和热处理温度来对镀层的性能实现调制。次磷酸钠溶解于水后获得次磷酸根离子 $H_2PO_2^-$，$H_2PO_2^-$ 的离子结构是四面体，其中两个氢原子与磷原子直接相连。次磷酸钠的结构式如下

$$Na^+ \left[\begin{array}{c} O \\ \| \\ H-P-O \\ | \\ H \end{array} \right]^-$$

与其他中间氧化态化合物一样，次磷酸加热会产生歧化反应生成最高价和最低价磷化物，同时还会生成磷酸、磷化氢等磷化物。从这个角度来说，在镀液不施镀时，如果长期保持加热状态不利于次磷酸钠的稳定。

镍磷合金化学镀研究表明，在络合剂比例适当的条件下，次磷酸钠浓度变化对沉积速率会有明显影响。随次磷酸钠浓度增加，镍的沉积速率上升，磷含量也随之增加（见图5-4）。但是，当沉积速率达到最大值后会开始下降，这是由于自催化反应后，试样表面的金属盐离子和次磷酸根离子的浓度都要下降，离子的补给靠扩散作用进行，这种扩散和离子在镀液中的浓度梯度有关。相对来说，次磷酸根离子的浓度梯度较大，离子的补给速率也较快，而试样表面金属盐离子则出现贫乏现象，使得金属盐离子放电的超电位增加，当金属离子放电超

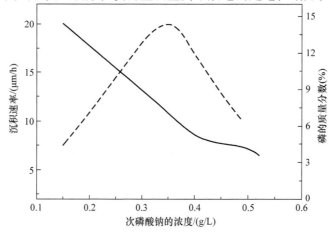

图5-4 次磷酸钠的浓度对磷的质量分数（实线）和沉积速率（虚线）的影响

电位增加速率与还原剂氧化电位增加速率相当时，总的氧化还原电位便停止增加，从而出现最高沉积速率；若还原剂浓度再增加，总的氧化还原电位将降低，从而导致沉积速率降低。而磷含量会随着还原剂次磷酸盐浓度的增加而不断提高。但次磷酸盐的浓度不宜过高，否则容易造成镀层粗糙，甚至诱发镀液瞬时分解。

　　另外在化学镀镍磷合金的过程中，次磷酸根离子会氧化转变成亚磷酸根离子，而产生的亚磷酸会影响镀速和镀液的寿命。因此需要同步分析次磷酸和亚磷酸才能更好地分析两者对沉积的影响。基于等速电泳法的研究结果表明，次磷酸钠的含量随着镀覆的时间延长而降低，亚磷酸的浓度则是线性增加，镀层中的磷含量逐渐减小，镀速降低。经过连续六轮施镀，每次都将主盐和还原剂补充到初始浓度，但磷含量只增加少许磷的质量分数和沉积速率与镀覆时间的关系如图 5-5 所示。由此可以看出，还原剂浓度的变化会影响到镀速和磷含量的变化，而亚磷酸的浓度只影响磷含量而不影响镀速。

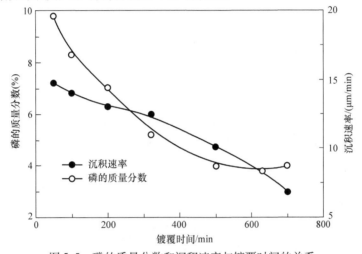

图 5-5　磷的质量分数和沉积速率与镀覆时间的关系

　　对于含硼的还原剂使用得最多的是硼氢化钠（$NaBH_4$），结构式为

$$Na^+ \left[\begin{array}{c} H \\ H{-}B{-}H \\ H \end{array} \right]^-$$

它是一种具有较强选择还原性的无机化合物，在酸性条件下不能稳定存在，会快速分解产生氢气。通常在强碱性条件下可以稳定存在，因此通常使用硼氢化钠的镀液都是碱性溶液。

　　近年来开始将二甲基胺硼烷（DMAB）用作还原剂，DMAB 的结构式为

$$\begin{array}{c} H_3C \qquad CH_3 \\ NH \\ | \\ BH_3 \end{array}$$

与硼氢化钠相比，DMAB 的成本较高，但是还原作用温和，并且使用 DMAB 的镀液可以在广泛的 pH 值范围内稳定存在和使用，能较好地溶于水及有机溶剂。但是含 DMAB 的镀液的使用温度不能过高，DMAB 在 70℃时将会发生分解。通常含 DMAB 的槽液使用温度在 50℃以下。

5.3　络合剂的影响

　　化学镀溶液中除了主盐与还原剂这两种驱动反应的基本成分以外，最重要的组分就是络合剂。络合剂均为有机酸或它们的盐类。把含有羟基、羰基或氨（胺）基化合物添加到溶液中和金属离子形成稳定的络合物或者螯合物，用来控制可供反应的游离金属离子。络合剂的使用还能提高镀液稳定性、抑制不溶性金属盐的沉淀作用、避免化学沉积溶液的自然分解、控制金属只能在催化表面进行沉积反应并延长镀液的寿命。常见的络合剂主要有乙醇酸、柠檬酸、酒石酸和醋酸及它们的盐类，以及一些多配位基酸，如琥珀酸、甘氨酸、乳酸、羟基丁二酸、丙酸和氨基醋酸等。镀液性能的差异、稳定性及镀液寿命的长短主要取决于络合剂的选择与搭配。如果没有络合剂，以镀镍为例，由于氢氧化镍的溶解度很小（溶度积 $K_{sp} = 2 \times 10^{-5}$），即使在酸性溶液中也会析出含水氢氧化镍的沉淀。这是因为镍盐在溶于水后会形成六水合镍离子，有水解倾向，通过加入络合剂可以螯合镍离子，从而抑制其水解，获得稳定的镀液。因此配位能力强的络合剂本身就是稳定剂。对于一些性能要求比较高的镀层，其他的添加剂越少越好，这时候络合剂的选择与浓度就格外重要。络合剂的使用对于控制镀层的质量具有重要作用，包括控制镀层中类金属的含量、内应力和孔隙率等。

　　另外络合剂的加入会使得镀液中游离的金属盐离子浓度下降，但当浓度合适时却会起到促进剂的作用，可以提高镀液的沉积速率。从动力学角度来说，当适量的络合剂吸附到镀件表面后，能够提高镀件的活性，从而为还原剂释放活性氢原子提供更多的激活能，从而可以提升沉积速率。比如在沉积钴磷合金时，以柠檬酸钠作为络合剂与钴离子形成络合物，使得钴离子在镀液中保持稳定，一定浓度的柠檬酸根和钴离子结合有利于自催化的进行，随着柠檬酸钠浓度的增加，沉积速率上升。但是当柠檬酸钠的浓度过高时会降低钴离子的有效浓度，从而使得沉积速率下降，因此络合剂的浓度通常有一个优化范围。柠檬酸钠浓度对沉积速率的影响如图 5-6 所示。

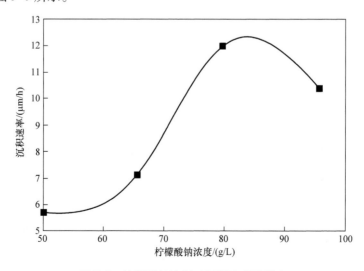

图 5-6　柠檬酸钠浓度对沉积速率的影响

有些络合剂还兼有缓冲剂防止在还原过程中生成的氢离子使 pH 值急剧下降。这是因为主盐的沉淀点往往受 pH 值的影响比较大。同样的 pH 值情况下，未添加络合剂之前，当主盐浓度提高时更容易产生沉淀。当添加了络合剂之后，主盐的沉淀点会显著提高，从而使得镀液可以在更高的 pH 值下工作。通常每种镀液都有一种主络合剂，配以其他的辅助络合剂，不同种类的络合剂及不同的络合剂用量，对合金化学镀的沉积速率有很大的影响。所以合理选择络合剂及其用量不仅可在同样条件下获得更高的镀层沉积速率，而且可以使镀液稳定、使用寿命延长。若络合剂浓度不足以络合全部的金属离子，以致溶液中游离的金属离子的浓度过高时，镀液的稳定性下降，镀层的质量变差。当络合剂浓度过大时，会促使络离子的离解平衡向左移动，使金属离子以极其稳定的螯合物形式存在，使得金属离子不易被还原，从而降低了沉积速率。

当镀液中有两种主盐时，往往需要通过调节络合剂的浓度来控制两种金属元素的相对含量。比如在化学镀 Ni – Mo – P 三元合金时，$c_{Ni^{2+}}/c_{MoO_4^{2-}}$ 对镀层合金成分的影响如图 5-7 所示。可以看出，随着 $c_{Ni^{2+}}/c_{MoO_4^{2-}}$ 的增大，合金中的钼含量下降，镍、磷含量提高，这是因为溶液中 MoO_4^{2-} 浓度高会抑制沉积反应。欲实现共沉积，则可以通过增加溶液中络合物柠檬酸钠的浓度来降低镍、磷的有效沉积浓度，使钼沉积量加大。

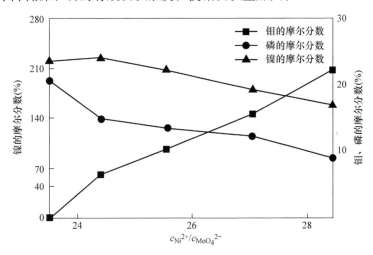

图 5-7　$c_{Ni^{2+}}/c_{MoO_4^{2-}}$ 对镀层合金成分的影响

5.4　缓冲剂的影响

在化学镀镍反应过程中，除了有金属与类金属原子的析出外，还有氢离子产生，从而导致溶液的 pH 值不断发生变化，这不但使沉淀速率变慢，也对镀层质量产生影响。因此，在化学镀溶液中必须加入缓冲剂，使溶液具有缓冲能力，使得在施镀过程中槽液 pH 值不致变化太大，保证反应的平稳进行和稳定的镀层的质量。缓冲剂性能的优劣可以用溶液的 pH 值与溶液中酸浓度之间的关系来衡量。如果 pH 值对酸浓度的变化很敏感，酸浓度的变化会引起溶液 pH 值的很大波动，那么缓冲剂的性能就不好。如果酸浓度在一定范围内波动时，pH 值能够保持基本不变，那么就说明溶液体系的缓冲性能好。可以用溶液 pH 值为纵坐标，酸度为横坐标来绘制关系曲线，其中曲线斜率 α 的绝对值等于 $\Delta pH / \Delta c_{H^+}$，其中 ΔpH 和 Δc_{H^+} 分别为酸度变化前后的 pH 和 c_{H^+} 各自的差值。可以看出 α 的绝对值越小，缓冲剂的性能越好。常用的缓冲剂有铵盐、乙酸（盐）、硼酸（盐）、乳酸盐等。需要指出的是尽管镀液中含有缓冲剂，但是在施镀过程中需要经常监控镀液的 pH 值变化，并使用 pH 值调节剂来保证 pH 值的稳定。

5.5   稳定剂的影响

化学镀溶液是一个热力学不稳定系统，在施镀过程中由于种种原因可能会出现各种不稳定因素。比如因加热方式不当导致局部过热，或因镀液调整补充不当导致局部 pH 值过高，以及因镀液被污染或缺乏足够的连续过滤导致杂质的引入或变形从而在镀液中会出现活性颗粒，这些因素都会触发镀液在局部发生激烈的自催化反应，从而使镀液在短期内分解。因此，为确保金属离子的还原和使还原反应只是在被沉积基体表面上进行、抑制溶液中自发形核、避免溶液分解，应添加稳定剂。稳定剂的作用在于抑制镀液的自发分解，使施镀过程在控制下有序进行。稳定剂就其性质来说可以看成一种反催化剂或者说是毒化剂，能优先吸附在微粒或者胶体粒子表面，可以抑制还原剂的脱氢催化反应，从而掩蔽催化活性中心、阻止微粒表面的成核反应，但不影响工件表面正常的化学镀过程，适量稳定剂的添加还可以增加镀速和改进镀层的光亮效果。稳定剂不能添加过多，稳定剂多了会降低镀速，如果添加过多的话则会导致催化反应停止不再起镀。一般稳定剂类型有：①有机硫化物、含硫化物，如硫氰酸盐、硫代硫酸盐、硫脲及其衍生物等；②含氧的阴离子物质，如钼酸盐、碘酸盐、溴酸盐、砷酸盐、亚硝酸盐等；③重金属离子，如铅、锡、铋、锑、锌、镉、铊离子等；④有机酸，包括油酸和一些不饱和酸，具有能够在某一定位置吸附形成亲水膜的功能团。

对于①类稳定剂来说，以硫脲在镍磷合金化学镀过程中的作用为例，这类稳定剂能够强烈吸附在镀件表面，之所以能起到稳定剂作用，可能有两方面的原因，一是能够择优或者完全抑制析氢反应；二是抑制镍离子和次磷酸根离子的还原反应。通常，添加硫脲会造成镀层中磷含量的下降，这反映了硫脲对次磷酸盐还原反应的抑制作用。但是另一方面，在添加了硫脲后，在一定浓度范围内会提高镀速，这是因为在阳极过程中硫脲择优氧化所产生的电子将镍离子还原成金属镍，而硫脲则被氧化成二聚物，二聚物又被次磷酸根还原成硫脲，从而对合金镀层的沉积速率起到了促进作用。因此，硫脲既可以看作稳定剂，也具有加速剂的作用。另外硫脲的强烈吸附作用能渗透到电极表面，促进电子交换，以改变阴极和阳极过电位的方式来促进自催化的进行，从而增强了自催化反应的动力学过程。

② 类含氧的阴离子稳定剂的作用机理和①类有所不同，吸附在镀件表面的含氧阴离子与次磷酸根发生反应时会使得次磷酸根中的 P–H 键强度增加，从而抑制氧化还原反应的动力学过程。和①类稳定剂不同之处在于，硫化物类稳定剂有强烈的吸附作用，有时候会使得镀层出现微孔，而使用含氧的阴离子稳定剂则可以使这类问题得到改善。

③ 类重金属离子对化学镀的电位影响并不明显，通常只能轻微地吸附在镀件的催化表面，并不会对氧化还原的施镀过程产生显著影响。但是这些重金属离子却可以强烈地吸附在由于金属盐的水解而产生的胶体粒子的表面，使得这些胶体粒子带上正电相互排斥，避免了水解产物的聚集沉淀或者由此引发的镀液分解，从而保证了施镀过程的稳定性。

　　④ 类水溶性有机物稳定剂是一些短链不饱和脂肪酸化合物，这类稳定剂一方面会提高镀液的稳定性，另一方面也可以增强重金属离子稳定剂和硫脲等稳定剂的使用效果。其作用机理被认为是吸附在镀层表面来抑制一种或者几种基本化学反应，这一点和硫化物的作用相似；另外这类有机物稳定剂中的双键会与胶体粒子相结合，从而可以抑制离子的聚集长大，这一点则和重金属离子相似。因此④类稳定剂有和硫化物、重金属离子或者两者的综合作用相类似的稳定效果。

　　在一些环境下，比如采用甘氨酸作为络合剂的镀镍溶液来说，少量的铜离子起到稳定剂的作用，能够提高镀速、改进光亮度和保证镀层的非磁性特征。对于化学复合镀来说，分散粒子的加入会破坏镀液的稳定性，甚至成为镀液自发分解的形核中心，这就要求复合镀液具有良好的稳定性，方能形成良好的复合镀层，就需要加入更多量的稳定剂以稳定镀液。并且有些稳定剂可以起到改性剂的作用，能够改善沉积膜结构和细化晶粒。

5.6　促进剂的影响

　　为了提高化学镀的沉积速率，添加少量的促进剂是必要的。这些促进剂一般是有机酸，促进剂的作用机理被认为是促进剂的加入使得有机酸根离子取代了还原剂中的氧从而形成配位化合物，促使还原剂中氢原子与其他原子的键合变弱，使得还原剂更容易脱氢，同时氢在被催化表面上更容易移动和吸附，增强了还原剂的活性。常添加的促进剂主要是有机的未被取代的短链饱和脂肪族羧酸根离子、短链饱和氨基酸、短链饱和脂肪酸，比如有琥珀酸盐、羟基乙酸盐、乳酸盐及可溶性氟化物和某些溶剂。对于无机离子加速剂氟化物来说，必须严格控制浓度，当用量过大时不仅会减小镀速，还会对镀液的稳定性产生不利的影响。

5.7　表面活性剂的影响

　　在进行化学镀时加入表面活性剂的目的是降低镀液中溶剂的表面张力或者界面张力，从而改善体系的沉积状态。在进行化学镀时，在固（镀层）－液（镀液）面上由于固体表面上原子或分子的价键处于未饱和状态，表面能比较高。对于工件表面属于高能表面，与液体接触时表面能趋于减小，所以原本的固－气界面很容易被固－液界面所替代。伴随着化学镀反应的进行，氢气不断析出，如果气泡不能及时从工件表面脱附，那就很容易在工件表面造成孔隙。因此，即使在浸润性很好的镀件表面也需要加入活性剂来提高润湿性，减少气泡在工件表面的滞留，改善镀层质量。另外对于一些粉末试样的化学镀或者化学复合镀，表面活性剂的加入可以使得微粒能在镀液内充分混合，改变粒子的表面特性，改善粒子与镀液的亲和。常用的表面活性剂是阴离子型表面活性剂，比如十二烷基苯磺酸钠或十二烷基硫酸钠等。

$$CH_3(CH_2)_{10}CH_2 - \!\!\!\bigcirc\!\!\!- \overset{\displaystyle O}{\underset{\displaystyle O}{\overset{\|}{\underset{\|}{S}}}} - ONa \qquad\qquad CH_3(CH_2)_{10}CH_2O - \overset{\displaystyle O}{\underset{\displaystyle O}{\overset{\|}{\underset{\|}{S}}}} - ONa$$

　　　　　十二烷基苯磺酸钠　　　　　　　　　　　　　　十二烷基硫酸钠

在化学镀 Ni – P – PTFE 溶溶中，PTFE 具有憎水性，所以加入表面活性剂，使 PTFE 和 Ni – P 镀液均匀分散。如在 Cu – SiC 复合镀体系中加入适量的一价重金属离子，也显著促进了碳化硅的共沉积；Ni – Al$_2$O$_3$ 复合电镀中，加入十二烷基硫酸钠和十二烷基三甲基氯化铵表面活性剂，可使氧化铝的共析量发生变化，这都在于使粒子表面的电荷改变。当然，如果加入的表面活性剂类型或数量不恰当，也会阻碍粒子的共析。

另外在化学复合镀的过程中，表面活性剂对复合镀层的结构和质量也显示了明显的作用。黄新民等在制备 Ni – P – TiO$_2$ 复合镀层时，研究了不同类型的表面活性剂对镀层生长的影响。虽然添加了表面活性剂后，复合镀层组织中纳米颗粒仍然存在着团聚的现象。但是随添加的表面活性剂的种类不同，纳米粒子的团聚颗粒尺寸不一样。添加非极性离子表面活性剂的镀层，纳米粒子的团聚尺寸最小。微观结构分析显示纳米粒子团是被表面活性剂包裹着进入复合镀层的，而且这种包裹现象直到镀层被加热到 600℃ 还仍然保持着。

表面活性剂对纳米粒子团聚尺寸的影响如图 5-8 所示。结果显示，添加非极性离子表面活性剂的镀液中纳米粒子的相对悬浮高度最高。添加阴离子表面活性剂的镀层中纳米粒子的相对悬浮高度最低。从测量出的纳米粒子团聚尺寸来看，纳米粒子的团聚尺寸恰好与相对悬浮高度成反比。相对悬浮高度越高，团聚尺寸越小。这一结果表明，表面活性剂不同，对纳米粒子的湿润能力不一样。湿润能力越强，对降低纳米粒子表面能越有利，纳米粒子就可以团聚得越小，因而悬浮高度自然就越高。3 种表面活性剂中非极性离子表面活性剂对降低二氧化钛纳米粒子表面能的作用相对最佳。

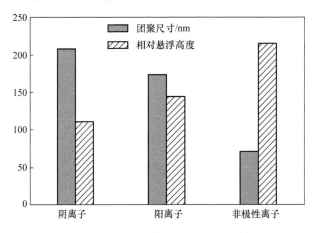

图 5-8　表面活性剂对纳米粒子团聚尺寸的影响

镀液 pH 值对纳米粒子团聚尺寸的影响如图 5-9 所示。曲线显示了表面活性剂在相同的 pH 值下对纳米粒子的湿润性是不一样的，纳米粒子的团聚尺寸也不同。添加非极性离子表面活性剂和阴离子表面活性剂的镀液，纳米粒子最小的团聚尺寸出现在 pH 值约为 4.5 处；加入阳离子表面活性剂的镀液中，纳米粒子的最小团聚尺寸则出现在更高的 pH 值下。这一结果预示酸性镀液中宜选用非极性离子表面活性剂和阴离子表面活性剂，而碱性镀液中宜选用阳离子表面活性剂。从团聚尺寸来看，对于二氧化钛纳米粒子来说，非极性离子表面活性剂最为合适。

复合镀层中的纳米粒子复合量见表 5-1。添加阴离子表面活性剂的镀层纳米粒子复合量

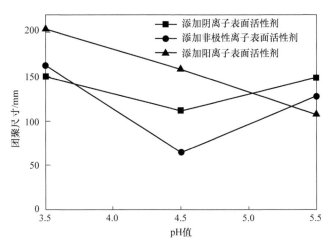

图 5-9　镀液 pH 值对纳米粒子团聚尺寸的影响

最大。复合镀是一个纳米颗粒与镍磷合金共沉积的过程,镀层复合量取决于两方面的因素。一是纳米团的大小,纳米团越大,一次性被包裹进入镀层的量就越大;二是镍磷合金表层的粒子黏附数量,表面活性剂包裹的纳米粒子团在镍磷合金表层黏附的概率越大,进入镀层的纳米粒子团就越多。添加非极性离子表面活性剂和阴离子表面活性剂对镍磷合金表面湿润很好,从而提高了镍磷合金表面粒子团的黏附概率。

表 5-1　复合镀层中的纳米粒子复合量　　　　　　　（单位为:%）

镀层	添加阳离子 表面活性剂	添加阴离子 表面活性剂	添加非极性离子 表面活性剂
复合量	9.5	16.2	12.6

时效温度对复合镀层的显微硬度的影响如图 5-10 所示。硬度最高的镀层仍然是添加非极性离子表面活性剂的复合镀层。由此可见,并非镀层中复合的纳米颗粒越多,镀层硬度就

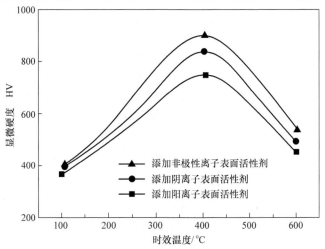

图 5-10　时效温度对复合镀层的显微硬度的影响

越大。镀层硬度除了取决于颗粒复合量以外，还取决于其颗粒分散状况。添加非极性离子表面活性剂的镀层，其复合的颗粒量居中，但颗粒团聚尺寸小，分散状况良好，所以镀层表现出最高的硬度。

5.8　pH 值的影响

pH 值对镀液、工艺以及镀层的影响很大，它是工艺参数中必须严格控制的重要因素，把 pH 值控制在一定范围内，可以保证反应的正常进行。根据化学镀的反应式可以看出，在还原金属离子的同时会产生氢离子，使得镀液氢离子浓度增加，pH 值下降。在酸性化学镀过程中，pH 值对沉积速率以及镀层类金属含量具有重大影响。随 pH 值上升，金属的沉积速率加快，同时镀层的类金属含量降低。比如在酸性环境下沉积镍磷合金时，提高 pH 值可以加快沉积速率，导致磷含量下降（见图 5-11），但是通过降低 pH 值来提高磷含量是有限的，因为当 pH 值太低（酸性大）时，沉积几乎就不能进行。因此在化学镀的过程中，需要不断地调节 pH 值并补充消耗的主盐和还原剂，从而保证沉积的连续性。

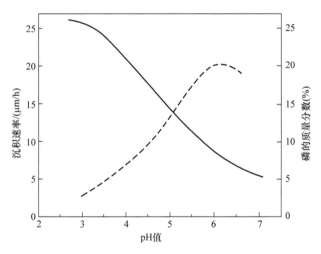

图 5-11　pH 值对磷的质量分数（实线）和镀层沉积速率（虚线）的影响

但是另外一方面，pH 值对磷含量的影响还和还原剂的浓度相关（见图 5-12）。当次磷酸钠浓度为 10g/L 时，磷含量随着 pH 值增加明显降低；当次磷酸钠浓度增加到 20g/L 时，磷的质量分数是 11%～13%；而当次磷酸钠浓度进一步增加到 30g/L 时，磷的质量分数为 12%～14%，因此在还原剂浓度比较高时，对磷含量的变化影响趋弱。

而在碱性条件下实施化学镀时，比如沉积钴磷合金时，从自催化反应机理可以看出，OH^- 参与了沉积反应，OH^- 浓度越高，钴的析出越快，而磷的析出则减慢。另外自催化反应进行时会产生 H^+，OH^- 浓度越高，H^+ 的中和就越快，因此 pH 值的升高有利于自催化的反应（见图 5-13）。但当 pH 值过高如 pH 值为 13 时，镀液出现浑浊，溶液开始不稳定。从试验结果看，pH 值控制在 9～11 的范围内比较理想。

当三元合金镀层时，pH 值变化还会影响镀层中的应力分布，比如 pH 值高的镀液得到的镀层含磷量低，表现为拉应力；反之，pH 值低的镀液得到的镀层含磷量高，表现为压应

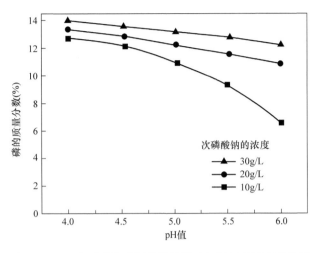

图 5-12　pH 值对磷的质量分数的影响与还原剂浓度的关系

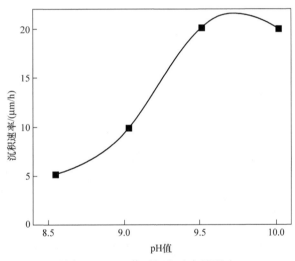

图 5-13　pH 值对沉积速率的影响

力。镀液的 pH 值还影响到镀层的结合力，试验中发现碳钢在 pH 值为 4.4 的酸性镀镍溶液中所获得的镀层结合力为 0.42MPa，当 pH 值上升到 6.6 时，结合力下降到 0.21MPa，这是因为镀层的表面随着 pH 值的增加会发生钝化，从而引起镀层和基体的结合力的下降。但是如果 pH 值过低，酸性太强加上镀速变慢，则容易对镀层造成腐蚀，也会造成结合力降低。所以镀镍的溶液 pH 值通常控制在 4.5 ~ 5.2。常用的 pH 值调节剂有氢氧化钠溶液、氨水、盐酸、硫酸等。

　　另外不同的 pH 值对施镀过程中镀液的成分变化也有很大的影响。以镍磷合金镀层的生长为例，当 pH 值比较低时，反应产物主要为亚磷酸二氢根离子；而 pH 值比较高时，反应产物为亚磷酸氢根离子。其中亚磷酸氢根离子更容易和镍离子形成亚磷酸氢镍沉淀，因此当 pH 值比较高时，镀液容易出现浑浊甚至促使催化反应变成均相反应而导致镀液发生分解。所以 pH 值低的镀液稳定性更好，缓冲特性也比较好一些。总的来说，pH 值低的镀液，镀层中磷含量高、镀速较慢、结合力好、内应力更趋近于压应力、镀液稳定性好，但是还原剂利用率较低；pH 值较高时，镀速较快、镀层中磷含量较低、结合力下降、镀层内更容易产生拉应力，镀液不稳定，但是还原剂利用率较高。因此，pH 值的控制对于化学镀正常实施与镀层质量的保证颇为重要。

在这几个组成部分中，可溶性金属盐、还原剂、络合剂是必不可少的三要素，其他添加剂视需要而定。当然，溶液中各个组分之间的相互关系与作用也必须加以控制，以获得最佳工艺或实现成分与性能的调制。

5.9　其他影响因素

1. 温度的影响

在化学镀过程中，温度是影响自催化反应动力学的重要参数。随着温度的增加，镀液中离子的扩散速率加快、反应活性也随之增强，所以温度的高低对化学镀速的影响很大。因此化学镀一般都需要在加热的条件下才能正常进行。化学镀镍一般要加热到50℃以上，随着温度的增加镀速加快。在酸性条件下，温度大于80℃时可以获得比较实用的镀速，但是当温度升高到 90～100℃ 时镀速过快容易引发镀液分解；在碱性条件下，一般镀液温度较低，并且镀速随温度的变化不像在酸性条件下那么明显。而在化学镀镍硼或者钴硼合金过程中，如果采用二甲基胺硼烷、二乙基胺硼烷或者联氨作还原剂时，可以在较低温度甚至室温进行施镀。除了温度的高低，温度的稳定性控制也非常重要。通常温度升高会使得镀速加快、镀层磷含量下降、应力和孔隙率增加、耐蚀性降低，而局部的温度不均匀则会影响到镀层的成分和组织的不均匀。因此，严格控制镀液温度对于镀层质量的保障非常重要。

2. 搅拌的影响

对镀液进行适当的搅拌会提高镀液稳定性及镀层质量。首先搅拌可以防止镀液局部过热，防止补充镀液时局部组分浓度过高，局部 pH 值剧烈变化，有利于提高镀液的稳定性。通过搅拌可以消除镀层和镀槽整体溶液之间的浓度差异，消除镀件表面气泡，避免出现气孔等缺陷。另外，搅拌加快了反应产物离开工件表面的速率，加快了镀液微环境的更新，有利于提高沉积速率，保证镀层质量。但是过度搅拌容易造成工件局部漏镀，并使金属离子在容器壁和底部也发生沉积，严重时甚至造成镀液分解，另外搅拌方式和强度也会影响镀层的磷含量。

3. 镀液老化的影响

化学镀溶液有一定的使用寿命，镀液寿命以镀液的循环周期来表示，即镀液中全部金属离子耗尽和补充金属盐至原始浓度为一个循环周期。随着施镀过程的进行，镀液中金属盐不断消耗而需要添加，同时随着施镀的进行，不断补加还原剂，HPO_3^{2-} 浓度越来越大，到一定量以后超过 $NiHPO_3$ 的溶解度，就会形成 $NiHPO_3$ 沉淀。虽然加入络合剂可以抑制 $NiHPO_3$ 沉淀析出，但随着周期性的延长，即使存在大量的络合剂也不能抑制沉淀析出，镍沉积速率急剧下降，镀层性能变坏。另外在施镀反应过程中会伴随着一些副反应，尤其会产生有机添加剂的副产物，这些副反应产物的形成与积累也加速了镀液老化的过程。

化学镀镍液在使用过程中，镀液成分不断消耗，pH 值不断变化，为保证化学镀镍工艺正常进行以及稳定的镀层质量，对镀液的补加和维护是十分必要的。化学镀镍液的维护管理主要是指在使用过程中，保持镀液施镀温度和调整 pH 值、随时补加镀液成分、及时清除沉淀物和污染物等，以维持镀液的最佳工作状态。

第6章　化学镀工程应用

由于化学镀合金镀层结晶细致、孔隙率低、硬度高、厚度均匀，以及化学稳定性好，已被广泛地应用在化学、机械、汽车、电子及航空航天等工业领域。与电镀相比，化学镀不需要外加电源，利用溶液中的还原剂将金属离子还原为金属并沉积在基体表面上形成镀层，操作方便、工艺简单、外观良好，而且能在塑料、陶瓷等多种非金属基体上沉积。在机械制造工业中，化学镀合金镀层主要用于生产各种测量装置、精密齿轮、阀、喷嘴、盘形制动器、活塞、轴、轴承等。在电子、电器仪表制造工业中，化学镀合金镀层主要用于电子管腐蚀接点、电容器、插销和插座联结器、陶瓷衬底及各种精密齿轮、轴、传动机械、离合器、滚筒、轴承等。在汽车制造工业中，化学镀合金镀层主要用于发动机零件，电动机内的摩擦副，化油器零件，燃料喷射器，各种离合器、阀等。在石油、化工机械制造工业中，化学镀合金镀层主要用于加工各种贮存容器、高压气体容器、反应槽热交换器、过滤器、输送管、泵、阀门（球阀，滑阀）、工具和钻井零件等。在液压传动机械中，化学镀合金镀层主要用于生产各种液压传动设备、缸体、活塞、泵、阀门等。在纺织机械制造工业中，化学镀合金镀层主要用于生产纺织机械的供料机构、导轨、导杆、绕线筒、铝锭翼、纱锭轴、齿轮、喷丝嘴等。在食品机械制造工业中，化学镀合金镀层主要用于生产各种罐头生产线设备、包装设备、分类机、切面机、烤锅、轴承和齿轮。在工模具生产中，化学镀合金镀层可用于钻头、丝锥、精密测试量具、注塑机械和模具、冲压模具、挤压模具等。用化学沉积的方法，把一种或多种非金属相（或其他金属相）均匀地分散在金属沉积层中的共沉积方法称为化学分散镀或化学复合镀。近年来，这种镀覆工艺正作为各种功能镀层而引人注目。

化学镀合金镀层的应用是十分广泛的，上述各方面的应用只叙述了其中的一部分。凡是要求具有高硬度、高耐磨性、优良的耐蚀性、低的表面粗糙度和悦目的装饰外现的零部件均可采用。

由于化学镀具有其他工艺所不具备的特异优点，因此在现代制造业中得到了广泛的应用。目前，化学镀合金镀层正在向深度和广度发展，化学复合镀技术的开发研究，更进一步扩大了它们的应用领域。以下举几个例子来说明化学镀层的典型应用。

6.1　表面强化的应用

由于化学镀镍磷合金具有高硬度和良好的耐磨性，在工模具的表面强化和汽车轻量化等领域扮演了重要角色。在表面强化上的应用可以由表6-1进行总体概括。

下面结合作者的具体研究工作来分类介绍一下化学镀合金层在工业上的应用情况或者潜在应用前景。

表 6-1　化学镀镍磷合金在表面强化上的应用

序号	应用行业	应用零部件
1	机械工业	测量装置，精密齿轮，盘形制动器，轴，轴承，缸体和活塞，泵和阀门，喷嘴
2	汽车工业	空气调节器元件，交流发电机零件，球形接合器，蝶形阀，化油器元件，压缩机，差动齿轮轴，叶轮自动器活塞，发动机主轴，燃料喷射器，传动推力垫圈和关节销，阀和衬垫，离合器
3	航天工业	发动机主轴，叶轮，压缩机叶片，受热区五金零件，喷油嘴，泵轴，转子叶片，伺服阀门，花键，密封圈和垫片，电动机系统零件，管路阀和液压类机械
4	仪器仪表	离合器，传动机械，滚筒，导轨，轴套，联销，活塞，各种精密齿轮，轴，轴承，耐磨计算机零件，复印机零件，光学仪器零件，钟表零件，铆钉
5	纺织机械	供料机构，导轨，导杆，绕线筒，纱锭轴，各种齿轮，铝合金锭翼，喷丝嘴，织物刀具
6	印刷机械	打字机零件，字头，滚筒
7	工模具	钻头，丝锥，刀具，冷冲模，拉延模，塑料模，橡胶模，喷丝模，精密工具，防爆工具，玻璃模具
8	其他	树脂注射成型的缸体，医用器械，人造膝关节，塑料制品，办公机械，电影机械，自控零件

6.1.1　工模具的化学镀层

在工业生产中，工件的质量很大程度上取决于工模具的精度与质量，与工模具的结构、设计、材料、润滑和清洗有密切的关系。一般来说，模具的表面失效会影响其使用寿命，需要不断修理直至报废。表面轻微磨损会引起尺寸超差，严重磨损则会造成裂纹，甚至剥落、点蚀，影响制品质量。若模具的材料和被加工件相类似，晶格类型与点阵常数接近，则容易导致黏附，发生咬合现象，材料会发生互相转移，造成表面严重受损。因此为了提高制品外观质量和生产效率，延长工模具的服役周期和改善其表面状态是非常必要的。采取表面处理手段使工模具表面改性或强化，可以解决其表面失效问题，由于化学镀具有很好的"仿型性"，因此适用于一些精度要求高、形状复杂、表面要求耐磨的零部件和工模具效果会更佳，并且可以用于修复。采用化学镀合金表面强化模具，既能保证硬度和耐磨性，又能起固体润滑效果、提高表面质量。实践证明，经强化处理后的工模具的使用寿命大大延长。比如在塑料模、拉伸模、冲模和挤压模等表面镀上镍磷合金可以将模具的寿命提高 3～10 倍，经济效益显著。冲压模镀上镍磷合金后，经 200℃ 左右处理 1～2h，加工能力可以由原先加工 1000 多件提高到近 4000 件，并可保持制品表面光滑。锌合金压铸件经化学镀处理后，耐磨性、耐蚀性都有较大程度的提高。采用化学镀镍磷合金，可使 45 钢制的铜合金拉伸模寿命提高 10 倍以上，紫铜制的塑料模具生产 4 万个零件后（二年）还可以使用，牙膏挤压模寿命延长 2.5 倍，而采用化学镀层修复工具、螺纹规等都取得了较好的经济效益。采用化学镀镍磷合金表面强化模具，既能保证硬度和耐磨性，又能起到固体润滑效果，同时易于脱模、减少黏附、提高加工件质量。工模具的材料很多，常用的有低碳钢中碳（或铸铁）钢、高碳钢、低合金钢和高合金钢等，下面列举几个典型的应用。

（1）高速钢刀具　高速钢刀具的切削性能除与刀具的刃口几何角度、尺寸精度、位置精度有关外，更重要的是受材料力学性能和刀具表面硬度、耐磨性的影响。刀具的失效形式主要是磨损，其中主要包括黏着磨损和磨粒磨损，由于镍磷合金具有低摩擦系数、高硬度、高耐磨性等优点，因此在强化高速钢刀具表面的应用上具有独特的优势。镍磷合金镀层摩擦系数小，在摩擦与磨损过程中，具有减磨作用和抗黏结擦伤作用，更重要的是镀层的高硬度和高耐磨性使镀覆刀具切削性能的提高成为可能。要提高刀具的切削寿命，表面强化处理是其重要途径，镍磷合金化学镀无疑是刀具表面强化的有效方法。化学镀层的高度均匀性决定了镀覆工艺可用于某些复杂刀具，如滚刀、拉刀、铣刀及可转位刀具均可以试用该表面强化工艺。作者选用 $\phi5.2mm$ 的直钻，在表面镀了一层镍磷合金，经400℃热处理后，硬度可达1100HV，明显高于氧氮化渗层的表面硬度，与氧、碳、氮、硫、硼五元素共渗渗层的表面硬度相近，与基底结合力达到 $1200N/mm^2$。按照 JB/Z 256—1985《麻花钻寿命试验方法》，切削硬度为 200~220HBW 的调质40Cr坯材时，发现其切削寿命为未镀镍磷合金的直钻的1.75倍，并且镀层的表面厚度变化可以控制在5%以内，因此可以在钻头、立铣刀、滚刀、拉刀、可转位刀具等复杂刀具上获得了广泛应用。

（2）轮胎模具　长期以来，提高模具寿命是人们所关注和研究的问题，因为它直接影响到产品的质量、产量和成本，并关系到产品的更新换代和开发利用。随着技术的发展，大型高精度模具不断问世，人们已不满足于传统的靠淬火、化学热处理、镀铬等工艺来提高模具使用寿命了，而要去寻求更好的表面强化技术来提高模具寿命。轮胎模具是轮胎制造企业的关键工艺装备，对轮胎外观质量有着举足轻重的作用。轮胎模具型腔及主要零部件长期处于腐蚀性工作环境，承受各种复杂应力的作用。因此，轮胎模具要求其基体具有高的韧性，而表面应具有优异的耐磨性、耐蚀性和抗咬合性，特别需要提高轮胎模具在轮胎硫化过程中的耐蚀性和承受清洗过程中的抗磨损能力。随着国内轮胎模具制造水平的提高，与国际专业轮胎模具商技术差距的缩小，跨国轮胎制造企业在我国采购轮胎模具的数量逐年增加，轮胎模具行业正面临着机遇和挑战。所以迫切需要应用优质模具材料和先进的表面处理技术来提高轮胎模具的寿命和质量。以 ZL303 铝合金轮胎模具为例，这种材料合金化程度低、耐蚀性好，并且具有优良的切削加工和表面加工性能，但是强度不高、表面硬度较低，经吹砂清洗后表面粗糙度增加，严重影响轮胎的表面质量和模具的使用寿命。经化学镀镍磷合金并400℃热处理1h后，测定硬度可达750HV，与基底结合良好，有效提高了模具的寿命。

（3）冷冲模具　冷冲模具在工作时，由于被加工材料的变形抗力比较大，模具的工作部分承受很大的压力及摩擦力，因此冷冲模具的正常报废原因一般是磨损。这就要求冷冲模具钢有高的硬度和耐磨性，以保证冲压过程的顺利进行。但是冷冲模具形状及加工工艺复杂，而且摩擦面积大、磨损可能性大、不易修磨，给表面强化也带来了一定的困难。张建光、邓宗钢等针对安徽某铁塔厂的 T8A 和 T10A 钢冷冲模冲头进行了研究，冲头采用淬火、低温回火制成（硬度为 50~54HRC），冲料为 Q345 和 Q235 钢。在使用过程中，由于加工零件较厚，冲头损坏较严重，通常损坏形式为磨损和咬合。冲孔时，在冲头的下端外圆表面上，逐渐发生黏着磨损，使零件表面被拉毛，切口粗糙，底面出现毛刺，由于磨损超差而报废。另一种损坏形式是咬合，由于冲头表面粗糙，冲孔时冲头容易被拉毛，在连续冲孔过程中，冲头发热后发生咬合，在冲头的下端刃口处局部被撕裂出现小缺口和小凹坑。当继续冲孔时，小缺口和小凹坑增多变大，加工出来的零件变形较大、尺寸超差、冲头报废。在无断裂的情况下，每只冲头平均冲孔数为一千多个，造成材料、工时的很大浪费，对模具寿命和产品质量都有严重影响。试验结果表明在新冲头表面上沉积 20～30μm 的镍磷合金层后，经热处理后表面硬度达到了 1000HV，可连续加工 10000 余件，并且保持冲头和被加工的表面质量光滑，从而大大提高冲头的表面硬度、表面粗糙度、耐磨性和抗咬合性。镀层表面致密、光亮、均匀，表面粗糙度约为 $Ra = 0.8\mu m$，能有效地防止冲头的磨损和咬合，避免下端刃口被撕裂和小缺口、小凹坑的产生，使冲头的平均寿命提高了 4～6 倍。化学镀镍磷合金镀层提高冲头寿命的主要原因在于镀层具有较高的硬度和抗咬合性能。

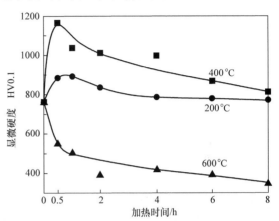

热处理工艺对镍磷合金镀层显微硬度的影响如图 6-1 所示，镀层经 200℃ 加热保温后，显微硬度达到 800～880HV；经 400℃ 加热保温后，显微硬度达到最大值 820～1146HV。根据上述结果可知，化学镀镍磷合金镀层在 400℃ 加热保温时，可获得最大硬度值，考虑到冲头的基体材料为 T8A 和 T10A 钢，当加热到 400℃ 时会使基体硬度大大降低。因此，在冲头进行化学沉积镍磷合金层后，仅采用 180～200℃ 下保温 2～4h。此时表面硬度可保持在 800～860HV。化学镀镍磷合金镀层提

图 6-1　热处理工艺对镍磷合金镀层显微硬度的影响

高冲头使用寿命的另一个原因是，它具有较优良的抗咬合性能。镀层的抗咬合性能见表 6-2，抗咬合试验曲线如图 6-2 所示。

表 6-2　镀层的抗咬合性能

镀层（上试样）	9SiCr	硬铬	镍磷合金镀层	镍磷合金镀层
对磨材料（下试样）		20 钢		铸铁
发生咬合时的最大载荷/kg	60	100	95	160

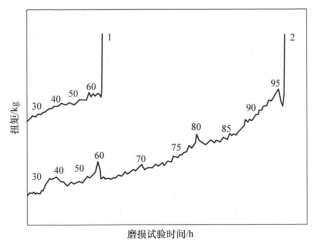

图 6-2　抗咬合试验曲线

1—20 钢 – 9SiCr　2—20 钢 – 镍磷合金镀层

由表6-2和图6-2可知，化学镀镍磷合金和20钢间的抗咬合性能明显优于9SiCr和20钢之间的抗咬合性能。这表明该镍磷合金层与钢之间的黏着磨损比钢与钢之间的黏着磨损要小，从而提高了化学沉积镍磷合金层冲头的使用寿命。化学沉积镍磷合金层冲头和T10A钢冲头同样在冲孔893个后，前者冲头的表面和冲出零件孔的表面都很光洁并能继续使用，而T10A钢冲头因外表面被拉毛，缺口严重，不能继续使用。根据现场考察表明，化学镀镍磷合金层冲头的黏着磨损明显比T10A钢冲头的黏着磨损小。

冲头平均寿命见表6-3。由表可知，本方法还可以用来修复因尺寸超差而报废的冲头。对于磨损报废的冲头，磨光外圆后根据其磨损量，沉积上相同厚度的镍磷合金层，保持冲头的原直径，可使其硬度、耐磨性和抗咬合性能明显提高。试验结果表明，修复后冲头的使用寿命比原来未进行化学沉积镍磷合金层的新冲头使用寿命提高1倍左右。因此化学镀层具有高硬度、高耐磨性和抗咬合性，并有较好的"仿形性"和镀层厚度可控性等优点。这些优点可以恰当地应用在冷冲模上。

表6-3　冲头平均寿命 　　　　　　　　　　　　　　　　　　（单位：次）

料厚/mm	8	10	12
化学沉积镍磷合金冲头	2648	1466	1792
未进行化学沉积冲头	463	284	241
修复报废冲头	940	846	698

另外某仪表厂黄铜零件拉伸模，阴模用45钢淬火、低温回火制成（硬度为50~55HRC）。在使用过程中，黏铜现象严重，极易拉伤零件，所以在生产过程中需要频繁地修理模具（抛光阴模内腔），有的加工几件或几十件就要进行修理。采用化学沉积镍磷合金层，厚度为10μm，经热处理后表面硬度达到1000HV，连续加工5000件仍不需要修理模具，而且零件的表面质量明显提高。

塑料制品的普及给成型模具提出更高的要求。某塑料成型模原用20Cr13钢制造，材料成本高，型腔内部复杂，薄壁、筋多，热处理易变形，故加工困难。改用45钢后易于加工，在酸性溶液中沉积镍磷合金，磷的质量分数为8%~9%，厚度为20~30μm，经200℃、2~4h热处理后，结果是既耐蚀（如聚合物等）耐磨，又易于脱模，并且可以保证制品表面光洁，使用寿命延长1~2倍；表面磨损后，重新作化学镀处理，便可修复到原先的尺寸。

工模具的材料很多，常用的有低中碳（或铸铁）钢、高碳钢、低合金钢和高合金钢等，因含碳量和合金元素的变化，这些种类钢的耐腐蚀性有明显的差异。所以，表面活化的要求也有所不同，通常可采取浸蚀活化与电活化。对于低、中碳钢、铸铁或一些中碳低合金钢，可用10%~20%的盐酸溶液进行表面浸蚀活化；高碳钢类可在盐酸溶液中加入部分硫酸，延长浸蚀时间，增加活化程度；对于高合金钢、不锈钢等基材，先用1:1的硫酸溶液浸蚀，温度高于90℃，时间为3~5min，或用混合酸配方（浓度为30%的硫酸和10%的盐酸的混合酸，加入5~10g/L FeCl$_3$·6H$_2$O）然后辅以电活化，从而获得镍的薄层作为打底层，对于冲击化学沉积镍启动，也要考虑先前的表面状态。影响工模具表面强化的因素主要有以下几个：

（1）镀层的磷含量　镍磷合金镀层磷含量的变化，其组织结构随之改变，性能也发生变化。磷含量的高低对镀层硬度、耐磨性和耐蚀性影响并不统一。磷含量越高，镀层的耐蚀性越好，高磷非晶态合金的耐蚀性更强；磷含量越高，镀态镀层的硬度越低，只有经高温热处理后才获得较高的硬度和耐磨性。

考虑到低磷镀层也有一定的耐蚀性，可以满足诸如橡胶模、塑料模等耐蚀性要求。为突出工模具的表面强化作用，可选择通用的化学镀镍磷合金层，其磷的质量分数为 5% ~ 10%，虽然抗盐雾能力不及高磷镀层，但它的硬度和耐磨性好。所以，通过调整镀液，可使镍磷镀层的硬度、耐磨性和耐蚀性等达到最佳配合，满足实际需要。

（2）镀层的热处理　从镍磷镀层的硬化镀层与基体结合的角度来考虑，热处理温度高非常有利。镍磷镀层在 400℃ 下处理 1h 后，可获得最高硬度值，耐磨性随之上升。磷含量较高的镀层，超过 400℃ 处理后，硬度虽下降，耐磨性反而上升；镀层经过热处理，缺陷消除、残留的氢气逸出、延展性上升，结合力改善，较高温度热处理后会促进镀层与基材的结合。但是基材的热处理必须得到重视，工模具钢基材的最后一道热处理工序多为低温回火处理，所以，镍磷镀层的热处理还应考虑：

1）尽可能使镀层获得充分的硬化处理，提高硬度、耐磨性。

2）结合有些工模具基材的调质（或二次硬化）处理，用硬化的镍磷合金镀层代替其他表面处理，如高频淬火、软氮化等。

3）利用一些基材性能要求严格的低温回火处理工序进行镀层热处理，适当延长处理时间。

4）对一些基材服役条件要求不太苛刻的，可以改变旧工艺，采用镍磷合金表面硬化处理。

（3）基体材料　工模具的基体材料涉及与镀层的结合和镀层的后续处理问题。对于高碳高合金工模具表面要刻意预先处理，后续处理温度要高，确保结合和硬化性能，承受太大的冲击剪切应力会使镀层脱粘失效；承受高速切削或在高温环境工作的工模具，镀层没有太高的红硬性提供工作保障；对于切削类工模具，其刃口会因镍磷镀层均匀沉积而变钝，注意刃口面倒角的大小和镀层选择，也有报道表示应用效果良好。

对于中低碳钢、低合金钢工模具，可以使镀层的硬化性能与基材性能要求相容，结合强度高，能够承受较大的冲击和剪切应力，表面强化效果理想。对于一些服役条件许可的情况，可用经济的基材（如 45 钢）加上镍磷合金硬化镀层代替贵重材料及其处理工艺。

（4）镍磷合金镀层硬化性能的提高　在镍磷合金镀液中，加入有机或无机的不溶性微粒，共沉积后成为复合镀层，即是化学复合镀。根据镍磷镀层与第二相粒子的组合，复合镀层具有广泛变化的性能，即耐磨性镀层、自润滑镀层、耐高温镀层、热处理合金镀层等。

耐磨性镀层主要复合有氧化物、碳化物、氮化物等硬质相粒子，如氧化铝、氧化钛、氮化钛、碳化硅和金刚石等，这些高硬度粒子稳定性好，加上高硬度基质，耐磨性极好，当镀层磨耗时，粒子显露出来，它的屈服强度大，支撑着接触面，起到抗磨、耐磨作用；自润滑镀层一般复合有二硫化钼、氟化石墨、PTFE 等，它们大多是层状结构，层间剪切强度低，容易滑移，脱落下来起润滑作用，能减小摩擦系数，故减摩性能特别好。

镍磷合金复合镀层强化工模具表面的效果更佳。在加工玻璃纤维的模具上，注射成型机螺杆表面镀 Ni - P - SiC 复合镀层为 50μm 厚时，模具寿命提高近 45 倍，一副冲模原来在最好条件下，平均冲 3000 件后修理 1h，镀 Ni - P - SiC 复合镀层为 37μm 厚时，使用寿命大大提高，在黏着或擦伤前生产了 400000 件，成形材料是厚度为 5.2mm 的碳钢。

一般模具的表面失效影响其使用寿命，需要不断修理直至报废。表面磨损引起尺寸超差，磨损造成裂纹，甚至剥落、点蚀，影响制品质量。若模具材料和被加工件的相类似，晶格类型与点阵常数接近，容易导致黏附，发生咬合现象，材料发生互相转移，表面严重受损。

采用化学沉积镍磷合金表面强化模具，既能保证硬度和耐磨性，又能起固体润滑效果，提高表面质量。具体可以总结为以下几个方面：

1）能够提高模具表面硬度和耐磨性，抗擦伤和咬合，容易脱模，延长模具寿命。

2）沉积层与基体结合强度高，能承受一定的剪切应力，不至于脱粘，适用于一般冲裁模。

3）镍磷合金层具有优良的耐蚀性，对于塑料、橡胶制品（如聚合物等）模具，可以进行表面强化处理。

4）沉积层厚度可控，模具表面尺寸超差可进行重新沉积，修复到规定尺寸。

5）挤塑模和注塑模等形状复杂的模具，有变形问题，表面沉积镍磷合金厚度均匀且无变形。

6）对大型模具无法进行强化，但镍磷合金的表面处理可不受淬透性限制。

7）有些模具材料价格高，可用 Q235 等碳钢替代。

8）对于工作环境恶劣的模具，如高温等，可采用镍磷合金复合镀层，如 Ni-P-Al$_2$O$_3$、Ni-P-SiC 等，或镍硼合金。如将 Ni-P-SiC 沉积在加工玻璃纤维的模具上，可提高寿命 45 倍。镍硼合金沉积于玻璃模具上，也可大大提高寿命，其中沉积层与玻璃之间的黏附温度比通常的金属模具材料要高，使玻璃液的流动性能好，涂润滑脂的间隔时间大大延长。表 6-4 显示了模具表面采用镍磷合金强化处理后的效果。

表 6-4 模具表面采用镍磷合金强化处理后的效果

模具名称	模具材料	镍磷合金表面处理		效果
		沉积层厚度/μm	热处理工艺	
冲头	W6Mo5Cr4V2	10~25	300~400℃	寿命提高 4~8 倍
拉深模	Cr12MoV	20~30	180~230℃ 10~19h	寿命从 50 次提高到 2000 次
冲模	特殊工具钢	10~20	硬化热处理	寿命从 8000 次提高到 50000 次
塑料膜	热变形工具钢	20~30	180~230℃	耐磨、耐腐蚀
透镜模	铸铁	20~30	180~230℃	抗氧化，易脱模
精密铸造模	铸钢	20~30	180~230℃	耐磨、耐腐蚀
橡胶模	45 钢	10~20	硬化热处理	效果一般
精锻模	热变形工具钢	20~30	硬化热处理	耐热疲劳

6.1.2 铸件的化学镀层

有很多铸件材料比如汽车的部件在工作时表面需要具有良好的耐磨性又要满足公差要求。通过表面化学镀处理，既可保证公差和对称性要求，又能使差动机构等平滑运转，减少噪声，在缸套表面化学沉积镀层可以提高其耐磨性。

　　作者对显微组织为珠光体基体上分布着星形石墨、硬度为97HV的钨钒钛合金铸铁（$w(W) = 0.40\% \sim 0.50\% W$，$w(V) = 0.15\% \sim 0.25\% V$，$w(Ti) = 0.10\% \sim 0.20\% Ti$，余量为Fe）的化学镀镍层的性能表现进行了研究。试样表面经过清理、碱性除油清洗、浸蚀活化预处理后化学沉积 Ni – P 镀层和 Ni – P – SiC 复合镀层，镀层的磷含量为 7%，厚度为 $20 \sim 30 \mu m$。

　　化学镀镍磷合金镀层和 Ni – P – SiC 复合镀层的显微硬度随热处理温度的变化曲线如图6-3所示。可以看出，两种镀层的硬度开始时均随热处理温度的升高而增大，当加热到 350℃ 时，Ni – P – SiC 复合镀层的硬度最大，而镍磷合金镀层的硬度则是以 400℃ 时的最高，然后又都随温度的上升而降低；在给定的温度条件下，复合镀层的硬度明显地比镍磷合金镀层的高，而且前者在较高处理温度下的硬度降低也较缓慢。化学沉积层的硬度远比基体铸铁的高，故可用这种表面强化工艺来提高基体材料的耐磨性。

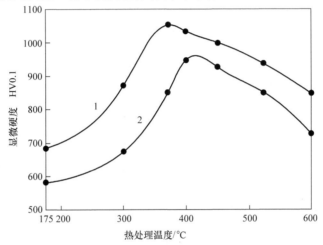

图 6-3　镀层的显微硬度随热处理温度的变化曲线（热处理时间为 1h）
1—Ni – P – SiC 复合镀层　2—镍磷镀层

　　图 6-4 所示是铸铁及其表面镀层与硬质合金对磨时的磨损体积与时间的关系曲线，并与经过磷化处理（试样经过除油和酸洗等，接着浸入磷酸盐溶液中加热一定时间，然后再经清洗、吹干和上油，便可得到厚度为 $10 \sim 15 \mu m$ 的磷化膜）和镀铬处理（常规硬铬层，厚度为 $40 \sim 50 \mu m$，硬度为 870 ~ 880HV）的镀层的耐磨性进行了比较。可以看出，镍磷合金镀层的耐磨性比铸铁和磷化处理表面的好，但比铬镀层和 Ni – P – SiC 复合镀层的差，其中 Ni – P – SiC 复合镀层的耐磨性能最佳。

　　图 6-5 所示为几种镀层的耐磨性随配副材料的变化曲线。可以看出，铸铁表面的镍磷合金镀层、Ni – P – SiC 复合镀层和铬镀层分别与铸铁对磨的磨损体积都反而比与硬质合金配副时的大，唯独 Ni – P – SiC 复合镀层与镍磷合金镀层（400℃ 处理 1h）对磨的磨损体积比与硬质合金配副时的小。这表明摩擦副材料的硬度差和表面粗糙度（铸铁的 $Ra = 0.519 \mu m$，硬质合金的 $Ra = 0.450 \mu m$）都影响着材料的耐磨性。

　　研究发现热处理温度对镍磷合金镀层和 Ni – P – SiC 复合镀层耐磨性的影响很大。图6-6显示热处理对镀层耐磨性的影响，两种镀层的磨损体积均随热处理温度的升高而减

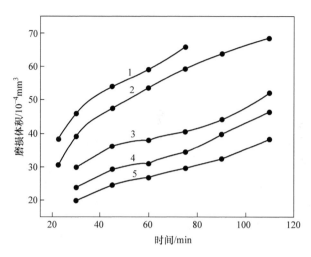

图 6-4　铸铁及其表面镀层与硬质合金对磨时的磨损体积与时间的关系曲线
1—铸铁　2—磷化处理表面　3—镍磷合金镀层　4—铬镀层　5—Ni-P-SiC 复合镀层

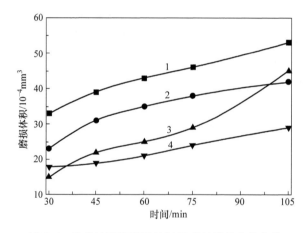

图 6-5　几种镀层的耐磨性随配副材料的变化曲线
1—镍磷合金镀层与铸铁配副　2—Ni-P-SiC 复合镀层与铸铁配副
3—铬镀层与铸铁配副　4—Ni-P-SiC 复合镀层与镍磷合金镀层

小。当热处理温度超过 400℃ 时，镍磷合金镀层的硬度虽然降低，但其磨损体积减小却趋于缓慢。在 350℃ 热处理的 Ni-P-SiC 复合镀层的硬度最高，它在此时的磨损体积最小，说明硬度是控制磨损的重要因素；在 350℃ 以上热处理的复合镀层，其磨损体积比在较低温度热处理的小，这与镍磷合金基质的组织变化及碳化硅的作用有关。热处理后，复合镀层的碳化硅体积分数增大，在具有良好强化效果和耐磨性的镍磷合金基质的支撑下，硬质相碳化硅的弥散分布起着抗磨作用，因而复合镀层的耐磨性比相同温度下热处理的镍磷合金镀层的好。

　　压铸法是精密加工数量大、形状复杂且尺寸要求严格的金属零件的一种重要方法，且成本低、操作方便。压铸用得最多的材料是锌合金，其成本低于其他金属和合金，而且容易进行电镀和其他表面涂层。

　　压铸锌合金含一定量的铝、镁和铜，应控制铁、铅和镉等杂质含量以防产生晶间腐蚀。

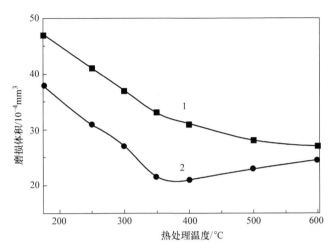

图 6-6　热处理温度对镀层耐磨性的影响

（热处理时间为 1h，摩擦时间为 150min，耐磨材料为硬质合金）

1—镍磷合金镀层　2—Ni–P–SiC 镀层

锌合金压铸件通常镀铜、镍和铬，起到防腐和装饰作用。然而，不恰当的模具设计或铸造工艺，使锌合金压铸件表面层产生缺陷，如缝隙、皮下起泡、气孔和裂纹，这些部位易受酸和碱侵蚀，在低凹处难以获得均匀的沉积层。因此，对于组合镀层起到不良效果。例如，现在趋向于用锌合金压铸件生产的电子连接器，其部件就很难通过传统的工艺来施镀。还有汽化器和油泵等，要求镀层具有高的硬度、耐磨性和耐蚀性，但在低凹和粗糙部位就满足不了这些要求。而通过化学镀，则可以在锌合金压铸件上提供具有优良的结合力、外观和防护性能的镀层。即使采取良好的清洗和施镀方法，具有裂纹或疏松的压铸件表面仍会过早引起腐蚀。锌合金压铸件表面疏松将影响镀层的耐蚀性，且金属锌具有相当大的化学活性，是两性金属，既能溶于酸又能溶于碱，易受二者侵蚀，因此镀前的清洗需要严格规范。表面清洗的目的在于：①必须清除表面的油脂、污物，以免在后续处理时产生浸蚀或浮灰；②保证镀层的结合力；③碱清洗后必须浸酸，除去锌的氧化物和氢氧化物及其他碱性化合物。但是，在中等碱性溶液中去除污物或使用溶剂除油都有其缺点。首先，二者适用于油腻的基体清洗，但容易在表面残留有胶状物，采用如三氯乙烯或氯乙烯之类的含氯离子溶剂除油，长期操作易中毒，要控制使用。故此，中等碱液适合初步清洗，油污过重则采用碱液压力喷洗。

表 6-5 所示是各种碱性清洗剂的典型配方。碱液完全清洗后，在稀酸（如 0.5% H_2SO_4 溶液）中短时浸泡 20~30s。

表 6-5　各种碱性清洗剂的典型配方

项目		浸泡	喷洗	阳极除油
组成/（g/L）	氢氧化钠	—	1.5	2
	碳酸钠	—	3.5	18
	磷酸钠	35	1.0	5
	硅酸钠	—	4.0	30
	表面活性剂	0.5	—	0.5

（续）

项目	浸泡	喷洗	阳极除油
温度/℃	82	77	74 ~ 82
电流密度/(A/dm²)	—	—	1. 4 ~ 2. 3
时间/min	1 ~ 2	1 ~ 2	0. 5

按照传统工艺，需要预镀铜方能获得满意的化学镀和电镀层。新的化学镀镍工艺不涉及电镀问题，能直接在锌合金压铸件上进行。

由于化学镀镍的镀层具有优良的耐蚀性，被广泛用于各个领域。如化工合成反应釜、食品加工部件等。磷含量高的镀层的耐蚀性优于磷含量低的镀层，但磷含量低的镀层在浓碱液中仍有良好的耐蚀性。然而，在使用环境苛刻的情况下，耐蚀性取决于镀层上针孔的密度，而针孔与镀液中所使用的络合剂有关。此外，镀层的耐蚀性还与基体材质、表面粗糙度有很大关系。磷含量高的镍磷镀层已经应用于半导体生产用的净室、制造高纯度气体的零部件和燃气轮机的部件等。任何表面镀层都有对镀层结合强度的要求，化学镀镍也不例外，镀层与基体材料的结合强度将直接影响零件的使用寿命。为此，经采用划痕试验、锉削试验、折断试验、压扁试验、耐蚀试验和金相分析等多种方法对镀层结合强度进行检测表明，化学镀镍的镀层结合强度良好。作为一项关键性能指标，取得良好的结合强度为化学镀技术的不断应用和发展奠定了重要基础。

6.2 电子工业上的应用

镍磷镀层的电阻率可以根据磷含量的变化获得调制，磷的质量分数为 7. 0% 的合金的电阻率为 $70\mu\Omega\cdot cm$，磷的质量分数为 10% ~ 13% 的合金的电阻率为 110 ~ 120$\mu\Omega\cdot cm$，经过 400℃ ×1h 热处理后，电阻率可以减小到 25 ~ 50$\mu\Omega\cdot cm$，因此可以在电子工业上进行广泛应用。伴随着电子线路高密度化的发展趋势，半导体封装的小型化和半导体芯片高密度封装技术的重要性日趋突出。现在大多数电子表、手机和高速的微型处理器都是采用倒装芯片制作的。倒装芯片技术的核心在于 UBM 的制作。UBM 是指芯片焊盘和凸点之间的金属过渡层，可阻止焊球与铝元件基底或电路板的铜层之间发生扩散，这个过渡层可以通过溅射和化学镀来形成。化学镀镍/金具有廉价和适用于锡铅合金和黏结剂、良好的焊接性和阻挡扩散性等优点，化学镀镍/金在 UBM 技术中可以用作凸焊点的基底或作为凸焊点与导电黏结剂的连接。印制电路板是用于电子元件连接为主的互连件。它是通过自身提供的线路和焊接部位，焊装上各种元器件。由于近年来对电子线路高密度的需求越来越大，对用化学镀方法制作的高密度印制电路板，特别是多层的印制电路板的需要显得更为重要。这得益于化学镀镍/金工艺本身所带来的众多优点。化学镀镍/金镀层可满足更多种组装要求，具有可焊接、可接触导通、可打线、可散热等功能。同时，其板面平整、SMD（表面贴装器件）焊盘平坦，适合于细密线路、细小焊盘的锡膏熔焊，能较好地用于 COB（板上芯片封装）及 BGA（球栅阵列封装）的制作，又是一种极好的铜面保护层。化学镀镍/金板可用于智能手机、计算机、笔记本式计算机及电子字典等诸多电子行业。此外，电子工业中焊接性镀层主要用于分立元器件。陶瓷表面化学镀金、钯、镉具有较好的焊接性。由于金和钯太贵，而镉是一种对人体有害的化学元素，它们逐渐被其他复合镀层所取代。锡铈、锡铟、锡铅、金锡等合金镀层具有特别好的焊接性和流动性，适于电子元件的低温焊接。镍磷合金、镍硼合金可长期保持其焊接性。研究表明，加入铜、锡、钨等元素可改善镀层的焊接性。

除了化学镀镍以外，随着微电子工业和计算机工业的迅猛发展，对电子线路和器件的要求，除了高性能外，还有结构微型化，必须缩小布线宽度，采用双面或多层印制电路板，而化学镀铜则显示了独特的优势。利用化学镀铜使印制电路板通孔金属化是电路板生产的主要工序。印制电路板上的通孔及细管内壁的导电化处理可采用化学镀铜的方法，通常分两大类，即薄铜层及厚铜层。薄铜层的厚度必须在 $0.5\,\mu m$ 以上，且内壁镀铜层应无孔洞、厚度均匀。这种化学镀铜液不用添加还原促进剂，在镀铜液中浸泡几分钟即可获得 100nm 厚的镀铜层，然后再在硫酸铜电镀液中以微电流电镀铜，就可获得 500nm 以上的镀铜层。镀厚铜层是在化学镀薄铜层的基础上继续电沉积铜，达到需要的厚度。制作多层印制电路板时，为确保内层铜与绝缘树脂的结合力，通常要进行黑化处理。所谓黑化处理，就是在以亚氯酸为主要试剂的强碱溶液中，浸泡内层铜箔后即可获得黑色的氧化铜。黑色氧化铜虽然与环氧树脂具有良好的结合力，但与具有耐热性和介电性优良的聚酰亚胺、BT 树脂、PPE 树脂的亲和力不好。此外，黑化处理形成的氧化铜，在含有盐酸、螯合剂的处理液中易被溶解形成孔洞。为了解决上述问题，采用以次磷酸盐作还原剂的化学镀铜工艺，可以获得针状结晶镀铜层，来替代内层铜的黑化处理，并取得了很大的成功。近年，随着通信设备、半导体设备和电子仪器的大规模使用，电磁波污染正引起人们的广泛关注。同时，为了保护一些精密电子仪器在使用过程中免受电磁波的干扰，电磁屏蔽层的使用起到关键作用。由于价格、重量等原因，电子元件的外壳都用塑料制成，但塑料的电磁干扰屏蔽不佳，为减少电磁干扰，一些电子元件内外都需要电磁干扰屏蔽罩。铝作为复杂电路和焊垫金属化的首选材料一直持续几十年，但是随着微电子制造向精细化方向发展，铝的电阻较大和散热差的弊端就显现出来，而铜恰好具有这方面的优势。因此化学镀铜广泛在电子封装技术中得到了广泛的应用。镍磷镀层也可以应用于电磁屏蔽行业，镍磷合金的 EMI/RFI（电磁干扰/射频干扰）防护特性好，比喷锌、气相沉积处理等工艺优越。在塑料盒或其他壳罩上，先镀一层很薄的铜，然后镀镍磷，可以防止铜层氧化，保证屏蔽性能。这在电子工业和仪表行业有着很大的应用潜力。

6.3 磁性材料上的应用

镍系和钴系化学镀合金镀层在磁性材料领域都具有很大的应用潜力。对于镍磷合金来说，碱性镀液中产生磷的质量分数小于 8.0% 的镀层，一般是铁磁性的，热处理后，镀层中有 Ni_3P 生成，使磁性增强。酸性溶液中产生磷的质量分数大于 8.0% 的镀层，一般是无磁性的，经过较高温度处理后，可具有很弱的磁性。高磷化学镀镍层可用于生产高密度记忆元件。在铝基材表面镀 $5\sim10\,\mu m$ 厚的镍磷合金层，镀层均匀平整且无磁性，随后沉积第二层记忆介质，可以显著提高记忆密度。所以，高磷镀层作为底层，与磁介质镀层组合起来，可以发挥很好的作用。硼的质量分数低于 0.5% 的镀镍层镀态下为铁磁性，硼的质量分数为 4%~5% 的镀层呈非铁磁性，但经热处理后表现出磁性。镍硼镀层焊接性好，尤其是钎焊。

自 1962 年，R. D. Fisher 发现电沉积钴磷合金具有高密度的磁记录特性之后，钴基合金

的磁学性能的研究逐渐引起了人们的注意。日本学者发现当钴硼合金的晶粒直径在 10 ~
20nm 时，具有优良的软磁性能；另一方面松田均等人在研究钴硼合金时发现化学沉积钴硼
合金的晶粒直径在 50 ~ 100nm 时，具有很高的矫顽力，显示了优良的磁记录性能。软磁材
料介质要求低的矫顽力（Hc）、高磁导率（A）和高比饱和磁化强度（B_s）；硬磁材料介质
则必须具备如下性能：矫顽力、剩余磁饱和强度（B_r）和矩形比（B_r/B_s）要大，介质尽可
能薄而厚度均匀。随着化学镀纳米晶钴基合金研究的发展，其优良的磁特性将逐渐获得广泛
的应用，研究并探讨纳米晶钴基合金材料的形成与磁学性质是其发展方向。

　　刘家琴等研究了在碳纳米管化学镀 Ni – Co – P 的方法。首先采用碱处理使碳纳米管能
充分分散，随后用酸处理（即氧化处理）去除了碳纳米管中的无定形碳和催化剂颗粒。然
后采用了敏化、活化的预处理方法。敏化处理是使碳纳米管表面吸附一层易于氧化的金属离
子，以保证下一步活化时碳纳米管表面发生还原反应。活化处理是为了使碳纳米管表面吸附
一层催化金属钯，以其作为活化中心，使被镀元素的原子沉积在活化中心周围，从而形成镀
层。作者制备了尺寸均匀的化学镀 Ni – Co – P 非晶态软磁合金镀层，有望在读写磁头材料
方面获得应用。

　　另外多元合金镀层，比如 Ni – Sn – P、Ni – Cu – P、Ni – W – P、Ni – W – B、Ni – Mo –
B、Ni – Co – Re – P 和 Ni – Co – W – P 等，这些镀层能比二元合金镀层提供更广泛变化的特
性。另外，多元合金镀层具有很高的抗磁力，可用于制造高密度的磁记录元件，加上可在铝
等轻质基材上获得，将在工业上进行广泛应用。

　　总之，化学镀合金层在工业各大领域都获得了不同程度的应用。为了提高耐蚀性可用于
石油化工，如贮存容器、高压气体容器、反应槽、热交换器、过滤器、输送管道、泵、阀
门、钻井零件、海上石油钻井平台零件、液压零件和流量测量计等。为了改善焊接性可用于
电子工业，如电子管接点、电容器、陶瓷衬底、插销、插座、连接器、二极管密封外壳散热
片、高能微波装置，激光控制继电器、导线框架、非磁性产品、晶体管、印制电路板，以及
沉积在不锈钢、铝、镁和铍上以改善焊接性。为了获得磁性可沉积在铜、铝和塑料机壳上，
可作为防止电磁干扰的屏蔽措施。另外还可以"活化"表面，改善电沉积性能和耐蚀性。
相信在不久的将来，随着对化学镀层结构的精准控制和工艺的不断提高，化学镀技术将会获
得更加广阔的应用前景。

第7章 发展前景与展望

由于化学镀镍基合金具有优异的耐蚀性和耐磨性等，使其作为防护镀层或代替硬铬电镀等在工业上具有实用价值。国外已广泛用于机械、电子、石油化工及航天工业领域。一般化学镀镍层的耐蚀性优于工业纯镍，与电镀铬相当，但高磷镀层对热处理不敏感，因此适合用于防腐，用以代替纯镍和镀铬，要更加经济。对 Ni－P－SiC 镀层的磨损试验表明：Ni－P－SiC 镀层耐磨性比镍磷镀层提高了 10 倍左右，也高于电镀 Ni－SiC 镀层，完全可以与硬铬相比，可以代替硬铬使用。由此可见，复合镀层基保持了高磷镀层的耐蚀性，又有效地提高了硬度，具有广泛的应用前景。

对于物理性能来说，化学镀镍多元合金镀层的开发提供了优良的耐蚀性、耐磨性、耐热性、磁性和电阻性等。目前已得到了铜、锌、铌、钨、钼、铁等化学镀镍三元合金镀层，已开发具有低的低温电阻系数（TCR）及大范围薄膜电阻的 Ni－Cu－P、Ni－Fe－P、Ni－Cr－P镀层，均可用于金属薄膜电阻器。事实上，电子和计算机工业是化学镀镍的最大用户，在这些地方除了需要镀层耐磨、耐腐蚀外，常常还需要具备其他一些电子工业应用所需要的性质，例如可焊接性、低电阻、扩散阻挡等性能。控制或调节镀层的成分，可以使镀层适应这些需要，低磷或低硼镀层有较低的电阻和良好的焊接性，镍硼镀层在电子工业中还可代替金作阻挡镀层。电子设备的塑料外壳可用化学镀铜、镍来屏蔽电磁干扰和射频干扰。铜的导电性能优良、屏蔽效果很好，但它易被氧化，而镍磷镀层导电性虽不如铜，但耐磨、耐蚀。先镀铜再镀镍可使塑料外壳既有良好的屏蔽性能，又有很好的耐久性，这种屏蔽方法被认为是最有效最经济的方法。而 Ni－Cu－P 复合镀层也是一种发展方向。在电子行业中，有关化学镀镍层代替贵重金属用于印刷电路板、接插件、高能微波件、电容器、陶瓷基体等方面的研究极富吸引力，此法极好地缓解了稀有金属资源缺乏的问题。电子仪器的塑料壳采用化学镀铜和化学镀镍的双层组合来实现屏蔽要求，2019 年，仅电子行业就消耗了约 68 亿美元的屏蔽材料，5G 时代的加速发展可见化学镀镍镀层在电子行业中大有用武之地。计算机的磁盘用铝镁合金的硬盘代替聚酯塑料的软盘具有许多优点。而硬盘制作工艺中最关键的一步是在铝镁合金的盘面和磁性记忆薄膜之间沉积一层均匀的、高质量的、无磁性的高磷化学镀镍层（厚度为 12.5～25μm）。由于磁盘的工作条件特殊，因此对镀层有很高的要求：镀层必须是高质量的，可以得到很高的光洁度，整个盘面不允许有超过 250Å（1Å = 0.1nm）的表面缺陷和不规则；镀层有足够硬度来保护软的铝基底，防止变形；镀层应有很好的耐蚀性；镀层不容许有磁性，以免对磁盘的正常工作产生干扰。化学镀高磷镍磷镀层（磷的质量分数为 11%）能全部满足这些要求。化学镀镍的硬盘从 20 世纪 80 年代以来发展非常迅速，计算机工业也成为化学镀镍的重要市场。

同时，化学镀镍还具有其他研究热点。低磷化学镀镍的研制是近年来特别引人注目的，已发现这种镀层有比传统中高磷化学镀镍层优越的性能。用类似工程性能的低磷化学镀镍层代替镍硼合金镀层，可以减少废物处理的问题，且易于工艺操作。由于热处理后低磷化学镀镍层的硬度值接近镀态的硬铬层，并且超过硬铬层热处理后的硬度值，所以低磷化学镀镍层成为硬铬镀层的极好替代材料。此外，低磷层在镀态时硬度为700HV，可施加到对热敏感的材料如铝上而无须热处理，从而节省成本。在耐蚀性方面，可用低磷化学镀镍层代替昂贵的合金材料。相对传统化学镀镍层，低磷化学镀镍工艺的一个重要特点在于有较宽的施镀温度（60~90℃）和pH值范围。这样能达到节能、节时，并能适时补充，避免阶段镀，解决了大槽施镀时常规化学镀镍层高温（85~90℃）操作困难和高成本的问题。此外，pH值范围大（pH=5~8）易于适应特殊基材，如塑料、陶瓷等对pH值敏感的材料。

各种后处理在化学镀镍中占有极大的比例。近年来，人们对镀层的各种要求增多。其中采用特殊热处理温度的方法进行化学镀镍层的着色处理，引起广泛关注，可获得金、蓝、黄、绿褐色、灰色和黑色等化学镀镍层，这种镀层既具有优良的综合性能，又具有装饰性及其他特殊用处。如黑色化学镀镍层可用于光学仪器，如太阳能装置、烘盘等，具有黑色、无反射的表面，以利于吸光、吸热。环保目前已是全球问题，因此化学镀镍后废物处理的各项技术伴随着各种化学镀镍技术的发展，目前已在传统的处理方法，如逆流清洗、沉淀、通电控制清洗等基础上研制出了新的处理技术，如离子交换法、电解回收法等。这些技术有待进一步研究以用于实际生产中。化学镀镍槽液稳定性、寿命、成本及再生方面的问题一直亟待解决。在化学镀镍过程中，磷酸盐等副产物的生成，导致槽液的自然分解，直接影响镀层沉积速率和镀层中磷含量的分布，这将严重影响到镀层的性能。到目前为止，已研究出一些方法来维持槽液的稳定性，如加入微量毒化剂、硫代硫酸盐、磺原酸乙酯及一些重要的阳离子等。利用一种具有特殊性能的离子交换隔膜的电渗析法，可选择性地除去磷酸盐来延长槽液的寿命，阻止镀速的变化，稳定镀层中的磷含量。此法每周期产生的磷酸钠量少且在20个周期后镀液仍然稳定，对长期、连续的化学镀镍溶液非常有效。目前，电渗析法是在镀液冷却到40℃时进行的，技术的进步可进一步使液温降低，使离子交换隔膜的耐热性提高等。获得良好的化学镀镍层性能并保证其质量必然是生产者，尤其是消费者关心的问题。目前，已提出化学镀镍的统计过程控制（SPC）。这是一条改善镀层质量、提高镀层性能的佳径，也是今后的一大任务。SPC法可对化学镀镍层预镀过程中各种处理参数、影响因素及效果进行系统分析。SPC法用于化学镀镍层槽液中，可对其组分浓度、pH值、温度等参数及其镀层的各项性能指标进行统计过程控制，此过程完全由计算机监控，自动采集数据。

对不同基材，包括金属、半导体、陶瓷、塑料等，应选择制定出最佳的镀前预处理流程，这关系到镀层的外观、镀层与基体之间的结合力等，预处理的各项技术将不断更新。

由于铝制件化学镀镍后，耐蚀性高、耐热性好、强度好、光亮美观，适用于计算机及其他机械产品的应用，因此，近年来在铝及其合金上化学镀镍的研究已成为开发焦点。目前已经从单纯研究在铝及其合金上化学镀镍的镀液组成、工艺选定，发展到研究如何获得铝基上化学镀镍层耐蚀性的优化方法。

化学镀镍磷合金工艺的低温化。经典的化学镀镍磷工艺多数在85~90℃以上施镀，不但耗费能源，而且在施镀过程中镀液不断挥发且稳定性差、镀层的光亮度也低。在经典的化学镀镍磷合金的镀液中添加一定量的配位剂（如乳酸、乙醇酸、柠檬酸及盐、醋酸盐、琥珀酸、丙酸、酒石酸盐及焦磷酸盐等）能降低Ni^{2+}阴极沉积过程的活化能、稳定沉积速率，从而极大降低施镀温度，提高镀层光亮性。另外，添加适量的稳定剂（如硫脲、重金属盐、硫代硫酸盐、铊盐、三乙醇胺及卤化物等）对降低温度也有一定作用。现有比较成熟的工艺温度为50~70℃。有施镀温度为35℃的报道，但还没有在实际中运用的例子。

化学镀钴基合金的应用则更多地表现在其物理性质的发挥。随着化学镀钴基合金研究的发展，其优良的磁特性也得到了广泛的应用。以后的发展将集中于以钴磷为代表的硬磁材料和以钴硼为代表的软磁材料的多元高性能磁性材料两个方向。

由于电子计算机系统的迅速发展推进了记忆硬磁盘的更新换代，而半导体集成电路内部存储设备的发展也促进了外部记忆设备——磁盘系统的进步。这些都要求具有高存储密度的磁介质的出现，早期由 IBM 公司开发应用的 $\gamma - Fe_2O_3$ 横向记录介质，由于受反磁场的限制，而不能实现高密度记录。六方晶体钴易在 c 轴方向被磁化，具有单轴磁晶各向异性的性质，为开发具有高密度记录方式的垂直记录介质提供了依据。因为，垂直记录方式是垂直于介质表面方向进行记录，随着高密度化，磁化记录的宽度减少，记录产生的反磁场也减小，是一种适于高密度的记录方式，六方晶体钴的 c 轴垂直于沉积膜方向，正是这种显微结构决定了这种垂直的磁晶各向异性和作为磁记录介质的特殊功能。随着纳米技术的发展，纳米线阵列有望充分发挥钴基纳米晶材料独特的垂直记录磁性特征，从而在高密度磁记录介质领域具有巨大的发展前景。

化学镀作为一种表面处理技术显示出了很大的开发潜力。化学镀技术的应用领域已在不断拓宽，从耐蚀、耐磨型镀层到各种具有特殊电磁性的镀层，在各行各业发挥着令人瞩目的作用。

在今天，化学镀技术的研究面临着两个方面的要求。一方面，化学镀工艺技术的发展要求从理论研究的角度更深入地了解其沉积机理，以及镀层结构与性能的相互关系，改变依靠摸索的方法研究开发工艺的局面；另一方面，随着应用面的不断拓宽，更多、更专业化的生产应用领域不断地要求有更好、功能性更强的镀覆技术及性能优异的镀层。

化学镀技术未来还要在下述几个方面进行探讨：

（1）组织结构　合金镀层的晶态、非晶态结构，类金属元素在由晶态转向非晶态过程中的作用，化学镀非晶态本身的定义。

（2）沉积过程　化学镀的沉积机理研究，尤其是非晶态沉积机理，初期沉积形貌与组织结构、性能的相互关系。

（3）络合剂　络合剂对沉积过程的影响以及在非晶态形成过程的作用，具有经济实用的络合剂的需求，改善镀液性能。

（4）镀层处理　以提高硬度和耐磨性为主要目的的后续热处理，以改善表面性质的镀层处理，如黑化、着色等技术，将进一步得到重视。

（5）自动控制　为提高镀层质量、降低成本，镀液的自动控制与维护必将得到发展，运用计算机在线测量及数据分析的过程统计分析也将得到发展。

参 考 文 献

[1] 邓宗钢，吴玉程，黄新民，等．化学沉积镍磷合金表面强化及其应用 [J]．金属热处理，1987 (6)：3 - 10．

[2] WU Y C, DENG Z G. Microstructure and properties of amorphous Ni - P alloys [J]. Chinese Journal of Nonferrous Metals, 1998, 8 (3): 415 - 419.

[3] AGARWALA R C, AGARWALA V, SHARMA R. Electroless Ni - P based nanocoating technology——A review [J]. Synthesis and Reactivity in Inorganic Metal - Organic and Nano - Metal Chemistry, 2006, 36 (6): 493 - 515.

[4] 邓宗钢，洪钟，张焕波，等．热处理对化学沉积 4.9% P 的镍磷合金层组织和性能的影响 [J]．金属科学与工艺，1986，5 (1)：27 - 35．

[5] SUDAGAR J, LIAN J S, SHA W. Electroless nickel, alloy, composite and nano coatings - A critical review [J]. Journal of Alloys and Compounds, 2013, 571: 183 - 204.

[6] 吴玉程，舒霞，张勇，等．化学沉积钴基纳米晶合金涂层工艺 [J]．材料保护，2004，37 (1)：38 - 40．

[7] HONG S Y, DONG L T, SUB L K. Magnetic properties and microstructure of electroless plated Co - Ni - P - W - Mn thin films for perpendicular recording [J]. Journal of the Magnetics Society of Japan, 2011, 13 (89): 783 - 788.

[8] 姚素薇，穆高林，张卫国．化学镀 Ni - P/纳米 Al_2O_3 复合镀层结构及性能研究 [J]．材料保护，2007，40 (10)：26 - 28．

[9] ALIREZAEI S, MONIRVAGHEFI S M, SALEHI M, et al. Wear behavior of Ni - P and Ni - P - Al_2O_3 electroless coatings [J]. Wear, 2007, 262 (7 - 8): 978 - 985.

[10] 朱邦同，吴玉程，李云，等．Ni - W - 纳米 Al_2O_3 复合涂层沉积特性的研究 [J]．人工晶体学报，2008，37 (1)：129 - 133．

[11] GHADERI M, REZAGHOLIZADEH M, HEIDARY A, et al. The effect of Al_2O_3 nanoparticles on tribological and corrosion behavior of electroless Ni - B - Al_2O_3 composite coating [J]. Protection of Metals & Physical Chemistry of Surfaces, 2016, 52 (5): 854 - 858.

[12] 黄新民，张胡海，刘岩，等．化学复合镀 Ni - P - TiO_2 纳米颗粒涂层功能特性 [J]．应用化学，2006，23 (3)：264 - 267．

[13] CHEN W W, GAO W, HE Y D. A novel electroless plating of Ni - P - TiO_2 nano - composite coatings [J]. Surface & Coatings Technology, 2010, 204 (15): 2493 - 2498.

[14] SZCZYGIELB, TURKIEWCZ A, SERAFINCZUK J. Surface morphology and structure of Ni - P, Ni - P - ZrO_2, Ni - W - P, Ni - W - P - ZrO_2 coatings deposited by electroless method [J]. Surface & Coatings Technology, 2008, 202 (9): 1904 - 1910.

[15] ZHANG A S S, HAN B K J, CHENG A L. The effect of SiC particles added in electroless Ni - P plating solution on the properties of composite coatings [J]. Surface and Coatings Technology, 2007, 202 (12): 2807 - 2812.

[16] 黄新民，邓宗钢．热处理工艺对化学沉积 Ni - P - SiC 复合镀层耐磨性的影响 [J]．材料保护，1996，29 (3)：3 - 5．

[17] 吴玉程，邓宗钢．非晶态 Ni - P - SiC 涂层的沉积机理与特性研究 [J]．功能材料，1998 (3)：324 - 326．

[18] WU Y C, LI G H, ZHANG L D, et al. Study on constitution and wear resistance of nickel phosphorus alloy – silicon carbide composite coatings [J]. Zeitschrift fur Metallkunde, 2000, 91 (9): 788 – 793.

[19] 俞世俊, 宋力昕, 黄银松, 等. 化学镀 Ni – P – SiC 复合镀层的研究 [J]. 无机材料学报, 2004, 19 (3): 19 – 24.

[20] 吴玉程, 刘玉. 化学沉积 Ni – P – SiC 镀层 [J]. 电镀与精饰, 1990, 12 (5): 5 – 6.

[21] 吴玉程, 黄新民, 张立德, 等. 添加金刚石对镍基合金的强化与磨损性能影响 [J]. 矿冶工程, 1999 (1): 57 – 59.

[22] REDDY V V, RAMAMOORTHY B, NAIR P K. A study on the wear resistance of electroless Ni – P/diamond composite coatings [J]. Wear, 2000, 239 (1): 111 – 116.

[23] 张信义, 邓宗钢. 热处理对 Ni – P – 金刚石复合镀层结构及性能的影响 [J]. 热加工工艺, 1996 (3): 32 – 33.

[24] BALARAJU J H, RAJAM K S. Reparation and characterization of autocatalytic low phosphorus nickel coatings containing submicron silicon nitride particles [J]. Journal of alloys and compounds, 2008, 459 (1 – 2): 311 – 319.

[25] CHEN C K, FENG H M, LIU H C, et al. The effect of heat treatment on the microstructure of electroless Ni – P coatings containing SiC particles [J]. Thin Solid Films, 2002, 416 (1 – 2): 31 – 37.

[26] 吴玉程, 黄新民, 蒋劲勇, 等. 化学复合镀 (Ni – Cu – P) – PTFE 工艺 [J]. 电镀与精饰, 1999, 21 (1): 8 – 9.

[27] 刘琼, 李宁, 吴永明. 化学镀低磷镍 – 磷合金工艺的研究 [J]. 电镀与精饰, 2008, 30 (4): 30 – 33.

[28] 吴玉程, 邓宗钢. 铸铁表面化学沉积镍磷合金层的耐磨性 [J]. 机械工程材料, 1991 (6): 28 – 33.

[29] 邱欢, 王为. 电镀镍 – 磷合金的研究进展 [J]. 电镀与精饰, 2007, 29 (3): 29 – 33.

[30] 黄新民, 邓宗钢. 化学镀 Ni – P – SiC 表面抗磨材料 [J]. 金属科学与工艺, 1992 (2): 30 – 35.

[31] DONG D, CHEN X H, XIAO W T, et al. Preparation and properties of electroless Ni – P – SiO$_2$ composite coatings [J]. Applied Surface Science, 2009, 255 (15): 7051 – 7055.

[32] 王勇, 杜克勤, 郭兴华, 等. 化学镀 Ni – P – Al$_2$O$_3$ 复合镀层的研究 [J]. 电镀与环保, 2013, 33 (4): 22 – 25.

[33] ASHASSI – S H, RAFIZADEH S H. Effect of coating time and heat treatment on structures and corrosion characteristics of electroless Ni – P alloy deposits [J]. Surface & Coatings Technology, 2004, 176 (3): 318 – 326.

[34] 储凯, 王艳. 镀液配方及化学镀工艺对 Ni – P 合金镀层性能影响 [J]. 表面技术, 2002, 31 (5): 37 – 39.

[35] 何素珍, 黄新民. 热处理温度对化学沉积 Ni – Cu – P 涂层腐蚀冲蚀性能的影响 [J]. 材料热处理学报, 2010, 31 (6): 133 – 137.

[36] 刘家琴, 叶敏, 吴玉程, 等. 空心微珠表面化学沉积 Co – P 合金研究 [J]. 功能材料, 2008 (11): 1850 – 1852.

[37] CHENG H, FANG Z G, DAI S, et al. Microstructure and properties of laser cladding Co – based alloy coatings [J]. Advanced Materials Research, 2011, 295 – 297: 1665 – 1668.

[38] 马杰, 吴玉程, 张勇, 等. 化学沉积 Co – Fe – P 纳米涂层结构与磁学性能研究 [J]. 金属功能材料, 2004, 11 (1): 4 – 8.

[39] 刘家琴, 叶敏, 吴玉程, 等. Ni – Co – P/CNTs 复合微波吸收剂的制备及表征 [J]. 兵器材料科学与工程, 2009, 32 (2): 21 – 24.

[40] 蔡晓兰, 张永奇, 贺子凯. 化学镀镍磷络合剂对磷含量的影响 [J]. 表面技术, 2003, 32

（2）：28 - 30.

[41] 尚淑珍，路贵民，赵祖欣. 沉积时间对镁合金表面化学镀镍磷合金的影响 [J]. 表面技术，2009，38
（6）：73 - 75.

[42] 邓宗钢，王东哲. 热处理对化学沉积镍磷合金层耐磨性的影响 [J]. 兵器材料科学与工程，1991
（1）：41 - 45.

[43] 邓宗钢，黄新民，魏纯金，等. 磷含量对化学沉积镍磷合金层组织和性能的影响 [J]. 机械工程材
料，1988（3）：8 - 12.

[44] 邓宗钢，吴玉程，黄录官，等. 组织结构对化学沉积镍磷合金层耐磨性的影响 [J]. 固体润滑，1987
（3）：147 - 152.

[45] 张天顺，张晶秋，张琦. 铝及铝合金化学镀 Ni - P 合金工艺研究 [J]. 电镀与涂饰，2006，25（8）：
41 - 43.

[46] 吴玉程，郑玉春，魏纯金，等. 铝锭翼表面镀 Ni - P 合金 [J]. 纺织器材，1991（2）：34 - 38.

[47] AAL A A，SHAABAN A，HAMID Z A. Nanocrystalline soft ferromagnetic Ni - Co - P thin film on Al alloy
by low temperature electroless deposition [J]. Applied Surface Science，2008，254（7）：1966 - 1971.

[48] 顿爱欢，姚建华，孔凡志，等. 激光处理 Ni - P - Al₂O₃ 纳米化学复合镀层的微观组织 [J]. 中国激
光，2008，35（10）：1609 - 1614.

[49] 朱绍峰，吴玉程，黄新民. 化学沉积 Ni - Zn - P - TiO₂ 纳米复合镀层及其性能研究 [J]. 热处理，
2011，26（1）：34 - 37.

[50] 朱绍峰，吴玉程，胡寒梅，等. 热处理对化学沉积 Ni - Zn - P - TiO₂ 复合镀层的影响 [J]. 材料热处
理学报，2011，32（10）：162 - 165.

[51] JULKA S，ANSARI M I，THAKUR D G. Effect of pH on mechanical，physical and tribological properties of
electroless Ni - P - Al₂O₃ composite deposits for marine applications [J]. Journal of Marine Science and Ap-
plication，2016，15：484 - 492.

[52] 邓宗钢，魏纯金，朱东明，等. 镍 - 磷 - 碳化硅化学沉积复合镀层耐磨性的研究 [J]. 金属热处理学
报，1986，7（2）：81 - 91.

[53] 李珍，韩杰胜，马文林，等. 配副材料对镍 - 磷 - 碳化硅化学复合镀层摩擦磨损性能的影响 [J]. 电
镀与涂饰，2012，31（4）：26 - 29.

[54] 程秀，揭晓华，蔡莲淑，等. Ni - P - SiC（纳米）化学复合镀层的组织与性能 [J]. 材料工程，2006
（1）：43 - 46.

[55] 黄燕滨，赵艺伟，刘波，等. 化学镀 Ni - Cu - P 合金镀层耐蚀性研究 [J]. 电镀与精饰，2007，29
（3）：7 - 9.

[56] 谢跃勤，黄新民. 化学镀 Ni - W - P 三元合金工艺与性能研究 [J]. 金属加工（热加工），2006（9）：
26 - 28.

[57] LIU D，YANG Z，ZHANG C. Electroless Ni - Mo - P diffusion barriers with Pd - activated self - assembled
monolayer on SiO₂ [J]. Materials Science and Engineering：B，2010，166（1）：67 - 75.

[58] BRAUN F，TARDITI A M，CORNAGLIA L M. Optimization and characterization of electroless co - deposited
Pd - Ru membranes：effect of the plating variables on morphology [J]. Journal of Membrane Science，2011，
382（1 - 2）：252 - 261.

[59] 贺雪峰，应华根，严密. 光亮化学镀镍 - 磷合金性能研究 [J]. 电镀与精饰，2006，28（5）：4 - 7.

[60] YAN M，YING H G，MA T Y. Improved microhardness and wear resistance of the as - deposited electroless
Ni - P coating [J]. Surface and Coatings Technology，2008，202（24）：5909 - 5913.

[61] DERVOS C T，NOVAKOVIC J，VASSILIOU P. Vacuum heat treatment of electroless Ni - B coatings [J].
Materials Letters，2004，58（5）：619 - 623.

[62] 赵月红，林乐耘，崔大为. 铜镍合金在我国实海海域的局部腐蚀 [J]. 中国有色金属学报，2005，15 (11)：1786 - 1794.

[63] 张信义，徐立红，邓宗钢，等. 化学镀镍磷合金在酸性介质中的腐蚀行为 [J]. 安徽化工，1995 (1)：36 - 39.

[64] GOULD A J, BODEN P J, HARRIS S J. Phosphorus distribution in electroless nickel deposits [J]. Surface Technology, 1981, 12 (1)：93 - 102.

[65] VITRY V, FRANCQ E, BONIN L. Mechanical properties of heat - treated duplex electroless nickel coatings [J]. Surface Engineering, 2018, 35 (2)：1 - 9.

[66] 鲁香粉，吴玉程，宋林云，等. 化学沉积 Ni - Cu - P 三元合金涂层的制备及其表征 [J]. 金属功能材料，2008，15 (2)：24 - 28.

[67] 谢跃勤，黄新民. 化学镀 Ni - W - P 三元合金工艺与性能研究 [J]. 机械工人，2006 (9)：26 - 28.

[68] LI J, HU X, WANG D. Effects of codeposited tungsten on the properties of low - phosphorus electroless nickel coatings [J]. Plating and Surface Finishing, 1996, 83 (8)：62 - 64.

[69] SHIBLI S M A, CHINCHU K S. Development and electrochemical characterization of Ni - P coated tungsten incorporated electroless nickel coatings [J]. Materials Science and Physics, 2016, 178：21 - 30.

[70] VALOVA E, GEORGIEV I, ARMYANOV S, et al. Incorporation of zinc in electroless deposited nickel - phosphorus alloys I：A comparative study of Ni - P and Ni - Zn - P coatings deposition, structure, and composition [J]. Journal of the Electrochemical Society, 2001, 148 (4)：C266 - C273.

[71] 朱绍峰，吴玉程，黄新民. 化学沉积 Ni - Zn - P 合金及其冲蚀特性 [J]. 功能材料，2010，41 (7)：1181 - 1185.

[72] 王立娟，李坚，刘一星. 无电解电镀法制备具有电磁屏蔽功能的木材 - 金属复合材料 [J]. 林业研究：英文版，2006，17 (1)：53 - 56.

[73] 南辉，王晓民，邱彦星，等. 纳米 TiO₂ 对硼酸镁晶须增强镁基复合材料表面 Ni - P 化学镀层形貌及耐蚀性能的影响 [J]. 材料保护，2015，48 (6)：12 - 14.

[74] 王敏，黄燕滨，王期超，等. 碳纳米管 - 镍磷化学复合镀层的组织与性能研究 [J]. 表面技术，2017，46 (5)：111 - 115.

[75] 黄新民，邓宗钢. 化学复合镀工艺研究 [J]. 表面技术，1996，25 (4)：9 - 11.

[76] 邵光杰. Ni - P，(Ni - P) - SiC 镀层的电沉积及其组织性能 [D]. 秦皇岛：燕山大学，2002.

[77] CHEN C J, LIN K L. Internal stress and adhesion of amorphous Ni - Cu - P alloy on aluminum [J]. Thin Solid Films, 2000, 370 (1 - 2)：106 - 113.

[78] 黎黎. 化学复合镀工艺研究 [D]. 上海：上海交通大学，2007.

[79] 揭晓华，程秀，卢国辉，等. Ni - P - SiC (纳米) 复合镀层的滑动磨损特性 [J]. 金属热处理，2007，32 (4)：51 - 53.

[80] 黄新民，谢跃勤，吴玉程，等. Ni - P - 纳米 TiO₂ 微粒化学复合镀层的摩擦特性 [J]. 电镀与精饰，2001，23 (5)：1 - 4.

[81] 黄新民，吴玉程，谢跃勤，等. Ni - P - 纳米 TiO₂ 化学复合镀层 [J]. 中国表面工程，2001 (3)：30 - 32.

[82] ZHU S F, WU Y C, HUANG X M. Preparation and properties of electroless deposited Ni - Zn - P - TiO₂ nano - composite coating [J]. Asian Journal of Chemistry, 2011, 23 (5)：2299 - 2302.

[83] 吴玉程，王文芳，叶敏，等. 氧化铝增强化学镀镍基合金涂层的性能 [J]. 中国有色金属学报，2000，10 (1)：64 - 68.

[84] 黄新民，吴玉程，郑玉春. 纳米 ZrO₂ 功能涂层的制备与组织结构 [J]. 新技术新工艺，2000 (2)：31 - 32.

[85] 吴玉程，叶敏，王文芳，等. 化学镀镍（铜）磷聚四氟乙烯复合涂层的沉积特性 [J]. 电镀与环保，2000, 20 (2): 16 – 20.

[86] 吴玉程. 添加聚四氟乙烯对化学沉积复合镀层性能的影响 [J]. 电镀与涂饰，2000, 19 (1): 1 – 4.

[87] 王敏，黄燕滨，王期超，等. 碳纳米管 – 镍磷化学复合镀层的组织与性能研究 [J]. 表面技术，2017, 46 (5): 111 – 115.

[88] LIU J Q, WU Y C, XUE R J. Electroless plating Ni – Co – P alloy on the surface of fly ash cenospheres [J]. Acta Physico – Chimica Sinica, 2006, 22 (2): 239 – 243.

[89] 李兴奎. 6063 铝合金化学镀镍 – 磷合金镀层的性能 [J]. 电镀与涂饰，2014, 33 (13): 550 – 552.

[90] WU Y C, REN R, WANG F T, et al. Preparation and characterization of Ni – Cu – P/CNTs quaternary electroless composite coating [J]. Materials Research Bulletin, 2008, 43 (12): 3425 – 3432.

[91] 李亮，张继军，李明. 锌合金压铸件化学镀镍 – 钨 – 磷合金工艺 [J]. 电镀与环保，2014, 34 (1): 54 – 55.

[92] REN Y X. Technology of electroless nickel plating for the lumen of die – cast aluminum alloy radiators [J]. Diandu Yu Tushi, 2007, 24 (1): 20 – 22.

[93] 杜刚，张道礼，徐建梅，等. PTCR 陶瓷化学沉积镍电极界面结构及特性的研究 [J]. 压电与声光，2004, 26 (2): 142 – 145.

[94] 王宏勋，王承志，曹洪祥，等. 三维石墨烯表面化学镀 Cu 改性工艺研究 [J]. 沈阳理工大学学报，2017, 36 (2): 78 – 83.

[95] 龚文照，陈成猛，高建国，等. 热膨胀石墨烯表面化学镀纳米镍 [J]. 新型炭材料，2014, 29 (6): 432 – 437.

[96] 方建军，李素芳，查文珂，等. 镀镍石墨烯的微波吸收性能 [J]. 无机材料学报，2011, 26 (5): 467 – 471.

[97] 朱绍峰，吴玉程，黄新民. 化学沉积 Ni – Zn – P 合金及其冲蚀特性 [J]. 功能材料，2010, 41 (7): 1181 – 1185.

[98] TASHIRO K, YAMAMOTO S, ISHIKAWA K, et al. Phosphorus Distribution in Electroless NiP Deposits [J]. Journal of Japan Institute of Electronics Packaging, 2002, 5 (4): 359 – 365.

[99] LO P H, TSAI W T, LEE J T, et al. Role of phosphorus in the electrochemical behavior of electroless Ni – P alloys in 3. 5 wt. % NaCl solutions [J]. Surface and Coatings Technology, 1994, 67 (1 – 2): 27 – 34.

[100] BINDRA P, ROLDAN J. Mechanisms of electroless metal plating Ⅲ: Mixed potential theory and the interdependence of partial reactions [J]. Journal of applied electrochemistry, 1987, 17 (6): 1254 – 1266.

[101] 赵海军，俞宏英，曹瑜琦，等. 脉冲放电制备链枝状非晶态 Ni – P 合金粉体的晶化行为 [J]. 北京科技大学学报，2010, 032 (009): 1198 – 1202.

[102] 鲁香粉，吴玉程，宋林云，等. 化学沉积 Ni – Cu – P 三元合金涂层的制备及其表征 [J]. 金属功能材料，2008, 15 (2): 24 – 28.

[103] 吴玉程，邓宗钢. Ni – Mo – P 化学沉积三元合金的组织与性能研究 [J]. 功能材料，1998, 29 (4): 390 – 392.

[104] CHEN C H, CHEN B H. Role of Cu^{2+} as an additive in an electroless nickel – phosphorus plating system: A stabilizer or a codeposit? [J]. Chemistry of Materials, 2006, 18 (13): 2959 – 2968.

[105] 金亚旭. 钛酸钾晶须增强镍磷基化学复合镀层的制备与性能研究 [D]. 武汉：武汉理工大学，2008.

[106] 黄新民，吴玉程，郑玉春，等. 表面活性剂对复合镀层中 TiO_2 纳米颗粒分散性的影响 [J]. 表面技术，1999, 28 (6): 10 – 12.

[107] 张广宏. Ni – P 合金镀在高速钢立铣刀上的应用 [J]. 金属加工（热加工），2002 (2): 26 – 27.

[108] 刘玉，黄新民. 轮胎模具上化学镀 Ni – P 合金的理化分析 [C] //安徽省机械工程学会成立 50 周年论文集. 合肥：合肥工业大学出版社，2014.

[109] 姚风臣，冷启霜，张书元. 非晶态镍磷合金化学沉积在模具修复上的应用 [J]. 山东机械，2000 (3)：44 – 48.

[110] 鲜光远. 镍 – 磷合金镀覆技术在工模具生产中的应用 [J]. 工具技术，2002，36 (8)：68 – 68.

[111] 吴玉程，黄录官，邓宗钢，等. 铸铁表面化学沉积 Ni – P 镀层和 Ni – P – SiC 复合镀层的耐磨性研究 [J]. 摩擦学学报，1992，12 (2)：144 – 152.